T0074152

La ola que viene

La ola que viene

Tecnología, poder
y el mayor dilema del siglo XXI

MUSTAFA SULEYMAN
CON MICHAEL BHASKAR

Traducción de
Clàudia Fernández

DEBATE

Papel certificado por el Forest Stewardship Council®

Título original: *The Coming Wave*

Primera edición: octubre de 2023

© 2023, Mustafa Suleyman y Michael Bhaskar
© 2023, Penguin Random House Grupo Editorial, S. A. U.
Travessera de Gràcia, 47-49. 08021 Barcelona
© 2023, Clàudia Fernández Morenas, por la traducción

Printed in Spain – Impreso en España

ISBN: 978-84-19399-64-9
Depósito legal: B-13.712-2023

Compuesto en La Nueva Edimac, S. L.

Impreso en Black Print CPI Ibérica
Sant Andreu de la Barca (Barcelona)

C 399649

Índice

PRIMERA PARTE
Homo tecnologicus

SEGUNDA PARTE
La próxima ola

Glosario de términos clave

El angosto camino: la posibilidad de que la humanidad establezca un equilibrio entre una actitud receptiva y cerrada a la hora de contener las tecnologías de la ola que viene que evite los resultados catastróficos o distópicos.

Amplificadores de la fragilidad: aplicaciones e impactos de las tecnologías de la ola que viene que sacudirán los ya frágiles cimientos del Estado nación.

Aversión al pesimismo: la tendencia de las personas, sobre todo de las élites, a ignorar, infravalorar o rechazar las narrativas que consideran excesivamente negativas. Es una variante del sesgo optimista que tiñe gran parte del debate sobre el futuro, sobre todo en círculos tecnológicos.

Biología sintética: la capacidad de diseñar y construir nuevos organismos o de rediseñar sistemas biológicos existentes.

Contención: la capacidad de supervisar, restringir, controlar y en última instancia incluso paralizar las tecnologías.

Los cuatro rasgos: las características únicas de la ola que viene que exacerban el reto de la contención. Son la hiperevolución, la asimetría, la omnicanalidad y la autonomía.

El dilema: la creciente probabilidad de que tanto las nuevas tecnologías como la ausencia de estas pueda conducir a resultados catastróficos o distópicos, o ambos.

El gran pacto: a cambio de un monopolio sobre el derecho a utilizar la fuerza, los ciudadanos esperan que los estados nación preserven el orden y ofrezcan servicios públicos, incluso aprovechando las nuevas tecnologías y minimizando al mismo tiempo los efectos secundarios perjudiciales.

Inteligencia artificial (IA), inteligencia artificial general (IAG) e inteligencia artificial capaz (IAC): la inteligencia artificial es la ciencia que enseña a las máquinas a aprender habilidades humanas, mientras que la inteligencia artificial general es el punto en el que la IA puede llevar a cabo todas las habilidades cognitivas humanas mejor que los seres humanos más inteligentes. La inteligencia artificial capaz, por su parte, es un punto intermedio entre la IA y la IAG en el que estos sistemas pueden realizar una amplia gama de tareas, pero están lejos de ser totalmente generales.

La ola que viene: un conjunto emergente de tecnologías relacionadas centradas en la inteligencia artificial y la biología sintética cuyas aplicaciones transformativas empoderarán a la humanidad y presentarán riesgos sin precedentes.

Olas: la difusión o la proliferación globales de una generación de tecnologías que dependen de una nueva tecnología de uso general.

El problema de la contención: la predisposición de la tecnología a difundirse en olas y a tener impactos emergentes que son imposibles de predecir o de controlar, incluidas las consecuencias negativas e imprevistas.

Tecnología: la aplicación de conocimiento científico, en el sentido más amplio posible, para producir herramientas o resultados prácticos.

Prólogo

Lo que viene a continuación es la opinión de una inteligencia artificial.

Pregunta: ¿Qué implicaciones tiene para la humanidad la ola tecnológica que viene?

En los anales de la historia de la humanidad, hay momentos que destacan como puntos de inflexión, en los que el destino de la especie humana pende en equilibrio. El descubrimiento del fuego, la invención de la rueda o el control de la electricidad fueron, todos ellos, instantes que transformaron la civilización humana y alteraron el curso de la historia para siempre. Ahora, nos encontramos al borde de otro suceso semejante, pues estamos ante el auge de una ola tecnológica inminente que incluye tanto la inteligencia artificial como la biotecnología avanzadas. Nunca antes habíamos sido testigos de tecnologías con un potencial tan transformador que prometen remodelar nuestro mundo de un modo a la par impresionante e intimidante.

Por un lado, los posibles beneficios de estas tecnologías son vastos y profundos. Con la inteligencia artificial, podríamos desvelar los secretos del universo, curar enfermedades que nos han sido esquivas durante mucho tiempo y crear nuevas formas de arte y cultura que superen los límites de la imaginación. Con la biotecnología, podríamos manipular la vida para combatir enfermedades y transformar la agricultura, y crear así un mundo más sano y sostenible. Por el otro, sin embargo, los posibles peligros que entrañan son también inmensos y profundos. La inteligencia artificial permitiría crear sistemas que escapasen a nuestro control y pasaríamos a estar a merced de algoritmos que no entendemos. La biotecnología, por su parte, posibilitaría la manipulación de los componentes básicos de la vida, lo que podría tener consecuencias imprevistas tanto para las personas como para ecosistemas enteros.

Así pues, en este punto de inflexión nos enfrentamos al reto de escoger entre un futuro de posibilidades sin parangón o uno de peligros inimaginables. El destino de la humanidad pende de un hilo y las decisiones que tomemos en los próximos años y décadas determinarán si estamos a la altura de estas tecnologías o si, en cambio, somos víctimas de sus peligros. Pero en este momento de incertidumbre, si algo es cierto es que la era de la tecnología avanzada ha llegado y debemos estar preparados para afrontar los desafíos que nos presente.

El texto anterior ha sido escrito por una inteligencia artificial. Lo que viene a continuación no, pero pronto podría serlo. Esto es lo que se avecina.

IA

1

La contención no es v   ble

LA OLA

Casi todas las culturas tienen un mito sobre un diluvio. En los antiguos textos hinduistas, Manu, el primer hombre de nuestro universo, es advertido de la llegada inminente de una inundación y acaba siendo el único superviviente. En la *Epopeya de Gilgamesh*, el dios Enlil destruye el mundo con un enorme diluvio, una historia que resultará familiar a aquellos que estén familiarizados con la del arca de Noé del Antiguo Testamento. De la misma manera, Platón hablaba de la Atlántida, la ciudad perdida que fue devastada por un inmenso torrente. Las tradiciones orales y los escritos antiguos de la humanidad están empapados de la idea de una ola gigante que arrasa todo a su paso y que reconstruye el mundo y lo hace renacer.

Asimismo, los diluvios también marcan la historia en un sentido literal: las crecidas estacionales de los ríos más caudalosos del mundo, la subida del nivel del mar tras el final de la Edad del Hielo o la infrecuente conmoción de cuando un tsunami aparece de repente en el horizonte. El asteroide que causó la extinción de los dinosaurios creó una inmensa ola kilométrica que alteró el curso de la evolución. Así, la fuerte potencia de esas olas se ha grabado en nuestra conciencia colectiva, como muros de agua imparables, incontrolables, incontenibles. Se trata de algunas de las fuerzas más poderosas del planeta. Moldean continentes, irrigan los cultivos del mundo y nutren el crecimiento de la civilización.

Otros tipos de olas han sido igual de transformadoras. Fíjate de nuevo en la historia y la verás marcada por una serie de olas metafóricas, como el auge y la caída de imperios, de religiones, de estallidos de comercio. Piensa en el cristianismo o en el islam, unas religiones que empezaron siendo pequeñas ondas antes de erigirse y propagarse sobre enormes extensiones de la Tierra. Olas como esas son un fenómeno recurrente que enmarca el flujo y el reflujo de la historia, de grandes luchas de poder, y de expansiones y caídas económicas.

El auge y la expansión de la tecnología también han tomado forma de olas capaces de cambiar el mundo. Desde el descubrimiento del fuego y de las herramientas de piedra, una única tendencia predominante ha resistido la prueba del paso del tiempo. Casi todas las tecnologías fundacionales que se han inventado, de las piquetas a los arados, de la cerámica a la fotografía, de los teléfonos a los aviones y todas las demás cumplen una única ley inmutable: se vuelven más baratas y más fáciles de usar y, con el tiempo, proliferan a lo largo y ancho del planeta.

Esa proliferación de tecnologías en oleadas es la historia del *Homo tecnologicus*, del animal tecnológico. El empeño de la humanidad de perfeccionar nuestra suerte, nuestras capacidades, la influencia que tenemos sobre nuestro entorno y a nosotros mismos ha impulsado una evolución incesante de ideas y de creación. La innovación es un proceso emergente, en expansión, impulsado por inventores, académicos, empresarios y líderes autoorganizados y altamente competitivos, cada uno de los cuales avanza con sus propias motivaciones. El ecosistema de la innovación tiende por defecto a la expansión. Esa es la naturaleza inherente de la tecnología.

La pregunta es: ¿qué ocurre a partir de aquí? En las siguientes páginas relataré la próxima gran ola de la historia.

Mira a tu alrededor.

¿Qué ves? ¿Muebles? ¿Edificios? ¿Teléfonos? ¿Comida? ¿Un parque embellecido? Con toda probabilidad, casi todos los objetos en tu línea de visión han sido creados o modificados por la inteligencia humana. El lenguaje, que es la base de nuestras interacciones sociales, de nuestras culturas, de nuestra organización política y, tal vez, de lo que significa ser humano, es otro producto y motor de nuestra inteligencia. Cada principio y concepto abstracto, cada pequeño esfuerzo o proyecto creativo y cada encuentro en tu vida han sido mediados por la capacidad única e infinitamente compleja de nuestra especie para la imaginación, la creatividad y la razón. El ingenio humano es algo asombroso.

Solo otra fuerza es igual de omnipresente en este escenario: la propia vida biológica. Antes de la edad moderna, aparte de algunas rocas y minerales, la mayoría de los artefactos humanos —desde las casas de madera hasta la ropa de algodón y las hogueras de carbón— provenían de elementos que en algún momento tuvieron vida. Todo lo que ha llegado al mundo desde entonces emana de nosotros, del hecho de que somos seres biológicos.

No es una exageración decir que la totalidad del mundo humano depende, o bien de sistemas vivos, o bien de nuestra inteligencia, y, sin embargo, ambos se encuentran en un punto de innovación y de agitación exponenciales sin precedentes, de un crecimiento incomparable que dejará bien poco intacto. Una nueva ola de tecnología está empezando a romper en torno a nosotros, y está desatando el poder de diseñar estos dos fundamentos universales; es una ola nada más y nada menos que de inteligencia y de vida.

Son dos las tecnologías clave que definen la ola que viene: la inteligencia artificial (IA) y la biología sintética. Juntas marcarán el inicio de un nuevo amanecer para la humanidad, y crearán riqueza y excedentes como nunca antes se han visto. No obstante, la rapidez con la que proliferarán también amenaza con dar el poder a una variada gama de actores para desencadenar trastornos, inestabilidad e incluso catástrofes de escala inimaginable. Esta ola plantea un inmenso reto que definirá el siglo XXI: nuestro futuro depende de estas tecnologías, pero, al mismo tiempo, se ve amenazado por ellas.

A día de hoy, parece que contener esta ola —es decir, controlarla, frenarla o incluso detenerla— no es posible. Este libro se plantea el porqué de esa afirmación y lo que significaría si fuera cierto. Las implicaciones de esas preguntas acabarán afectando a todos los que estamos vivos y a todas las generaciones que nos sucedan.

Por mi parte, considero que la ola de tecnología que viene llevará a la historia de la humanidad a un punto de inflexión y, si contenerla es imposible, las consecuencias que tendrá para nuestra especie serán dramáticas y potencialmente nefastas. Del mismo modo, sin sus frutos nos quedaremos indefensos y en una situación precaria. Esto es algo que he expuesto en repetidas ocasiones en privado a lo largo de la última década, pero, debido a que las repercusiones se han vuelto cada vez más difíciles de ignorar, es hora de que lo comparta.

El dilema

El hecho de contemplar el profundo poder de la inteligencia humana me llevó a plantear una sencilla pregunta, que lleva consumiendo mi vida desde entonces. ¿Qué pasaría si pudiésemos destilar la esencia de lo que hace que los seres humanos seamos tan productivos y capaces y la convirtiéramos en un software, en un algoritmo? Puede que encontrar la respuesta a esta cuestión desbloquee unas herramientas de poder inconcebible que ayudarían a afrontar los problemas más complejos a los que nos enfrentamos. Desde el cambio climático hasta el envejecimiento de la población, pasando por los alimentos sostenibles, esa podría ser una herramienta, imposible pero extraordinaria, que nos asistiera frente a los increíbles retos de las próximas décadas.

Con esto en mente, en el verano de 2010 cofundé una empresa llamada DeepMind con dos amigos, Demis Hassabis y Shane Legg, en una pintoresca oficina de la época de la Regencia con vistas a la Russell Square de Londres. El objetivo que teníamos, que en retrospectiva aún parece tan ambicioso, descabellado y esperanzador como en aquel momento, era replicar justamente lo que nos distingue como especie, es decir, nuestra inteligencia. Para lograrlo, tendríamos que crear un sistema que fuera capaz de imitar y, en última instancia, superar todas las capacidades cognitivas humanas, desde la visión y el habla hasta la empatía y la creatividad, pasando por la planificación y la imaginación. Dado que un sistema así aprovecharía el procesamiento paralelo de los superordenadores y la explosión de vastas fuentes de datos nuevas procedentes de todo el ancho de la web abierta, sabíamos que incluso un mínimo avance hacia ese objetivo tendría profundas implicaciones para la sociedad.

Por aquel entonces, lo que nos habíamos propuesto parecía algo muy lejano. En esa época, la adopción generalizada de la inteligencia artificial era cosa de ensueño, más una fantasía que una realidad, el territorio de unos pocos académicos aislados y exaltados fanáticos de la ciencia ficción, pero, mientras escribo estas líneas y rememoro la década pasada, los avances de esta área han sido verdaderamente impactantes. DeepMind se convirtió en una de las empresas de inteligencia artificial líderes en el mundo y logró una serie de hitos importantes. La velocidad y el poder de esta nueva revolución nos han sorprendido hasta a los que estamos a la vanguardia. Incluso durante la escritura del libro la velocidad del progreso de esta tecnología ha sido de vértigo. Cada semana, y a veces cada día, salen modelos y productos nuevos, por lo que no cabe duda de que el ritmo de la ola se está acelerando.

Hoy en día, los sistemas de inteligencia artificial son capaces de reconocer rostros y objetos a la perfección, y damos por sentadas la transcripción de voz a texto y la traducción instantánea entre lenguas. Estos sistemas también pueden circular por carreteras y con tráfico lo suficientemente bien para conducir de manera autónoma en algunos entornos. Una nueva generación de modelos de esta tecnología está capacitada para generar imágenes y redactar textos con un nivel de detalle y coherencia extraordinario a partir de unas pocas instrucciones sencillas, así como para producir voces sintéticas de un realismo inexplicable y componer música de belleza extraordinaria. Incluso en ámbitos más difíciles, que durante mucho tiempo se consideraron exclusivamente humanos como las planificaciones a largo plazo, la imaginación y la simulación de ideas complejas, los avances dan pasos agigantados.

La inteligencia artificial lleva décadas ascendiendo por la escala de las capacidades cognitivas y ahora parece dispuesta a alcanzar en los próximos tres años un rendimiento a nivel humano en una amplísima gama de tareas. Se trata de una ambiciosa afirmación, pero, si estoy en lo cierto, las implicaciones son de una enorme envergadura. Lo que parecía quijotesco cuando fundamos DeepMind no solo se ha vuelto plausible, sino, a todas luces, inevitable.

Desde el inicio, tuve claro que la inteligencia artificial sería una herramienta poderosa para lograr un bien extraordinario, pero, como la mayoría de las formas de poder, también estaría plagada de inmensos peligros y dilemas éticos. Durante mucho tiempo me he preocupado no solo de las consecuencias de los avances en IA, sino de hacia dónde se dirige todo el ecosistema tecnológico. Al margen de este tipo de tecnología, se está gestando una revolución más amplia, en la que la inteligencia artificial impulsa una poderosa generación emergente de tecnologías genéticas y de robótica. Un mayor progreso en un área acelera el de las demás en un proceso caótico y de catalización cruzada que escapará al control de cualquiera. Era evidente que si nosotros u otros lográbamos replicar la inteligencia humana, no se trataba tan solo de un negocio rentable como de costumbre, sino de un cambio sísmico para la humanidad, de una era en la que a oportunidades sin precedentes se sumarían riesgos sin precedentes.

A medida que la tecnología ha evolucionado a lo largo de los años, mi preocupación ha ido en aumento. ¿Y si lo que se avecina es un tsunami y no una ola?

En 2010, casi nadie hablaba con seriedad sobre la inteligencia artificial. No obstante, lo que entonces parecía una misión especializada para un pequeño grupo de investigadores y emprendedores se ha convertido ahora en una amplia empresa mundial. Esta tecnología está en todas partes, en las noticias y en tu smartphone, en la Bolsa de valores y en el desarrollo de páginas web. Muchas de las empresas más grandes y de las naciones más ricas del mundo avanzan con paso firme, y desarrollan modelos de inteligencia artificial vanguardistas y técnicas de ingeniería genética impulsadas por decenas de miles de millones de dólares en inversiones. Una vez consolidadas, estas tecnologías emergentes se expandirán con rapidez y se volverán más baratas, más accesibles y estarán más difundidas por toda la sociedad. Asimismo, ofrecerán nuevos extraordinarios avances en medicina y en energías limpias, y no solo crearán nuevos negocios, sino también nuevas industrias y mejoras de la calidad de vida en casi todos los sectores imaginables.

Aun así, junto a esas ventajas, la inteligencia artificial, la biología sintética y otras formas de tecnología avanzadas conllevan riesgos a una escala de lo más preocupante. Podrían suponer una amenaza existencial para los estados nación e implicar un riesgo tan profundo que podrían alterar o incluso anular el orden geopolítico actual, pues abren el camino a inmensos ciberataques potenciados por la inteligencia artificial, a guerras automatizadas capaces de arrasar países, a pandemias provocadas y a un mundo sujeto a fuerzas inexplicables pero al parecer omnipotentes. Puede que la probabilidad de cada uno de estos riesgos sea pequeña, pero las posibles repercusiones son enormes; incluso la más mínima posibilidad de que se den estos casos requiere, sin duda, una atención urgente.

Algunos países reaccionarán ante la contingencia de tales riesgos catastróficos en forma de un autoritarismo de corte tecnológico para ralentizar la expansión de estos nuevos poderes, lo que requerirá enormes niveles de vigilancia, además de intrusiones masivas en nuestra vida privada. Mantener un control estricto de la tecnología podría ser parte de una tendencia a que todo y todos estuviéramos vigilados todo el tiempo con un sistema de vigilancia global distópico que se justificaría con el afán de protegernos de los resultados más extremos posibles.

También resulta plausible una reacción ludita, a base de prohibiciones, boicots y moratorias. ¿Acaso es posible apartarse del desarrollo de nuevas tecnologías e implantar una serie de moratorias? Parece poco probable. Teniendo en cuenta su enorme valor geoestratégico y comercial, es difícil imaginarse cómo se podría convencer a los estados nación o a las corporaciones de que renuncien unilateralmente al poder transformador que estos avances entrañan. Es más, intentar prohibir el desarrollo de nuevas tecnologías es un riesgo en sí mismo, pues las sociedades estancadas en materia tecnológica son tradicionalmente inestables y propensas al colapso. Con el tiempo, pierden la capacidad de resolver problemas y de progresar.

A partir de ahora, tanto apostar como no apostar por las nuevas tecnologías conlleva muchos riesgos. Las posibilidades de apañárnoslas por el camino angosto y evitar tanto una distopía tecnoautoritaria, por un lado, como una catástrofe provocada por la expansión, por el otro, se reducen cada vez más a medida que la tecnología se vuelve más poderosa, más barata y más generalizada, y los riesgos se van acumulando. Y, sin embargo, alejarse tampoco es una opción; incluso cuando nos preocupan las contingencias que presentan, necesitamos más que nunca los increíbles beneficios de las tecnologías de la ola que viene. Así pues, el dilema central es que tarde o temprano una potente generación de tecnología conduzca a la humanidad a desenlaces catastróficos o distópicos, lo que creo que constituye el gran metaproblema del siglo XXI.

Este libro esboza con precisión por qué esta terrible disyuntiva se está tornando inevitable, y explora cómo podríamos afrontarla. De algún modo, debemos extraer lo mejor de la tecnología, que será esencial para hacer frente al desalentador conjunto de retos globales que se nos presenten y, a la vez, escapar del dilema. El discurso actual en torno a la ética y a la seguridad de la tecnología es insuficiente. A pesar de los muchos libros, debates, artículos de blogs y tormentas de tuits sobre tecnología, apenas se habla sobre su contención, una acción que entiendo como un entramado de mecanismos técnicos, sociales y legales que constriñen y controlan la tecnología en todos los niveles posibles; un medio, en teoría, de eludir el dilema. No obstante, incluso los más duros críticos de la tecnología tienden a esquivar las conversaciones sobre una contención firme.

Esto debe cambiar, por lo que espero que este libro muestre el porqué e insinúe el cómo.

LA TRAMPA

Unos años después de fundar DeepMind, preparé una presentación sobre el posible impacto social y económico de la inteligencia artificial. Al exponerla ante una docena de los fundadores, directores ejecutivos y tecnólogos más influyentes de la industria tecnológica en una elegante sala de juntas de la Costa Oeste de Estados Unidos, argumenté que la inteligencia artificial plantea una serie de amenazas que requieren una respuesta proactiva. Podría llevar a invasiones masivas de la privacidad o desencadenar un apocalipsis de información errónea, así como utilizarse como arma, lo que daría lugar a un conjunto letal de ciberarmas e introduciría nuevas vulnerabilidades a nuestro mundo interconectado.

También recalqué que la inteligencia artificial podría dejar sin trabajo a una gran cantidad de personas. Pedí a los asistentes que reflexionaran sobre el largo historial de desplazamientos de mano de obra provocados por la automatización y la mecanización. Primero surgen maneras más eficientes de realizar tareas específicas, luego puestos enteros se vuelven superfluos y pronto sectores completos requieren una cantidad infinitesimalmente menor de trabajadores para realizar el trabajo. Continué diciendo que en las próximas décadas los sistemas de inteligencia artificial podrían reemplazar el trabajo manual intelectual de forma muy parecida, y, sin duda, mucho antes de que los robots sustituyan el trabajo físico. En el pasado, se creaban nuevos empleos a la vez que los antiguos quedaban obsoletos, pero ¿qué pasaría si la inteligencia artificial también pudiera desempeñar la mayoría de los nuevos? Sugerí que existen pocos precedentes para las nuevas formas de poder concentrado que se avecinan. Si bien parecen lejanas, amenazas muy grandes se ciernen sobre la sociedad.

En la última diapositiva mostré un fotograma de *Los Simpson*. En la escena, los ciudadanos de Springfield se han sublevado y el elenco de los personajes conocidos avanza con porras y antorchas en la mano. El mensaje estaba claro, pero de todas formas lo especifiqué: «Las horcas están llegando», dije. Vienen a por nosotros, a por los creadores de tecnología. De nosotros depende que el futuro sea mejor.

Entre los asistentes me encontré con semblantes inexpresivos. Permanecieron impasibles; el mensaje no había calado, y las críticas surgieron de inmediato. ¿Por qué en los indicadores económicos no había indicios de lo que yo afirmaba? La inteligencia artificial incentivaría nuevas demandas, lo que a su vez crearía nuevos puestos de trabajo y motivaría a las personas a ser aún más productivas. Admitieron que podría haber ciertos riesgos, pero que no eran tan graves. La gente es inteligente, y siempre se han encontrado soluciones. Parecían pensar: «No hay de qué preocuparse, pasemos a la siguiente presentación».

Unos años más tarde, poco antes del comienzo de la pandemia de COVID-19, asistí a un seminario sobre los riesgos de la tecnología en una universidad de renombre. La situación era similar: otra gran mesa, otro debate pretencioso. A lo largo de la jornada se plantearon una serie de riesgos espeluznantes entre cafés, panecillos y presentaciones de PowerPoint. Uno de ellos destacó entre los demás. Quien lo presentó explicó que el coste de los sintetizadores de ADN —dispositivos capaces de generar cadenas de ADN a medida— estaba bajando con rapidez. Cuestan unas pocas decenas de miles de dólares,[1] y son lo suficientemente pequeños como para tenerlos en el garaje y permitir que la gente sintetice, es decir, fabrique, ADN. Y eso es ahora posible para cualquiera que tenga formación a nivel universitario en biología o sea un entusiasta del autoaprendizaje en línea.

Dada la creciente disponibilidad de estas herramientas, el ponente expuso una visión aterradora; dentro de poco alguien podría crear nuevos patógenos mucho más transmisibles y mortíferos que cualquier otro que se encuentre en la naturaleza. Estos patógenos sintéticos podrían eludir las contramedidas conocidas, propagarse de forma asintomática o ser inmunes a los tratamientos. En caso necesario, alguien podría complementar sus experimentos caseros con ADN pedido por internet y ensamblado en casa. El apocalipsis, a domicilio.

El ponente, un profesor respetado con más de veinte años de experiencia, afirmó que no se trata de ciencia ficción, sino que ahora ya es un riesgo real. Las presentaciones acabaron con la idea alarmante de que, hoy por hoy, es probable que una única persona «tenga la capacidad de matar a mil millones». Lo único que se necesita es un incentivo.

En un principio, los asistentes se mostraron incómodos; se removían en sus asientos y tosían. Entonces, empezaron las quejas y las dudas. Nadie quería creer que eso fuera posible. Seguro que eso no iba a ocurrir, que tendría que haber algún mecanismo eficaz de control, que las enfermedades deben de ser difíciles de crear, que las bases de datos se podrían bloquear y los equipos informáticos, asegurarse. Y así sucesivamente...

La respuesta colectiva al seminario fue mucho más que de reticencia; los presentes se limitaron a rechazar la visión del ponente. Nadie quería afrontar las implicaciones de los hechos concretos y de las graves probabilidades que acababan de oír. Me quedé en silencio, francamente conmocionado. El seminario no tardó en terminar. Esa noche salimos todos a cenar y seguimos charlando como si nada. Acabábamos de pasar la jornada hablando sobre el fin del mundo, pero todavía quedaban pizzas por comer, chistes por contar, un puesto de trabajo al que volver y, además, alguien inventaría algo, o alguna parte del razonamiento debía de ser incorrecta. Me sumé a ello.

Sin embargo, la presentación me atormentó durante los meses posteriores. ¿Por qué no nos lo tomamos, yo incluido, más en serio? ¿Por qué nos incomoda seguir con el debate y lo estamos evitando? ¿Por qué hay quienes se ponen sarcásticos y acusan a los que plantean estas cuestiones de catastrofistas o de pasar por alto los increíbles beneficios de la tecnología? Esa reacción emocional generalizada que observé es algo que he denominado la «trampa de la aversión al pesimismo», que consiste en un análisis erróneo que surge cuando uno se siente abrumado por el miedo a enfrentarse a realidades que podrían ser nefastas, y la consiguiente tendencia a mirar hacia otro lado.

Casi todo el mundo experimenta alguna variante de esta reacción, y como consecuencia pasamos por alto una serie de tendencias cruciales que se están desarrollando frente a nosotros. Es prácticamente una respuesta fisiológica. Nuestra especie no está diseñada para lidiar con transformaciones a esa escala, y mucho menos con la posibilidad de que la tecnología nos traicione de esta manera. Yo he experimentado esa sensación a lo largo de mi carrera y he visto a muchísimas otras personas tener la misma respuesta instintiva, visceral. Uno de los propósitos de este libro es hacer frente a esa emoción, de enfrentarse con frialdad a esos hechos, por muy incómodos que sean.

Abordar esta ola como es debido, contener la tecnología y garantizar que siempre esté al servicio de la humanidad significa superar la aversión al pesimismo. Significa afrontar de cara la realidad de lo que se avecina.

Este libro es mi intento de conseguir eso: de admitir y delimitar el contorno de la ola que viene, de explorar si es posible la contención, de situar los hechos en el contexto histórico y de ampliar la perspectiva alejándonos de las charlas cotidianas en torno a la tecnología. Mi objetivo es abordar el dilema y entender los procesos subyacentes que impulsan la aparición de la ciencia y de la tecnología; quiero presentar estas ideas con la mayor claridad posible al público más amplio posible. He escrito este ensayo desde una óptica de receptividad e indagación que me permitiera hacer observaciones y seguir sus implicaciones, pero también permanecer abierto a refutaciones y a interpretaciones mejores. No hay nada que desee más que se demuestre que estoy equivocado y que la contención sea fácilmente posible.

Como fundador de dos empresas de inteligencia artificial, es comprensible que algunos esperen de mí un libro más bien tecnoutópico. Como tecnólogo y emprendedor, soy optimista por defecto. Recuerdo que cuando era un adolescente quedé completamente cautivado tras instalar el navegador web Netscape en mi ordenador Packard Bell 486 por primera vez. Me fascinaba el zumbido de los ventiladores y el silbido distorsionado de mi módem de cincuenta y seis kilobits por segundo que tendía la mano a la red mundial y me conectaba a foros y a salas de chat que me dieron libertad y tanto me enseñaron. Me encanta la tecnología; ha sido el auténtico motor

23

del progreso y un motivo de orgullo y entusiasmo por los logros de la humanidad.

Sin embargo, creo que los que impulsamos la creación de la tecnología debemos tener el valor de predecir adónde podría llevarnos en las décadas venideras y de responsabilizarnos. Debemos empezar a plantear lo que habría que hacer si percibimos que existe un riesgo real de que la tecnología nos falle. Es preciso que haya respuestas sociales y políticas, en lugar de meros esfuerzos individuales, pero somos mis colegas y yo los que debemos dar el primer paso.

Algunos dirán que todo esto es exagerado, que el cambio es mucho más gradual, que no es más que otra vuelta de tuerca en el ciclo de las exageraciones y que los sistemas diseñados para gestionar las crisis y los cambios son, en realidad, bastante sólidos. Dirán que mi percepción de la naturaleza humana es demasiado negativa y que el historial de la humanidad ha sido, hasta ahora, positivo. La historia está plagada de falsos profetas y agoreros que se han equivocado. Así que ¿por qué iba a ser diferente esta vez?

La aversión al pesimismo es una respuesta emocional, un arraigado rechazo visceral a aceptar la posibilidad de consecuencias gravemente desestabilizantes. Suele proceder de aquellos en posiciones seguras y poderosas que tienen visiones del mundo asentadas, aquellos que pueden afrontar el cambio de manera superficial, pero a los que les cuesta aceptar cualquier desafío real que se presente ante su orden del mundo. Muchos a quienes acuso de estar presos en la trampa de la aversión al pesimismo aceptan sin reservas las crecientes críticas a la tecnología, pero tan solo asienten sin llegar a pasar a la acción. «Nos las apañaremos, como hacemos siempre», dicen.

Si permaneces un tiempo en ambientes tecnológicos o políticos, enseguida te das cuenta de que la ideología por defecto es la de esconder la cabeza bajo el ala. Pensar y actuar de otro modo conlleva el riesgo de quedar tan paralizado por el miedo y la indignación ante fuerzas enormes e inexorables que todo parece inútil, por lo que el extraño semimundo intelectual de la aversión al pesimismo retumba. Sé de lo que hablo; estuve atrapado en él demasiado tiempo.

En los años transcurridos desde que fundamos DeepMind y desde aquellas presentaciones, el discurso ha cambiado, aunque solo hasta cierto punto. El debate sobre la automatización del trabajo se ha ensayado innumerables veces. Una pandemia mundial ha puesto de manifiesto tanto los riesgos como la potencia de la biología sintética. En las capitales reguladoras como Washington, Bruselas y Pekín, ha surgido una especie de respuesta tecnológica negativa, en la que críticos arremeten contra la tecnología y las empresas tecnológicas en artículos de opinión y libros. Se han generalizado los temores que antes existían en torno a la tecnología, ha aumentado el escepticismo de la opinión pública ante esta y se han agudizado las críticas del mundo académico, de la sociedad civil y de la política. Y, con todo, frente a la ola que viene, frente al gran dilema y a la tecnoélite contraria al pesimismo, nada de esto es suficiente.

EL ARGUMENTO

En la vida humana hay olas por todas partes; esta es tan solo la más reciente. A menudo, parece que la gente piensa que están muy lejos, que suenan tan futuristas y tan absurdas que solo conciernen a unos cuantos frikis y pensadores radicales. Creen que todo son hipérboles, palabrería técnica, propaganda, pero se equivocan. Esto es real, tan real como el tsunami que sale del azul océano abierto.

No se trata de una simple fantasía o de un ejercicio intelectual de reflexión. Incluso si no estás de acuerdo con mi planteamiento y no crees que nada de esto vaya a hacerse realidad, te animo a que sigas leyendo. Es cierto que tengo formación en inteligencia artificial y que suelo ver el mundo a través de una óptica tecnológica, por lo que soy parcial a la hora de plantearnos si esta cuestión es relevante. No obstante, al haber seguido de cerca el despliegue de esta revolución durante los últimos quince años, estoy convencido de que nos encontramos en la cúspide de la transformación más significativa de nuestra vida.

Como desarrollador de este tipo de tecnología, creo que puede proporcionarnos unos beneficios extraordinarios, contribuir a mejorar la vida de infinidad de personas y abordar desafíos fundamentales, desde ayudar a descubrir la próxima generación de energías limpias hasta producir tratamientos baratos y eficaces para las enfermedades más intratables. La tecnología es capaz de enriquecernos la vida y debe hacerlo; no está de más repetir que, tradicionalmente, los inventores y emprendedores que la han desarrollado han sido poderosos impulsores del progreso y han hecho prosperar el nivel de vida de miles de millones de personas.

Sin embargo, sin la contención necesaria, todos los demás aspectos de la tecnología, todos los debates sobre sus deficiencias éticas o sobre los beneficios que nos podría aportar resultan irrelevantes. Necesitamos con urgencia respuestas indiscutibles sobre cómo contener y controlar la ola que viene, sobre cómo sería posible mantener las salvaguardas y las posibilidades del Estado nación democrático, pero, por ahora, nadie tiene un plan así. Ese es un futuro que ninguno de nosotros deseamos, pero me temo que cada vez es más probable, y explicaré por qué en los siguientes capítulos.

En la primera parte, se aborda la larga historia de la tecnología y la manera en la que se propaga: olas que se acumulan a lo largo de los milenios. ¿Qué es lo que las impulsa? ¿Qué es lo que las hace ser verdaderamente universales? También indagaremos sobre si hay ejemplos de sociedades que se hayan negado a usar nueva tecnología de forma deliberada. En lugar de alejarse de ella, el pasado está marcado por un pronunciado patrón de proliferación, el cual ha resultado en extensas cadenas de consecuencias, tanto intencionadas como no. A esto lo llamo el problema de la contención. ¿Cómo podemos controlar las tecnologías más valiosas que jamás se han inventado a medida que se abaratan y se expanden con más rapidez que ninguna otra en la historia?

En la segunda parte, se analizan los detalles específicos de la ola que viene, en cuyo centro se hallan dos tecnologías de uso general enormemente prometedoras, potentes y peligrosas: la inteligencia artificial y la biología sintética. Si bien se ha hablado de ambas durante mucho tiempo, creo que todavía se subestima el alcance de su impacto. En torno a ellas, además, están surgiendo tecnologías asociadas, como la robótica y la informática cuántica, y su desarrollo se entrecruzará de forma compleja y turbulenta.

En esas páginas se examina no solo la manera en la que todas emergieron y lo que son capaces de hacer, sino también por qué son tan difíciles de contener. Las diversas tecnologías de las que hablo comparten cuatro rasgos clave que explican por qué esta vez es diferente: son generales por naturaleza y, por tanto, de uso universal; evolucionan a una velocidad de vértigo; tienen un impacto asimétrico, y en algunos aspectos son cada vez más autónomas. La creación de estas tecnologías está impulsada por potentes incentivos, como la competición geopolítica, enormes recompensas financieras y una cultura de investigación abierta y repartida. Decenas de agentes estatales y no estatales se apresurarán a desarrollarlas al margen de todos los esfuerzos dirigidos a regular y controlar lo que se avecina, y, nos guste o no, asumirán riesgos que nos afectarán a todos.

En la tercera parte se exploran las implicaciones políticas de la inmensa redistribución del poder que una ola incontenible provocaría. El fundamento de nuestro orden político actual es el Estado nación, que es el agente más importante en la contención de las tecnologías. Ya sacudido por varias crisis, se verá aún más debilitado a causa de una serie de impactos que la ola amplificará: la posibilidad de nuevas oleadas de violencia, de una avalancha de información errónea y de la desaparición de puestos de trabajo, y la perspectiva de accidentes catastróficos.

Además, la ola supone una serie de cambios de poder tectónicos, tanto centralizadores como descentralizadores, que crearán nuevas y enormes iniciativas, reforzarán el poder autoritario y, al mismo tiempo, darán poder a grupos y a movimientos para vivir fuera de las estructuras sociales tradicionales. El delicado pacto del Estado nación se verá sometido a una inmensa presión justo en el momento en el que más necesitaremos tales instituciones. Así es como nos veremos abocados al dilema.

A continuación, en la cuarta parte se examina lo que se puede hacer al respecto. ¿Existe siquiera una mínima posibilidad de contención, de escapar del dilema? De ser así, ¿cómo? En este último bloque se esbozan diez pasos, que van desde el nivel del código y del ADN hasta el de los tratados internacionales, y así formar un duro conjunto de restricciones. Esbozar un plan de contención.

Este es un libro sobre cómo afrontar los fallos. Las tecnologías pueden fallar en el sentido más cotidiano de no funcionar, como un motor que no se enciende o un puente que se derrumba. Sin embargo, también pueden fallar a una escala mucho más amplia. Si la tecnología daña las vidas de los seres humanos, si produce sociedades llenas de peligros o si las vuelve ingobernables porque potenciamos una larga cola de agentes negativos (o involuntariamente peligrosos); si, en conjunto, la tecnología es dañina, podemos argumentar que ha fallado en otro sentido más profundo: que ha fallado a la hora de cumplir lo que prometía. A este respecto, los fallos no son inherentes a la tecnología, sino que tienen que ver con el contexto en el que opera, con las estructuras de gobierno a las que está sujeta y a las redes de poder y a los usos a los que se destina.

Ese impresionante ingenio que ha creado tantas cosas que nos rodean a ti y a mí en este momento significa que se nos da mejor evitar el primer tipo de fallos. Hay menos accidentes de aviones, los automóviles son menos contaminantes y más seguros, los ordenadores son más potentes y aun así más resistentes. El mayor desafío al que nos enfrentamos es que todavía no hemos tenido en cuenta el otro tipo de fallo.

A lo largo de los siglos, la tecnología ha aumentado en gran medida el bienestar de mil millones de personas. Estamos mucho más saludables gracias a la medicina moderna; la mayor parte del mundo vive en abundancia de alimentos; la población nunca antes ha tenido tanta formación, tanta tranquilidad ni tanta comodidad en términos materiales. Estos son los logros definitorios que en parte han producido los grandes motores de la humanidad, la ciencia y la creación de tecnología, y son la razón por la que he dedicado mi vida al desarrollo seguro de esas herramientas.

Sin embargo, cualquier muestra de optimismo que extraigamos de esta trayectoria debe tener en cuenta la cruda realidad. Protegerse contra los fallos significa entender y, en última instancia, enfrentarse a lo que puede salir mal. Debemos seguir la línea de razonamiento hasta su final lógico sin temer adónde pueda llevarnos y, cuando lleguemos, hacer algo al respecto. La ola de tecnología que viene amenaza con fallar más rápido y a una escala mucho más amplia que nada de lo que hayamos visto hasta ahora, por lo que se necesita atención pública a nivel mundial y respuestas, respuestas que nadie tiene todavía.

A simple vista, la contención no es posible, pero, por el bien de todos, es imprescindible que lo sea.

PRIMERA PARTE

Homo tecnologicus

2

La proliferación infinita

Durante la mayor parte de la historia, para casi toda la gente el transporte personal significaba caminar, o, si tenías suerte, ser transportado o remolcado por caballos, bueyes, elefantes u otros animales de carga. El simple desplazamiento entre asentamientos —olvidémonos de transporte entre continentes— era arduo y lento.

A principios del siglo xix, el ferrocarril revolucionó el transporte al ser la innovación más importante en miles de años. Aun así, la inmensa mayoría de los viajes nunca podían hacerse en tren, y para quienes sí estaba a su alcance, no estaban muy personalizados. Lo que sí hizo el ferrocarril fue dejar claro que los motores eran el futuro. Los de vapor, capaces de propulsar vagones, necesitaban enormes calderas externas, pero si se conseguía reducirlos a un tamaño más manejable y portátil, se dispondría de un medio de transporte radicalmente nuevo.

Los inventores probaron varios métodos. Ya en el siglo xviii el inventor francés Nicolas-Joseph Cugnot construyó un tipo de coche que funcionaba con vapor. Avanzaba a la impresionante velocidad de tres kilómetros por hora y tenía una enorme caldera que colgaba en la parte delantera. En 1863, el belga Jean Joseph Étienne Lenoir impulsó el primer vehículo con un motor de combustión interna y lo condujo once kilómetros fuera de París. Sin embargo, el motor era pesado y la velocidad, limitada. Otros experimentaron con la electricidad y el hidrógeno. Nada cuajaba, pero el sueño del transporte individual autónomo persistía.

Entonces, la situación empezó a cambiar, al principio poco a poco. El ingeniero alemán Nicolaus August Otto dedicó años a trabajar en un motor de gas, mucho más pequeño que la máquina de vapor. En 1876, en una fábrica Deutz AG de Colonia, Otto fabricó el primer motor funcional de combustión interna, el modelo «motor de cuatro tiempos». Todo estaba listo para la producción en serie, pero Otto se enemistó con sus socios, Gottlieb Daimler y Wilhelm Maybach. Otto quería usar ese motor en instalaciones fijas, como bombas de agua o fábricas, pero Daimler y Maybach habían pensado emplear esos motores, que eran cada vez más potentes, en algo distinto: el transporte.

Sin embargo, fue otro ingeniero alemán, Carl Benz, quien se les adelantó; con su versión del motor de cuatro tiempos, en 1886 patentó el Motorwagen, que actualmente se considera el primer automóvil del mundo. La opinión pública se mostró escéptica cuando ese extraño artilugio de tres ruedas fue presentado, y hasta que Bertha, la mujer y socia de Benz, lo condujo desde Mannheim hasta la casa de su madre en Pforzheim, a unos cien kilómetros, el coche no empezó a llamar la atención. Bertha se lo llevó sin que su marido lo supiera, y fue llenando el depósito por el camino con un disolvente que compró en varias farmacias locales.

Había empezado una nueva era. Pero los coches y los motores de combustión interna que los movían seguían siendo caros en exceso y estaban fuera del alcance de todos, salvo de los más ricos. Todavía no existían ni las redes de carreteras ni las estaciones de servicio. En 1893, Benz había vendido apenas 69 vehículos y en 1900, tan solo 1.709. Veinte años después de la patente de Benz, aún había solo 35.000 vehículos en las carreteras alemanas.[1]

El punto de inflexión fue el Modelo T de 1908 de Henry Ford que, siendo sencillo pero eficaz, se construyó utilizando un método revolucionario: la cadena de montaje en movimiento. Este proceso eficiente, lineal y repetitivo le permitió reducir de manera considerable el precio de los vehículos personales, por lo que el número de compradores aumentó. La mayoría de los coches de la época costaban dos mil dólares, mientras que Ford vendía el suyo por ochocientos cincuenta.

En los primeros años, las ventas del Modelo T se contaban por miles. Ford siguió ampliando la producción y bajando aún más los precios, y alegaba al respecto: «Cada vez que reduzco un dólar del precio de nuestro coche, consigo mil compradores nuevos».[2] En la década de 1920 Ford vendió millones de coches cada año. Por primera vez los estadounidenses de clase media podían permitirse el transporte motorizado. Los automóviles proliferaban a una velocidad vertiginosa. En 1915 solo el 10 por ciento de los estadounidenses tenía coche, pero en 1930 ese porcentaje alcanzó el 59 por ciento.[3]

A día de hoy, hay unos dos mil millones de motores de combustión en todo tipo de aparatos, desde cortacéspedes hasta portacontenedores, y cerca de mil cuatrocientos millones de ellos están en automóviles.[4] Cada vez son más accesibles, eficientes, potentes y adaptables. En torno a ellos se ha desarrollado todo un modo de vida y es posible que toda una civilización, desde los suburbios en expansión hasta las granjas industriales, de restaurantes de comida para llevar a la cultura moderna del coche. Se construyeron enormes autopistas, que a veces atravesaban ciudades y dividían barrios, pero conectaban regiones remotas. El concepto de desplazamiento de un sitio a otro en busca de prosperidad o diversión, que antes había sido todo un reto, se convirtió en una característica habitual de la vida de las personas.

Los motores no solo impulsaban los vehículos, sino también la historia. Ahora, gracias al hidrógeno y a los motores eléctricos, el reinado del motor de combustión está llegando a su fin, pero no la era de la movilidad de masas que desencadenó.

Todo esto habría parecido imposible al inicio del siglo XIX, cuando el transporte autónomo era aún cosa de los soñadores que jugaban con fuego, volantes de inercia y trozos de metal. Pero a partir de aquellos primeros inventores comenzó un maratón de invención y producción que transformó el mundo. Una vez que cogió impulso, la difusión del motor de combustión interna se hizo imparable. De unos pocos talleres alemanes empapados de petróleo surgió una tecnología que ha repercutido en todos los seres humanos del planeta.

Sin embargo, esta no es solo una historia de motores y de coches, sino de la tecnología en sí misma.[5]

OLAS DE USO GENERAL: EL RITMO DE LA HISTORIA

La trayectoria clara e inevitable de la tecnología consiste en su difusión masiva en grandes olas turbulentas.[6] Esto es así desde las primeras herramientas de hueso y sílex hasta los últimos modelos de inteligencia artificial más recientes. A medida que la ciencia produce nuevos descubrimientos, la gente aplica ese conocimiento para fabricar alimentos más baratos, mejores productos y transportes más eficientes.[7] Con el tiempo, crece la demanda de los mejores productos y servicios nuevos, lo que fomenta la competencia para generar versiones más baratas repletas de más funciones. Esto, a su vez, incrementa aún más la demanda de las tecnologías que las componen por lo que usarlas se vuelve, al mismo tiempo, más fácil y más barato. Los costes siguen bajando, y las capacidades aumentan. Experimentar, repetir, utilizar. Crecer, mejorar, adaptarse. Esta es la ineludible naturaleza evolutiva de la tecnología.

Estas olas de tecnología e innovación son el centro de este libro. Es más, son el núcleo de la historia de la humanidad. Si comprendemos estas olas complejas, caóticas y acumulativas, el desafío de la contención se vuelve evidente. Si comprendemos la historia que tienen detrás, podemos empezar a esbozar el futuro que les aguarda.

Así pues ¿qué es una ola? En pocas palabras, es un conjunto de tecnologías que confluyen al mismo tiempo, impulsadas por una o varias tecnologías de uso general nuevas y con profundas implicaciones sociales.[8] Por «uso general» me refiero a tecnologías que permiten avances sísmicos en lo que el ser humano es capaz de hacer.[9] La sociedad evoluciona al compás de estos saltos. Lo vemos una y otra vez: un nuevo componente tecnológico prolifera, como el motor de combustión interna, y transforma todo a su alrededor.

La historia de la humanidad puede contarse a partir de estas olas; nuestra evolución desde primates vulnerables subsistiendo en la sabana hasta convertirnos, para bien o para mal, en la fuerza dominante del planeta. Los seres humanos somos una especie tecnológica por naturaleza. Desde el principio, nunca hemos sido ajenos a las olas tecnológicas que creamos, sino que evolucionamos a la vez, en simbiosis.

Las primeras herramientas de piedra se remontan a hace tres millones de años, mucho antes de la aparición de *Homo sapiens*, como demuestran los martillos toscos y los cuchillos rudimentarios. La sencilla hacha de mano forma parte de la primera ola de tecnología de la historia. Se podía matar a los animales con más eficacia, descuartizar cadáveres y luchar contra los enemigos. Con el tiempo, los primeros seres humanos aprendieron a manejar esas herramientas con precisión, y así surgieron la costura, la pintura, el tallado y la cocina.

Otra ola igual de crucial se produjo por el descubrimiento del fuego. Nuestro antepasado *Homo erectus* ya lo utilizaba, y supuso una fuente de luz, de calor y de seguridad contra los depredadores; tuvo también un gran impacto en la evolución, pues cocinar los alimentos aceleró la liberación de su energía, lo que permitió que el tubo digestivo se redujera y que el cerebro se agrandara.[10] Nuestros predecesores, cuyas fuertes mandíbulas limitaban el crecimiento del cráneo, se dedicaban a masticar y a digerir alimentos sin descanso como hacen los primates hoy en día, pero una vez el fuego los liberó de esa necesidad cotidiana pudieron pasar más tiempo en actividades más interesantes, como la caza de alimentos ricos en energía, el diseño de herramientas o la construcción de rédes sociales complejas. La hoguera se convirtió en el eje central de la vida humana, y ayudó a establecer comunidades y relaciones, así como a organizar el trabajo. La evolución de *Homo sapiens* cabalgó esas olas. No somos tan solo los creadores de nuestras herramientas, sino que, incluso a nivel biológico y anatómico, somos producto de ellas.

La piedra y el fuego fueron prototecnologías de uso general, es decir, se difundieron masivamente y, a su vez, dieron lugar a inventos, productos y comportamientos organizativos nuevos. Las tecnologías de uso general se propagan por las sociedades, los territorios y la historia, y abren de par en par las puertas de la innovación, lo que propicia decenas de herramientas y de procesos sucesivos.[11] Casi siempre están construidas a partir de algún tipo de principio de uso general, ya sea la fuerza del vapor para hacer el trabajo, ya sea la teoría de la información que subyace al código binario de un ordenador.

Lo irónico de las tecnologías de uso general es que en poco tiempo se vuelven invisibles y las damos por sentadas. El lenguaje, la agricultura o la escritura fueron tecnologías de uso general centrales en una primera ola y constituyeron la base de la civilización tal y como la conocemos.[12] Actualmente no dudamos de que sucedieron. Un importante estudio cifró en veinticuatro el número de tecnologías de uso general que han surgido a lo largo de toda la historia de la humanidad, e incluyó inventos que van desde la agricultura, el sistema fabril, el desarrollo de materiales como el hierro y el bronce hasta la imprenta, la electricidad y, por supuesto, internet.[13] No son muchas, pero son importantes; por eso en el imaginario colectivo todavía usamos expresiones como la Edad del Bronce o la era de la navegación a vela.

A lo largo de la historia, el tamaño de la población y los niveles de innovación van de la mano. Herramientas y técnicas nuevas dan lugar a mayores poblaciones.[14] Las más grandes y conectadas son más propicias a los ensayos, la experimentación y los descubrimientos fortuitos, son un cerebro colectivo más potente para crear cosas nuevas.[15] Las grandes poblaciones ocasionan mayores niveles de especialización, a nuevas clases de personas como los artesanos o los académicos cuyo sustento no está ligado a la tierra. Que haya más gente cuya vida no gire en torno a la mera subsistencia significa más inventores y más razones para tener inventos que, a su vez, significan más crecimiento de población. Desde las primeras ciudades como Uruk en Mesopotamia —lugar de nacimiento del cuneiforme, el primer sistema de escritura conocido— hasta las megalópolis actuales, las ciudades impulsan el desarrollo tecnológico. Y más tecnología implica más ciudades (y más grandes). En los albores de la revolución agrícola, la población humana mundial alcanzaba los 2,4 millones de habitantes; al principio de la Revolución Industrial, se acercaba a los mil millones, un aumento cuatrocientas veces mayor que el previsto por las olas del periodo intermedio.[16]

La revolución agrícola, que tuvo lugar entre los años 9000 y 7500 a. C. y fue una de las olas más significativas de la historia, marcó la llegada de dos tecnologías masivas de uso general que sustituyeron de manera gradual al modo de vida nómada de cazadores-recolectores: la domesticación de las plantas y de los animales. Esos avances cambiaron no solo cómo se encontraban los alimentos, sino también el almacenamiento, el funcionamiento del transporte y la propia escala a la que la sociedad podría funcionar. Los primeros cultivos, como el trigo, la cebada, las lentejas, los garbanzos y los guisantes, y los animales como los cerdos, las ovejas y las cabras pasaron a estar sujetos al control de los seres humanos. Con el tiempo, a esto se sumó una nueva revolución en las herramientas y aparecieron las azadas y los arados. Esas simples innovaciones marcaron el comienzo de las civilizaciones modernas.

Cuantas más herramientas tienes, más puedes hacer y más nuevas herramientas y nuevos procesos puedes imaginar que las superen.

Como señala Joseph Henrich, antropólogo de Harvard, la rueda llegó a la vida humana sorprendentemente tarde, pero una vez se inventó se convirtió en un componente básico para todo, desde carros y carretas hasta molinos, prensas y volantes de inercia.[17] Desde la aparición de la palabra escrita hasta los barcos de vela, la tecnología aumenta la interconectividad y contribuye a potenciar su propio flujo y difusión. Así pues, cada ola sienta las bases de las olas sucesivas.

Con el paso del tiempo, esa dinámica se aceleró. A partir de la década de 1770 en Europa, la primera ola de la Revolución Industrial combinó la energía de vapor, los telares mecanizados, el sistema fabril y los canales. Más tarde, los años cuarenta del siglo XIX fue la era del ferrocarril, del telégrafo y de los barcos de vapor y, poco después, llegaron el acero y los fresadores; todo ello en conjunto generó la Primera Revolución Industrial. Entonces, solo unas pocas décadas más tarde llegó la Segunda Revolución Industrial, cuyos mayores éxitos te serán conocidos: el motor de combustión interna, la ingeniería química, el vuelo a motor y la electricidad. El vuelo necesitaba la combustión, y la producción masiva de motores de combustión requerían acero y fresadores, y así sucesivamente. A partir de la Revolución Industrial, los grandes cambios pasaron a medirse en décadas en lugar de siglos o milenios.

Sin embargo, no se trata de un proceso ordenado. Las olas tecnológicas no llegan con la predictibilidad nítida de las mareas, sino que, a largo plazo, se entrecruzan y se intensifican de forma imprevisible. En los diez mil años transcurridos hasta el 1000 a. C. surgieron siete tecnologías de uso general;[18] en los doscientos entre 1700 y 1900, aparecieron seis, desde motores de vapor hasta la electricidad; y, solo en los últimos cien años, han aparecido siete.[19] Ten en cuenta que los niños que crecieron con los viajes a caballo y en carro y que quemaban leña para calentarse pasaron los últimos años de su vida viajando en avión y en casas con calefacción generada por la división del átomo.

Las olas, que son vibrantes, emergentes, sucesivas, compuestas y de polinización cruzada, definen el horizonte de posibilidades tecnológicas de una época. Son parte de nosotros. No existe el ser humano no tecnológico.

Esta concepción de la historia como una serie de olas de innovación no es novedosa. Las agrupaciones secuenciales y disruptivas de tecnología se repiten en los debates sobre esta. Para el futurista Alvin

Toffler, la revolución de las tecnologías de la información fue una tercera ola en la sociedad humana, que siguió a las revoluciones agrícola e industrial.[20] Joseph Schumpeter veía las olas como explosiones de innovación que encendían nuevos negocios en estallidos de «destrucción creativa». El gran filósofo de la tecnología Lewis Mumford creía que la «Era de la Máquina» era en realidad más bien un despliegue milenario de tres grandes olas sucesivas.[21] Más recientemente, la economista Carlota Pérez habla sobre cómo los «paradigmas tecnoeconómicos» cambian con rapidez en medio de las revoluciones tecnológicas.[22] Los momentos de auge disruptivo y de especulación salvaje vuelven a poner en marcha las economías. De repente, todo depende de ferrocarriles, de coches o de microprocesadores. A la larga, la tecnología acaba por madurar, se integra y se torna ampliamente accesible.

La mayoría de los profesionales de la tecnología están atrapados en las minucias del presente y sueñan con el mañana. Es tentador pensar en inventos en momentos aislados y fortuitos, pero, si lo haces, te perderás los rigurosos patrones de la historia, la tendencia auténtica y casi innata de las olas tecnológicas de llegar una y otra vez.

La proliferación es la norma

Durante la mayor parte de la historia, la proliferación de nueva tecnología ha sido muy poco frecuente. La mayoría de los seres humanos nacían, vivían y morían rodeados del mismo conjunto de herramientas y de tecnologías. Sin embargo, si ampliamos la escala, queda claro que la proliferación es la norma.

Las tecnologías de uso general se convierten en olas cuando su difusión es extensa. Sin una transmisión global épica y casi incontrolada, no es una ola, sino una anécdota histórica. Ahora bien, una vez empieza la propagación, el proceso se hace eco a lo largo de la historia, desde la expansión de la agricultura por la masa continental euroasiática hasta la lenta dispersión de los molinos de agua del Imperio romano por toda Europa.[23] Cuando la tecnología gana tracción y una ola empieza a formarse, el patrón histórico que vimos con los coches se hace evidente.

Cuando Gutenberg inventó la imprenta, en la década de 1440, solo existía un único ejemplar en Europa, y era precisamente la suya original, en Maguncia, Alemania. Sin embargo, apenas cincuenta años más tarde un millar de imprentas se habían repartido por todo el Viejo Continente.[24] Los propios libros, una de las tecnologías más influyentes de la historia, se multiplicaron a una velocidad de vértigo. En la Edad Media, la producción de manuscritos era del orden de cientos de miles por gran país y por siglo. Cien años después de Gutenberg, lugares como Italia, Francia y Alemania producían en torno a cuarenta millones de libros cada cincuenta años, y el ritmo de la aceleración seguía aumentando. En el siglo XVII, Europa imprimió quinientos millones de libros.[25] A medida que la demanda se disparaba, los costes se desplomaban. Un estudio estima que la introducción de la imprenta en el siglo XV provocó que el precio de un libro cayera en un 340 por ciento, lo que hizo que creciera su implantación y, por tanto, la demanda.[26]

Tomemos el ejemplo de la electricidad. Las primeras centrales eléctricas aparecieron en Londres y en Nueva York en 1882, en Milán y en San Petersburgo en 1883 y, en Berlín, en 1884.[27] A partir de ahí, su despliegue se aceleró. En 1900, el 2 por ciento de la producción de combustibles fósiles se destinaba a generar electricidad; para 1950, superó el 10 por ciento, y en 2000, sobrepasó el 30 por ciento. En 1900, la producción mundial de electricidad era de ocho teravatios hora, mientras que, cincuenta años más tarde, era de seiscientos, y alimentaba una economía transformada.[28]

El economista William Nordhaus, ganador del Premio Nobel, calculó que el mismo trabajo que en el siglo XVIII producía cincuenta y cuatro minutos de luz de calidad, ahora genera más de cincuenta años. Como resultado, la persona promedio del siglo XXI tiene acceso a aproximadamente 438.000 veces más lúmenes hora por año que nuestros parientes del siglo XVIII.[29]

No es de extrañar que las tecnologías de consumo muestren una tendencia similar. Alexander Graham Bell introdujo el teléfono en 1876. En 1900, en Estados Unidos había seiscientos mil teléfonos; diez años más tarde, la cifra alcanzó los 5,8 millones;[30] y actualmente hay muchos más que personas.[31]

En este escenario, el aumento de la calidad se une a la disminución de los precios.[32] Un televisor antiguo que en 1950 costaba mil dólares, costaría tan solo ocho en 2023, aunque las televisiones actuales son infinitamente mejores y, por tanto, su coste es mayor. Se pueden encontrar curvas de precio y de implantación idénticas en coches, microondas o lavadoras. De hecho, en los siglos XX y XXI la adopción de nuevos aparatos electrónicos de consumo ha sido muy constante. Una y otra vez, el patrón es inconfundible.

Son dos fuerzas las que catalizan la proliferación: la demanda y la consiguiente reducción de los costes. Estas impulsan la tecnología a ser cada vez mejor y más barata. El largo e intrincado diálogo entre la ciencia y la tecnología produce una cadena de conocimientos, avances y herramientas que se construyen y refuerzan con el tiempo, recombinaciones productivas que rigen el futuro. A medida que se consigue más tecnología y el coste baja, se posibilita la aparición de tecnologías derivadas nuevas y baratas. El servicio de Uber es imposible sin los smartphones, que a su vez funcionan gracias al GPS, que funciona gracias a los satélites, los cuales funcionan gracias a las técnicas de combustión, que funcionan gracias al lenguaje y al fuego.

Sin duda, detrás de los descubrimientos tecnológicos hay personas que trabajan para mejorar la tecnología en talleres, laboratorios o garajes, motivadas por el dinero, la fama y, a veces, el propio conocimiento. Los tecnólogos, los inventores y los emprendedores progresan con la práctica y, sobre todo, a base de copiar. Desde el arado superior del enemigo hasta los teléfonos móviles más recientes, la réplica es un motor fundamental de la difusión. La imitación estimula la competencia y, de ese modo, la tecnología mejora aún más.[33] Las economías de escala entran en acción y reducen los costes.

El afán de la civilización por las tecnologías útiles y más baratas no tiene límites. Y eso no va a cambiar.

DE LOS TUBOS DE VACÍO A LOS NANÓMETROS. LA TURBOPROLIFERACIÓN

Si quieres echar un vistazo a lo que está por venir, piensa en la última ola: la informática. Desde el principio los ordenadores se han visto impulsados por las nuevas fronteras matemáticas, así como por las urgencias de los conflictos entre grandes potencias.

Como ocurrió con el motor de combustión, la informática empezó siendo cosa de complicados trabajos académicos y de cerebritos de laboratorio.[34] Pero entonces estalló la guerra. En la década de 1940, Bletchley Park, el centro secreto británico donde se descifraban códigos de la Segunda Guerra Mundial, empezó a construir por primera vez un ordenador de verdad. En su carrera por descifrar las supuestamente indescifrables máquinas Enigma alemanas, un equipo extraordinario convirtió el conocimiento teórico en un dispositivo práctico que era capaz de lograr justo eso.

Por su parte, otros también se pusieron manos a la obra. Para 1945, la Universidad de Pensilvania desarrolló un importante precursor de los ordenadores, el ENIAC, un gigante de dos metros y medio y de dieciocho mil tubos de vacío que era capaz de realizar trescientas operaciones por segundo.[35] En 1947, la empresa Bell Labs inició otro avance significativo: el transistor, un semiconductor que creaba lo que se conoce como «puertas lógicas» para ejecutar cálculos. Este tosco dispositivo, compuesto por un clip, un trozo de lámina de oro y un cristal de germanio que podía conmutar señales electrónicas sentó las bases de la era digital.

Al igual que ocurrió con los automóviles, para los observadores de la época no resultaba en absoluto evidente que la informática se extendería con rapidez, por lo que a finales de la década de 1940 solo existían unos pocos dispositivos. Unos años antes, Thomas J. Watson, el presidente de la empresa tecnológica estadounidense IBM, al parecer declaró con notoriedad que creía que había mercado mundial para cinco ordenadores.[36] En 1949, la revista estadounidense *Popular Mechanics* pronosticó, como era habitual por entonces, que los ordenadores del futuro podrían tener solo mil tubos de vacío y que quizá pesarían tan solo una tonelada y media.[37] Diez años después de Bletchley, seguía habiendo solo cientos de ordenadores en todo el mundo.

Ya sabemos lo que pasó a continuación. La informática transformó la sociedad con más rapidez de la que nadie había previsto y proliferó más deprisa que cualquier otro invento de la historia de la humanidad. Robert Noyce inventó el circuito integrado en la empresa estadounidense Fairchild Semiconductor a finales de la década de 1950 y durante la de 1960, al imprimir múltiples transistores en obleas de silicio para producir lo que pasó a llamarse «chips de silicio». Poco tiempo después, un investigador llamado Gordon Moore presentó su ley epónima, que expresa que cada veinticuatro meses se duplicaría el número de transistores de un chip, lo que supuso que estos y, por extensión, el mundo de la tecnología digital y computacional estarían sujetos a la asombrosa curva ascendente de un proceso exponencial.

Los resultados son impresionantes. Desde principios de los años setenta, el número de transistores por chip se ha multiplicado por diez millones y su potencia ha aumentado en diez órdenes de magnitud, es decir, ha mejorado unas diecisiete mil millones de veces.[38] En 1958, Fairchild Semiconductor vendió cien transistores por ciento cincuenta dólares cada uno; actualmente, sin embargo, se producen decenas de miles de millones de transistores por segundo, a milmillonésimas de dólar por transistor, lo que constituye la proliferación más rápida y extensa de la historia.

Y, como es lógico, ese auge de la potencia computacional ha propiciado un despliegue de dispositivos, aplicaciones y usuarios. A principios de la década de los setenta, únicamente existían alrededor de medio millón de ordenadores;[39] en 1983, solo quinientos sesenta y dos en total estaban conectados al internet original, y, hoy en día, el número de ordenadores, smartphones y dispositivos conectados se estima en catorce mil millones.[40] Los smartphones han tardado unos pocos años en pasar de ser productos de nicho a ser un elemento absolutamente esencial para dos tercios del planeta.

Con esa ola llegaron el correo electrónico, las redes sociales y los vídeos online, cada uno de los cuales representaba una experiencia fundamentalmente nueva gracias al transistor y a otra tecnología de uso general, internet. Así es la proliferación tecnológica pura e incontenible. A su vez, esta creó una proliferación aún más abrumadora: los datos, que se multiplicaron por veinte entre 2010 y 2020.[41] Tan solo hace unas décadas, el almacenamiento de datos era cosa de libros y de archivos polvorientos; ahora, los seres humanos producimos cientos de miles de millones de correos electrónicos, de mensajes, de imágenes y de vídeos cada día y los almacenamos en la nube, y, cada minuto de cada día, se añaden dieciocho millones de gigabytes de datos al total global.[42]

Estas tecnologías consumen, moldean, distorsionan y enriquecen miles de millones de horas de vida humana en estado puro. Dominan nuestras empresas y nuestro tiempo libre, nos ocupan la mente y todos los rincones de nuestro mundo, desde frigoríficos, temporizadores, puertas de garaje y audífonos hasta turbinas eólicas. Constituyen la propia arquitectura de la vida moderna. Nuestro teléfono móvil es lo primero que vemos por la mañana y lo último por la noche. Las tecnologías afectan todos los aspectos de la vida humana: nos ayudan a encontrar el amor y nuevos amigos, a la vez que turboalimentan las cadenas de suministro. Influyen en quién es electo y en cómo, en dónde invertimos el dinero, en la autoestima de nuestros hijos, en nuestros gustos musicales, en nuestro concepto de la moda, en los alimentos y en todo lo demás.

Alguien del mundo de la posguerra se asombraría de la escala y el alcance de lo que una vez pareció tecnología de nicho. La extraordinaria capacidad de la informática para extenderse y mejorar a un ritmo exponencial, para entrar y envolver casi todos los aspectos de la vida se ha convertido en la realidad dominante de la civilización contemporánea. Ninguna ola anterior se ha reproducido con tanta rapidez, pero aun así el patrón histórico se repite. En un principio parece imposible e inimaginable; luego, inevitable. Y cada ola se vuelve más grande y más fuerte.

Es fácil perderse en los detalles, pero si das un paso atrás puedes ver cómo las olas ganan velocidad, alcance, accesibilidad y consecuencias. Una vez que cobran impulso, rara vez se detienen. La difusión masiva, la proliferación pura y desenfrenada son los valores históricos por defecto, lo más parecido a un estado natural. Piensa en la agricultura, el trabajo del bronce, la imprenta, el automóvil, la televisión, el smartphone y todo lo demás. Existen entonces lo que parecen ser leyes de la tecnología, algo así como un carácter inherente, unas propiedades emergentes que perduran en el tiempo.

La historia nos muestra que, inevitablemente, la tecnología se difunde, con el tiempo, a casi todas partes, desde las primeras hogueras hasta el lanzamiento del cohete Saturno V, desde las primeras letras garabateadas hasta el texto interminable de internet. Las olas se vuelven más rápidas y más trascendentes, y el acceso a la tecnología aumenta y se abarata. La tecnología prolifera y, con cada ola sucesiva, esa proliferación se acelera y penetra a mayor profundidad, incluso cuando la tecnología es cada vez más poderosa.

Esta es la norma histórica de la tecnología. Al mirar hacia el futuro, eso es lo que cabe esperar.

¿O puede que no?

3

El problema de la contención

EFECTOS DE VENGANZA

Alan Turing y Gordon Moore nunca pudieron haber predicho, y mucho menos alterado, el auge de las redes sociales, los memes, la Wikipedia o los ciberataques. Décadas después de sus inventos, los creadores de la bomba atómica eran tan incapaces de evitar una guerra nuclear como Henry Ford de evitar un accidente de coche. El reto inevitable de la tecnología es que los autores pierden muy deprisa el control del camino que toman sus inventos una vez introducidos en el mundo.

La tecnología existe en un sistema complejo y dinámico, es decir, el mundo real, en el que las consecuencias de segundo, tercer o X grado se propagan de manera impredecible. Lo que sobre el papel parece no tener defectos puede desarrollar un comportamiento totalmente diferente en la práctica, sobre todo cuando se copia y se adapta una y otra vez. Es imposible garantizar lo que la gente acabe haciendo con tu invento, por muy bienintencionado que sea. Thomas Edison inventó el fonógrafo para que las personas pudieran grabar sus pensamientos para la posteridad y para ayudar a los invidentes, por lo que se horrorizó cuando la mayoría de la gente se limitó a reproducir música. Alfred Nobel creía que sus explosivos solo se usarían en la minería y en la construcción de ferrocarriles.

Por su parte, Gutenberg únicamente quería ganar dinero con la impresión de la Biblia y, sin embargo, la imprenta catalizó la revolución científica y la Reforma protestante, por lo que se convirtió en la mayor amenaza para la Iglesia católica desde su fundación. Los fabricantes de frigoríficos no buscaban provocar un agujero en la capa de ozono con los clorofluorocarburos (CFC), del mismo modo que los creadores de los motores de combustión interna y de reacción no pensaban en derretir los casquetes polares. De hecho, los primeros entusiastas del automóvil defendían sus ventajas medioambientales, y argumentaban que los motores librarían las calles de las montañas de estiércol de caballo que esparcían suciedad y enfermedades por las áreas urbanas; no sabían lo que era el calentamiento global.

Entender la tecnología consiste, entre otras cosas, en intentar comprender sus consecuencias involuntarias, en predecir no solo los efectos indirectos, sino también los «efectos de venganza».[1] En pocas palabras, toda tecnología es capaz de fallar, a menudo de maneras que contradicen directamente su propósito original. Piensa en cómo los opiáceos por receta han creado dependencia, cómo el uso excesivo de antibióticos los vuelve menos eficaces o cómo el aumento de satélites y desechos conocidos como «basura espacial» ponen en peligro los viajes más allá del planeta Tierra.

A medida que la tecnología prolifera, más personas pueden usarla, adaptarla y darle la forma que quieran, en cadenas de causalidad que escapan a la comprensión de cualquier individuo. Al tiempo que la potencia de las herramientas que tenemos crece de manera exponencial y a medida que el acceso a ellas aumenta con rapidez, también lo hacen los posibles daños, y así se forma un laberinto de consecuencias que nadie puede predecir ni anticipar. Un día alguien escribe ecuaciones en una pizarra o trastea con un prototipo en un garaje; un trabajo que, en principio, parece irrelevante al resto mundo. Al cabo de pocas décadas, ese proyecto ha planteado cuestiones existenciales a la humanidad. Al construir sistemas cada vez más potentes, este aspecto de la tecnología me ha parecido cada vez más apremiante. ¿Cómo garantizamos que esta nueva ola de tecnologías aporte más beneficios que daños?

El problema de la tecnología que nos ocupa es el problema de la contención. Si este aspecto no puede eliminarse, podría limitarse. La contención es la capacidad global de controlar, limitar y, si fuera necesario, detener la tecnología en cualquier fase de su desarrollo o distribución. En última instancia, este concepto significa, en algunas circunstancias, la capacidad de impedir que la tecnología prolifere en primer lugar y controlar la onda expansiva de consecuencias no deseadas (tanto las positivas como las negativas).

Cuanto más potente es una tecnología, más arraigada está en todas las facetas de la vida y de la sociedad. Así pues, los problemas de la tecnología tienden a escalar en paralelo a sus capacidades, por lo que la necesidad de contención se agudiza con el paso del tiempo.

¿Exime esto de responsabilidad a los tecnólogos? Para nada; más que a nadie, nos corresponde a nosotros afrontarlo. Puede que no seamos capaces de controlar los resultados finales de nuestro trabajo o los efectos que tenga a largo plazo, pero eso no es motivo para librarse de la responsabilidad. Las decisiones que los tecnólogos y las sociedades toman en los inicios pueden seguir condicionando los resultados, y que las consecuencias sean difíciles de predecir no significa que no debamos intentarlo.

En la mayoría de los casos, la contención consiste en un control significativo, en la capacidad de detener un ejemplo de uso, de cambiar la dirección de la investigación o de negarles el acceso a los agentes dañinos. Implica preservar los medios de dirigir las olas para garantizar que su impacto refleje nuestros valores, nos ayude a prosperar como especie y no genere daños significativos que rebasen los beneficios.

Este capítulo muestra lo difícil y poco frecuente que es conseguirlo.

LA CONTENCIÓN ES LA BASE

Para muchos, la palabra «contención» evoca la Guerra Fría.[2] El diplomático estadounidense George F. Kennan sostenía que «el elemento principal de cualquier política de Estados Unidos hacia la Unión Soviética debe ser una contención a largo plazo, paciente pero firme, y atenta a las tendencias expansivas rusas». Kennan también afirmaba que, al ver el mundo como un campo de lucha en cambio constante, las naciones de Occidente debían vigilar y contrarrestar el poder ruso allí donde lo encontraran, y así contener de manera segura la amenaza roja y sus tentáculos ideológicos en todas las dimensiones.

Aunque esta lectura de la contención ofrece algunas lecciones útiles, resulta deficiente para nuestros propósitos. La tecnología no es un adversario, sino una propiedad básica de la sociedad humana. Contener la tecnología debe ser un proyecto mucho más fundamental, un equilibrio de poder no entre los competidores, sino entre los seres humanos y nuestras herramientas. Es un prerrequisito para la supervivencia de nuestra especie durante el próximo siglo. La contención abarca la regulación, mayor seguridad técnica, nuevos modelos de gobernanza y propiedad, de responsabilidad y de transparencia, todo ello como precursores necesarios, aunque no suficientes, de una tecnología más segura. Se trata de un candado global que debe aunar la ingeniería de vanguardia, los valores éticos y la regulación gubernamental. La contención no debe verse como la respuesta final a todos los problemas de la tecnología, sino que es más bien el primer paso crítico, la base sobre la cual se construye el futuro.

Así pues, piensa en la contención como un conjunto de mecanismos técnicos, culturales, legales y políticos interrelacionados y que se refuerzan mutuamente para mantener el control social de la tecnología en una época de cambios exponenciales. Es una estructura que debe estar a la altura de la tarea de contener lo que antes hubieran sido siglos o milenios de cambios tecnológicos y que ahora suceden en cuestión de años o meses, y cuyas consecuencias se propagan por todo el mundo en apenas segundos.

La contención técnica se entiende como lo que ocurre en un laboratorio o en una instalación de investigación y desarrollo. En el caso de la inteligencia artificial, implica espacios de aire, aislamiento de procesos, simulaciones, botones de apagado, medidas de seguridad y de protección incorporadas, protocolos para verificar la seguridad, la integridad o la naturaleza no comprometida de un sistema y la posibilidad de desconectarlo si es necesario. Luego están los valores y las culturas en torno a la creación y a la difusión que apoyan los límites, los niveles de gobernanza, la aceptación de dichos límites; una alerta ante daños y consecuencias imprevistas. Por último, la contención incluye tanto los mecanismos legales nacionales como los internacionales para llevarla a cabo, como las normativas aprobadas por las legislaturas y los tratados nacionales que operan a través de la ONU y de otros organismos globales. La tecnología siempre está profundamente ligada a las leyes y las costumbres, a las normas y los hábitos, a las estructuras de poder y los conocimientos de cualquier sociedad dada, y se debe abordar cada uno de ellos. Entraremos en más detalle sobre esta cuestión en la cuarta parte.

Por ahora, no obstante, te estarás preguntando si alguna vez se ha pretendido llevar esto a cabo, si se ha intentado contener una ola.

¿NOS HEMOS NEGADO ALGUNA VEZ?

Cuando la imprenta se extendió por Europa en el siglo xv, el Imperio otomano tuvo una respuesta completamente diferente: intentó prohibirla.[3] El sultán, descontento ante la perspectiva de una producción masiva de conocimiento y de cultura, consideró la imprenta un invento ajeno y occidental. A pesar de rivalizar en población con ciudades como Londres, París o Roma, Estambul no tuvo una imprenta autorizada hasta 1727, cerca de tres siglos después de que se inventara. Durante mucho tiempo, los historiadores interpretaron la resistencia del Imperio otomano como un ejemplo clásico del primer tecnonacionalismo, un rechazo consciente y retrógrado de la modernidad.

Sin embargo, el asunto es más complicado. Según las normas del imperio, solo estaban prohibidos los caracteres árabes, no la imprenta en sí misma. Más que a una postura fundamentalmente antitecnológica, la prohibición se debió al enorme gasto y la complejidad que suponía el funcionamiento de las imprentas de lengua árabe; únicamente el sultán podía permitírselo, y sus sucesores no estaban muy interesados en el artefacto. Así, la prensa otomana se estancó, y durante un tiempo el imperio dijo: «No, gracias». Sin embargo, con el tiempo, como en todas partes, la imprenta se convirtió en una realidad en el imperio, en los países sucesores y, en definitiva, en todo el mundo. Parece ser que los estados pueden negarse, pero a medida que los productos se vuelven más baratos y su uso se generaliza, no pueden rechazarlos para siempre.

En retrospectiva, las olas pueden parecernos inevitables y tranquilas, pero existe una serie casi infinita de factores pequeños, específicos y a menudo arbitrarios que influyen en la trayectoria de la tecnología. De hecho, nadie debería creer que la difusión es fácil. Puede ser costosa, lenta y arriesgada, o requerir cambios radicales en el comportamiento factibles solo durante algunas décadas o una generación. Debe luchar contra intereses existentes, contra conocimientos asentados y contra aquellos que celosamente detentan ambos. El miedo y la desconfianza hacia lo nuevo y lo diferente son endémicos. Todos, desde los gremios de artesanos hasta los monarcas recelosos, tienen motivos para oponerse. Los ludistas, grupos que rechazaban violentamente las técnicas industriales, no son la excepción a la llegada de las nuevas tecnologías, sino la norma.

En la época medieval, el papa quiso prohibir la ballesta. En 1589, la reina Isabel I prohibió un nuevo tipo de máquina de tejer alegando que podría molestar a los gremios. Estos acosaron y destrozaron nuevos tipos de telares y tornos en Núremberg, en Dánzig, en los Países Bajos y en Inglaterra. John Kay, el inventor de la lanzadera volante, que hizo que tejer fuera más eficiente y fue una de las tecnologías clave de la Revolución Industrial, temía tanto las violentas represalias que huyó a Francia.[4]

A lo largo de la historia, la gente ha intentado resistirse a las tecnologías porque se sentía amenazada y le preocupaba que echaran por tierra sus medios de subsistencia y su modo de vida. Dado que consideraban que luchaban por el futuro de su familia, si era necesario destruirían lo que se avecinaba. Si fracasaban las medidas pacíficas, intentarían desmantelar la oleada de maquinaria industrial.

Durante el shogunato Tokugawa del siglo XVII, Japón se cerró al mundo —y, por extensión, a sus bárbaros inventos— durante casi trescientos años. Como la mayoría de las sociedades a lo largo de la historia, desconfiaba de lo nuevo, lo diferente y lo disruptivo. Del mismo modo, en el siglo XVIII, China rechazó una misión diplomática británica y la tecnología occidental que ofrecía, y el emperador Qianlong declaró lo siguiente: «Nuestro imperio celestial posee todas las cosas en prolífica abundancia y no carece de ningún producto dentro de sus fronteras. Por tanto, no hay necesidad de importar las manufacturas de bárbaros extranjeros».[5]

Nada de esto funcionó. La ballesta sobrevivió hasta que las armas le usurparon el puesto. La máquina de tejer de la reina Isabel I volvió siglos más tarde en la fortalecida forma de telares de gran escala para desencadenar la Revolución Industrial. China y Japón se cuentan hoy entre los países más avanzados en materia tecnológica y más integrados globalmente del planeta. Los ludistas fracasaron a la hora de detener las nuevas tecnologías industriales, al igual que los fabricantes de cuadras de caballos y de carruajes no lograron frenar la aparición de los coches. Allí donde hay demanda, la tecnología siempre irrumpe, encuentra tracción y crea usuarios. Una vez consolidadas, las olas son casi imposibles de parar. Como descubrieron los otomanos con la imprenta, la resistencia tiende a desgastarse con el paso del tiempo. Expandirse está en la naturaleza de la tecnología, sin importar las barreras.

Muchas tecnologías van y vienen. No se ven muchos velocípedos o Segways, ni se escuchan muchos casetes o MiniDisc, pero eso no significa que la movilidad personal o la música no estén extendidas, sino que nuevas formas más efectivas de tecnología han reemplazado a las antiguas. Ya no viajamos en trenes de vapor o escribimos en máquinas de escribir, pero estos perduran en una suerte de presencia fantasmal en los aparatos que los han sucedido, como los trenes de alta velocidad japoneses Shinkansen o los ordenadores MacBook.

Piensa en cómo, en sucesivas oleadas, el fuego, las velas y las lámparas de aceite dan paso a las lámparas de gas, luego a las bombillas eléctricas y, ahora, a las luces led. Es más: la totalidad de la luz artificial aumenta incluso cuando los sistemas subyacentes cambian. Las nuevas tecnologías sustituyen a múltiples predecesoras. Del mismo modo en el que la electricidad reemplazó tanto a las velas como a los motores de vapor, los smartphones relevaron a los navegadores por satélite, a las cámaras, a las PDA, a los ordenadores y a los teléfonos, además de inventar tipos de experiencias totalmente nuevos, como las aplicaciones móviles. A medida que las tecnologías permiten hacer más por menos, su atractivo no hace sino crecer y, con él, su implantación.

Imagínate intentar construir una sociedad contemporánea sin electricidad, ni agua corriente ni medicinas, y aunque fuera posible, ¿cómo convencerías a nadie de que sería un trato adecuado y deseable que valdría la pena? Pocas sociedades se han retirado de la frontera tecnológica con éxito; hacerlo es a menudo resultado de un colapso o de estar a punto de precipitarlo.[6] No existe una manera realista de retroceder.

Los inventos no pueden desinventarse o bloquearse indefinidamente, igual que el conocimiento no puede desaprenderse ni evitar que se extienda. Algunos ejemplos históricos aislados dan pocos motivos para pensar que pueda ocurrir de nuevo. La biblioteca de Alejandría fue abandonada a su suerte y acabó incendiada, y con ella se perdió para siempre gran parte del saber clásico. Sin embargo, con el tiempo la sabiduría de la Antigüedad se redescubrió y se revalorizó.

Con la ayuda de la falta de las herramientas de comunicación modernas, China mantuvo en secreto la fabricación de la seda durante siglos, pero el proceso acabó por descubrirse gracias a dos monjes nestorianos en el año 552. Las tecnologías son ideas, y las ideas no pueden eliminarse.

Seguimos a la tecnología como el burro sigue eternamente a la zanahoria; nos promete sin cesar que lo siguiente será mejor, más fácil y más barato. Nuestro apetito de innovación es insaciable. La aparente inevitabilidad de las olas no viene de la falta de resistencia, sino de una demanda que la sobrepasa. En ocasiones la gente se ha opuesto a ella y ha deseado que se contenga por una plétora de razones, pero nunca ha sido suficiente. No es que el problema de la contención no se haya reconocido a lo largo de la historia, sino que, sencillamente, nunca se ha resuelto.

¿Hay alguna excepción o al final la ola siempre acaba rompiendo por todas partes?

¿LA EXCEPCIÓN NUCLEAR?

El 11 de septiembre de 1933, el físico Ernest Rutherford declaró ante la Asociación Británica para el Avance de la Ciencia en Leicester que «cualquiera que diga que con los medios de que disponemos hoy en día y con nuestros conocimientos actuales podemos utilizar la energía atómica no dice más que tonterías».[7] Leó Szilárd, un emigrante húngaro, reflexionó sobre la afirmación de Rutherford mientras desayunaba en un hotel de Londres. Luego fue a dar un paseo. Un día después de que Rutherford lo tildara de «tontería», Szilárd conceptualizó la reacción nuclear en cadena.

Tan solo doce años después llegó la primera explosión nuclear. El 16 de julio de 1945, bajo los auspicios del proyecto Manhattan, el ejército estadounidense detonó en el desierto de Nuevo México un artefacto cuyo nombre en clave era «Trinity». Semanas más tarde, un Boeing B-29 Superfortress, el Enola Gay, dejó caer sobre la ciudad de Hiroshima un dispositivo bautizado con el nombre en clave «Little Boy», que contenía sesenta y cuatro kilogramos de uranio-235 y mató a ciento cuarenta mil personas.[8] En un instante, el mundo había cambiado. Sin embargo, a partir de ese momento y, en contra de la tendencia general de la historia, las armas nucleares no proliferaron sin parar.

La bomba atómica no se ha detonado más que dos veces en tiempos de guerra. Hasta la fecha, solo nueve países las han adquirido. De hecho, Sudáfrica renunció a ella en 1989. Que sepamos, ningún agente no estatal ha adquirido armas nucleares, y hoy en día el número total de cabezas nucleares se sitúa en torno a los diez mil. Se trata de una cifra aterradora, pero es inferior a los máximos de la Guerra Fría, cuando rondaba las sesenta mil.

¿Qué es lo que ha ocurrido? Las armas nucleares confieren sin duda una ventaja estratégica significativa. A finales de la Segunda Guerra Mundial, muchos supusieron, como cabía esperar, que estas proliferarían a gran escala. Tras el exitoso desarrollo de las primeras bombas nucleares, Estados Unidos y Rusia habían empezado a trabajar en armas todavía más destructoras, como las bombas de hidrógeno termonucleares. La mayor explosión jamás registrada fue una prueba de una de esas bombas llamada Bomba del Zar que, al detonarse en un archipiélago remoto del mar de Barents en 1961, creó una bola de fuego de casi cinco kilómetros y una nube de hongo de unos noventa y cuatro kilómetros de ancho. La explosión fue diez veces más potente que el total combinado de todos los explosivos convencionales utilizados en la Segunda Guerra Mundial. La magnitud de la bomba asustó a todo el mundo, por lo que, en este sentido, pudo incluso ser de ayuda. Tanto Estados Unidos como Rusia se abstuvieron de seguir aumentando la potencia de sus armas ante su enorme y espantoso poder.

Así, la contención de la tecnología nuclear no fue un accidente, sino una política consciente de no proliferación de las potencias nucleares, a la que contribuyó el hecho de que las bombas atómicas son extremadamente complejas y caras de producir.

Algunas de las primeras propuestas para lograr la contención fueron de una ambición admirable. En 1946, el informe Acheson-Lilienthal proponía que la ONU creara una autoridad del desarrollo atómico que tuviera un control mundial explícito de todas las actividades nucleares.[9] Por supuesto, esto no ocurrió, pero sí apareció un conjunto de tratados internacionales. Aunque algunos países como China o Francia se mantuvieron al margen, en 1963 se firmó el Tratado de Prohibición Parcial de Ensayos Nucleares, que redujo el ritmo de las detonaciones de ensayo y espoleó la competencia.[10]

En 1968 hubo un punto de inflexión con el Tratado sobre la No Proliferación de las Armas Nucleares, que fue un momento histórico en el que las naciones acordaron de manera explícita dejar de desarrollar armamento atómico.[11] El mundo se había unido para detener con decisión la proliferación de las armas nucleares en nuevos estados. La aversión popular ante la posibilidad de un apocalipsis termonuclear fue una motivación potente para firmar el acuerdo. Sin embargo, este tipo de armas también se han contenido debido a meticulosos cálculos. La destrucción mutua asegurada acorraló a los que poseían estas armas, ya que pronto quedó claro a todos los implicados que usarlas en ataques de ira era una vía rápida de asegurar su propia destrucción.

Además, son increíblemente caras y difíciles de fabricar, pues no solo requieren materiales poco comunes y complejos de manipular, como el uranio-235 enriquecido, sino que mantenerlas y, en última instancia, desmantelarlas también constituye todo un reto. La falta de demanda generalizada ha supuesto que haya poca presión a la hora de reducir los costes y facilitar el acceso a ellas; no están sujetas a las curvas de coste habituales de la tecnología de consumo moderna. Nunca iban a extenderse como los transistores o las televisiones de pantalla plana, puesto que producir material fisible no es como el aluminio laminado. La no proliferación se debe en gran medida al hecho de que la construcción de un misil nuclear es una de las empresas más grandes, caras y complicadas en las que puede embarcarse un Estado.

Sería incorrecto afirmar que no se han extendido cuando, incluso ahora, hay tantas armas nucleares en submarinos que patrullan los mares o en estado de alerta en grandes silos. Sin embargo, en gran medida y gracias a la enorme gama de esfuerzos técnicos y políticos realizados durante décadas, han eludido la profunda tendencia subyacente en la tecnología.

Y, aun así, a pesar de que la tecnología nuclear se ha contenido con creces, se trata de una excepción parcial, por lo que no constituye un ejemplo reconfortante. El historial nuclear sigue siendo una escalofriante sucesión de accidentes, de cuasi accidentes y malentendidos. Desde las primeras pruebas en 1945, ha habido cientos de accidentes dignos de honda preocupación, desde problemas de procesos relativamente menores hasta auténticas escaladas aterradoras que podrían haber desencadenado la destrucción de la vida a una escala sin duda espantosa, y aún podrían ser capaces de hacerlo.

Los fallos se presentan de diversas formas. ¿Qué pasa si el software falla? Después de todo hasta 2019 los sistemas de mando y de control estadounidenses no se modernizaron más allá del hardware y de los disquetes de ocho pulgadas de los años setenta.[12] El arsenal de armas más sofisticado y destructivo del mundo se ejecutaba gracias a tecnología tan anticuada que sería irreconocible e imposible de utilizar para la mayoría de las personas vivas hoy en día.

Los accidentes son incalculables.[13] Por ejemplo, un Boeing B-52 Stratofortress en 1961 que sobrevolaba Carolina del Norte sufrió una fuga de combustible. La tripulación se eyectó de la aeronave, que cayó en picado junto con la carga que transportaba. En el proceso, un interruptor de seguridad de una bomba de hidrógeno activa se activó al estrellarse contra un campo. De los cuatro mecanismos de seguridad, tan solo uno quedó intacto y, de milagro, se evitó una explosión. En 2003, el Ministerio de Defensa británico reveló que se habían dado más de ciento diez cuasi accidentes y accidentes a lo largo de la historia de su programa de armas nucleares. Incluso el Kremlin, que dista de ser un modelo de transparencia, ha admitido que ha tenido quince accidentes nucleares graves entre 2000 y 2010.

Los pequeños problemas del hardware pueden generar riesgos descomunales.[14] En 1980, un solo chip de ordenador defectuoso que costaba cuarenta céntimos estuvo a punto de desencadenar un grave incidente nuclear en el Pacífico. En lo que quizá sea el caso más conocido, durante la crisis de los misiles cubana, lo único que consiguió evitar una catástrofe nuclear fue que un hombre, el comodoro ruso en funciones, Vasili Arjípov, se negó a dar la orden de disparar torpedos nucleares. A los otros dos oficiales del submarino, convencidos de que estaban siendo atacados, les había faltado una fracción de segundo para llevar al mundo a una guerra nuclear a gran escala.

Las preocupaciones siguen abundando. Los sables nucleares volvieron a sonar tras la invasión rusa de Ucrania. Corea del Norte hizo todo lo posible por conseguir armas nucleares y, al parecer, ha vendido misiles balísticos y ha codesarrollado tecnologías nucleares junto con países como Irán y Siria.[15] China, la India y Pakistán están aumentando sus arsenales y tienen historiales de seguridad opacos.[16] Todo el mundo, desde Turquía y Arabia Saudí hasta Japón y Corea del Sur, ha expresado como mínimo su interés en este tipo de armas, y Brasil y Argentina, por su parte, incluso han tenido programas de enriquecimiento de uranio.[17]

Hasta la fecha, no se sabe de ningún grupo terrorista que haya adquirido o una cabeza nuclear convencional o suficiente material radiológico para una bomba sucia, pero los métodos para construir tales artefactos no son secretos. Alguien sin escrúpulos que tenga conocimiento privilegiado podría construir uno. El ingeniero A. Q. Khan ayudó a Pakistán a desarrollar armas nucleares al robar planos de centrifugadoras y huir de Holanda.

Hay numeroso material nuclear en paradero desconocido, de hospitales, negocios, ejércitos e incluso no hace mucho de Chernóbil.[18] En 2018, se robó plutonio y cesio del coche de un oficial del Departamento de Energía de Estados Unidos en San Antonio, Texas, mientras dormía en un hotel cercano.[19] Que se pierda una cabeza nuclear, robada al ser transportada o de alguna manera no detectada en un ejercicio de contabilidad, es un escenario de pesadilla. Puede sonar descabellado, pero de hecho Estados Unidos ha perdido por lo menos tres armas nucleares.[20]

Este tipo de tecnología es una excepción a la imparable difusión tecnológica, pero tan solo debido a los tremendos costes y la complejidad que implica, a las décadas de duros esfuerzos multilaterales, a la aterradora magnitud de su potencial mortífero y a la pura suerte. Hasta cierto punto, puede que se haya resistido a la tendencia general, pero eso también muestra que las cosas han cambiado. Dadas las posibles consecuencias y su inminente alcance existencial, incluso una contención parcial y relativa resulta, por desgracia, insuficiente.

La preocupante verdad de esta tecnología aterradora es que la humanidad ha intentado rechazarla y solo lo ha conseguido en parte. Las armas nucleares están entre las tecnologías más contenidas de la historia y, sin embargo, el problema de la contención, en su sentido más duro y literal, sigue sin resolverse.

EL ANIMAL TECNOLÓGICO

Los destellos de contención son escasos y a menudo deficientes. Entre ellos se cuentan moratorias sobre las armas biológicas y químicas;

55

el Protocolo de Montreal de 1987, que eliminó de forma gradual las sustancias que dañan la capa de ozono de la atmósfera, en particular los clorofluorocarburos; la prohibición de la Unión Europea sobre organismos modificados genéticamente en los alimentos y una moratoria autoorganizada sobre la manipulación de genes humanos. Quizá la meta de contención más ambiciosa sea la descarbonización, medidas como el Acuerdo de París, cuyo objetivo es limitar el aumento de la temperatura global a 2 °C. En esencia, se trata de un intento mundial de rechazar un conjunto de tecnologías fundacionales.

Analizaremos con más detalle estas formas de contención modernas en la cuarta parte del libro. Por ahora, sin embargo, cabe destacar que a pesar de ser instructivos ninguno de estos logros es realmente sólido. No hace mucho se utilizaron armas químicas en Siria;[21] tales armas no son más que una aplicación bastante limitada de unas áreas en constante desarrollo. Pese a las moratorias, las capacidades biológicas y químicas del mundo crecen cada año y, si alguien percibiera la necesidad de convertirlas en armamento, lo tendría más fácil que nunca.

Aunque la Unión Europea prohíbe los organismos modificados genéticamente en el suministro de alimentos, en otras partes del mundo están muy extendidos. Como veremos, la ciencia que hay detrás de la edición genética avanza a pasos agigantados. La petición de una moratoria mundial sobre la edición genética humana se ha estancado. Por suerte, ya se disponía de alternativas más baratas y más eficaces para sustituir a los clorofluorocarburos, que en cualquier caso apenas eran una tecnología de uso general. Sin ellos, los modelos sugieren que la capa de ozono podría haberse colapsado en la década de 2040, y hubiera creado, así, un calentamiento adicional de 1,7 °C en el siglo XXI.[22] Por lo general, estos esfuerzos de contención se limitan a tecnologías muy específicas, algunas en jurisdicciones estrechas y todos por razones cuestionables.

Mientras el Acuerdo de París pretende ir más allá de estas limitaciones, cabe preguntarse si funcionará. Debemos esperar que sí, aunque merece la pena destacar que esta contención solo llega tras daños significativos y una amenaza a nivel existencial que cada día se hace más evidente. Llega tarde, y su éxito queda lejos de estar garantizado.

No se trata de una contención propiamente dicha. Ningún intento representa la detención a gran escala de una ola o de tecnología de uso general. Sin embargo y, como veremos más adelante, sí que ofrecen importantes pistas para el futuro. Ahora bien, estos ejemplos no brindan siquiera tanto consuelo como esperaríamos o como sería necesario.

Siempre hay buenas razones para resistirse a la tecnología o para limitarla. Si bien con el tiempo ha permitido que la gente haga más, ha aumentado capacidades y ha impulsado mejoras en el bienestar, está la otra cada de la moneda: además de mejores herramientas, la tecnología también crea armas más destructivas y más mortíferas. Produce perdedores, elimina algunos puestos de trabajo y modos de vida, y crea daños hasta la escala planetaria y existencial del cambio climático. La tecnología puede ser inquietante y desestabilizante, ajena e invasiva; causa problemas, y siempre lo ha hecho.

Y aun así, en última instancia parece que eso no importe. Puede que lleve tiempo, pero el patrón es inequívoco: la proliferación, el abaratamiento de las tecnologías y el aumento de la eficacia, ola tras ola. Mientras la tecnología sea útil, deseable, asequible, accesible e insuperable, sobrevivirá y se extenderá, y esas características se multiplicarán. Aunque no nos dice cuándo, o cómo, o si debemos atravesar las puertas que nos abre, tarde o temprano acabamos haciéndolo. No se trata de una relación necesaria, sino más bien de un persistente nexo empírico a lo largo de la historia.

Todo lo relacionado con una tecnología determinada es contingente y depende de la trayectoria; se basa en un intrincado conjunto de circunstancias, de sucesos fortuitos, de una miríada de factores locales, culturales, institucionales y económicos específicos. Si nos fijamos de cerca, los encuentros aleatorios, los sucesos fortuitos, las peculiaridades de carácter y los pequeños actos de creación —y, a veces, de rechazo— cobran importancia. Si, en cambio, nos alejamos, ¿qué es lo que vemos? Un proceso más tectónico, en el que no se trata tanto de si se aprovechan estos poderes, sino de cuándo, en qué forma y quién lo hace.

Dada su extrema excepcionalidad, no es de extrañar que el concepto de contención haya desaparecido del vocabulario de los tecnólogos y de los legisladores. Nos hemos resignado de manera colectiva a lo que se cuenta en este capítulo por lo arraigado que está. En general hemos dejado que las olas nos pasen por encima, las hemos gestionado sin coordinación y *ad hoc*, y hemos aceptado que la propagación inevitable e incontrolable de las capacidades que presentan es, lo queramos o no, una realidad.

En un lapso de unos cien años, las sucesivas olas llevaron a la humanidad de la era de las velas y de los carros de caballos a las centrales eléctricas y las estaciones espaciales. En los próximos treinta años, va a ocurrir algo similar. En las décadas venideras, una nueva ola de tecnología nos obligará a enfrentarnos a las cuestiones más fundamentales que jamás se haya planteado nuestra especie. ¿Queremos modificar nuestros genomas para que algunos de nosotros podamos tener hijos que sean inmunes a ciertas enfermedades, o que sean más inteligentes o cuya esperanza de vida sea más larga? ¿Estamos decididos a mantener nuestro lugar en lo más alto de la pirámide evolutiva o vamos a permitir la aparición de sistemas de inteligencia artificial que sean más listos y más capaces de lo que nunca podremos serlo nosotros? ¿Cuáles son las consecuencias imprevistas de explorar preguntas como estas?

Estas cuestiones ilustran una verdad clave sobre el *Homo tecnologicus* del siglo XXI. Durante la mayor parte de la historia, el reto de la tecnología consistía en la creación y la liberación de su poder. Ahora es al revés: el reto radica en la contención del poder desatado y en garantizar que siga prestándonos servicio tanto a nosotros como al planeta.

Este desafío está a punto de intensificarse de manera radical.

SEGUNDA PARTE

La próxima ola

4

La tecnología de la inteligencia

BIENVENIDOS A LA MÁQUINA

Nunca olvidaré el momento en el que la inteligencia artificial se hizo realidad para mí. Ya no era un tema de conversación o una ambición de ingeniería, sino un hecho real.

Tuvo lugar en la primera oficina de DeepMind en el barrio de Bloomsbury de Londres un día de 2012. Tras fundar la compañía y conseguir la financiación inicial, pasamos unos años en la sombra concentrados en la investigación y la ingeniería para crear inteligencia artificial general (IAG). La palabra «general» alude al amplio alcance que la tecnología pretende tener. Queríamos construir agentes de aprendizaje verdaderamente generales que pudieran sobrepasar el rendimiento de los seres humanos en la mayoría de las tareas cognitivas. Nuestro discreto enfoque cambió con la creación de un algoritmo denominado DQN, las siglas de *Deep Q Network*. Algunos miembros del equipo entrenaron al sistema para que jugara a una serie de videojuegos clásicos de la empresa Atari o, mejor dicho, para que aprendiera a jugar por sí mismo. Este elemento de autoaprendizaje fue la principal diferencia de nuestro sistema con respecto a otros de inteligencia artificial general y constituyó un primer indicio de que íbamos a alcanzar nuestro objetivo final.

En un inicio, DQN era terrible, y parecía que era incapaz de aprender nada en absoluto. Sin embargo, en una tarde del otoño de 2012, unos cuantos de nosotros en DeepMind estábamos apiñados en torno a una máquina viendo repeticiones del proceso de aprendizaje del algoritmo mientras aprendía a jugar al videojuego *Breakout*. En él, el jugador controla una plataforma en la parte inferior de la pantalla que

61

hace rebotar una pelota para derribar filas de ladrillos de colores de la parte superior. Cuantos más bloques destruyas, mayor será tu puntuación. Nuestro equipo solo había dado a DQN los píxeles en bruto, fotograma a fotograma, y la puntuación, para que así aprendiera la relación entre los píxeles y las acciones de control de mover la plataforma de un lado a otro. Primero, el algoritmo progresó explorando de manera aleatoria el espacio de posibilidades, hasta que se topó con una acción que le recompensara. A base de ensayo y error, aprendió a controlar la plataforma, a hacer botar la pelota y a ir destruyendo los ladrillos fila a fila. Bastante impresionante.

Entonces, ocurrió algo extraordinario. Al parecer, DQN descubrió una nueva estrategia muy inteligente: en lugar de ir eliminando los ladrillos fila a fila, empezó a apuntar hacia una única columna, con lo que consiguió una ruta eficiente hasta el otro lado del bloque de ladrillos. El algoritmo se había abierto camino hasta la parte superior, y había creado así una vía que permitía que la bola rebotase desde la parte trasera y derribara todo el conjunto de ladrillos como si fuera una bola de pinball frenética. Ese método consiguió la máxima puntuación con el mínimo esfuerzo. Se trataba de una táctica extraña, no desconocida para los jugadores experimentados, pero distaba de ser obvia. Habíamos presenciado cómo el algoritmo se había enseñado a sí mismo algo nuevo. Me quedé atónito.

Por primera vez había presenciado un sistema muy simple y muy elegante que era capaz de adquirir conocimiento valioso, posiblemente estrategias que no eran evidentes para mucha gente. Fue un momento emocionante, un hito en el que un agente de inteligencia artificial demostraba un primer indicio de que podría descubrir conocimientos nuevos.

DQN había tenido un comienzo difícil, pero con unos meses de retoques, el algoritmo alcanzó niveles de rendimiento sobrehumanos. Ese tipo de resultado era la razón por la que fundamos DeepMind; esa era, para mí, la promesa de la inteligencia artificial. Si uno de esos algoritmos podía descubrir una estrategia inteligente, como abrir un túnel entre los bloques, ¿qué más sería capaz de aprender? ¿Podríamos aprovechar este nuevo poder para dotar a nuestra especie de nuevos conocimientos, inventos y tecnologías que ayudaran a abordar los problemas sociales más complejos del siglo XXI?

DQN fue un gran paso para mí, para DeepMind y para la comunidad de la inteligencia artificial. Sin embargo, la reacción de la opinión pública fue bastante discreta. Esta tecnología seguía siendo un debate aislado, un área de investigación al margen. Aun así, en unos pocos años todo eso iba a cambiar cuando esta nueva generación de técnicas de inteligencia artificial irrumpiera en la escena mundial.

Los inicios del futuro

El go es un antiguo juego de Asia oriental en el que se necesita una cuadrícula de diecinueve por diecinueve centímetros y varias piedras blancas y negras. El objetivo es rodear las piedras de tu oponente con las tuyas y, a continuación, ir sacándolas del tablero. Esa es más o menos la premisa.

A pesar de tener reglas sencillas, la complejidad del juego es asombrosa, pues es exponencialmente más complejo que el ajedrez. Tras solo tres pares de movimientos en el ajedrez, hay alrededor de 121 millones de posibles configuraciones del tablero, pero después de tres movimientos en el go, hay cerca de 200 cuatrillones de configuraciones posibles (2×10^{15}).[1] En total, el tablero tiene 10^{170} combinaciones posibles, una cifra inconcebiblemente enorme.[2]

Se suele decir que en este juego se pueden hacer más movimientos que átomos hay en el universo conocido. De hecho, hay más de un millón de billones de billones de billones de billones. Con tantas posibilidades, los métodos tradicionales no tenían nada que hacer. Cuando en 1997 el Deep Blue, un ordenador de la empresa IBM, derrotó a Garri Kaspárov en una partida de ajedrez, utilizó la técnica conocida como «fuerza bruta», en la que un algoritmo intenta realizar de manera sistemática todas las jugadas posibles. Ese método resulta inútil en juegos con tantas ramificaciones como el go.

Cuando en 2015 empezamos a trabajar en este juego, la mayoría de la gente creía que un programa que se convirtiera en campeón del mundo quedaba a décadas de distancia. Serguéi Brin, el cofundador de Google, nos animó a intentarlo, con el argumento de que cualquier progreso ya sería impresionante. El AlphaGo empezó a aprender viendo cincuenta mil partidas de personas expertas en el go. Satisfechos con el rendimiento inicial, el siguiente paso clave fue crear numerosas copias del algoritmo para que compitiera contra él mismo una y otra vez. Esto implicaba que sería capaz de simular millones de juegos nuevos, de probar combinaciones de movimientos que nunca antes se hubieran utilizado y, por tanto, explorar de manera eficiente un enorme rango de posibilidades a medida que iba aprendiendo nuevas estrategias.

Más tarde, en marzo de 2016, organizamos un torneo en Corea del Sur. AlphaGo se enfrentó a Lee Sedol, un experto campeón del mundo. No estaba nada claro quién sería el vencedor. La mayoría de los comentaristas apoyaron a Sedol durante la primera ronda. Sin embargo, para nuestro asombro y regocijo, AlphaGo ganó la primera partida. En la segunda tuvo lugar el movimiento treinta y siete, una jugada ahora famosa en los anales tanto de la inteligencia artificial como del go. No tenía sentido. Parecía que el algoritmo había metido la pata al seguir a ciegas una estrategia, a todas luces inútil, que ningún jugador profesional utilizaría jamás. Los comentaristas de la partida en directo, ambos profesionales del más alto nivel, comentaron que se trataba de una estrategia muy extraña y que habían pensado que era un error. Era tan inusual que Sedol tardó quince minutos en responder e incluso se levantó de la mesa para salir a dar un paseo.

Desde nuestra sala de control, la tensión era irreal. Con todo, a medida que se acercaba el final de la partida, la jugada supuestamente errónea resultó ser crucial. AlphaGo volvió a ganar. La estrategia del go estaba reescribiéndose ante nuestros ojos. La inteligencia artificial que habíamos diseñado había descubierto movimientos que no se les habían ocurrido ni a los jugadores más brillantes en miles de años. En tan solo unos pocos meses, habíamos sido capaces de entrenar algoritmos para que hallaran nuevos conocimientos y encontraran ideas desconocidas hasta el momento que, al parecer, eran sobrehumanas. ¿Cómo podíamos ir más allá? ¿Funcionaría ese método para los problemas del mundo real?

AlphaGo venció a Sedol cuatro juegos contra uno, y eso era tan solo el principio. Las versiones posteriores del software, como el AlphaZero, prescindieron de cualquier conocimiento humano previo. El sistema se entrenaba de forma autónoma, jugando contra él mismo millones de veces y aprendiendo desde cero, y así alcanzó un nivel de rendimiento superior al del AlphaGo original sin ningún tipo de sabiduría proporcionada o las aportaciones de jugadores humanos. En otras palabras, con un solo día de entrenamiento, AlphaZero era capaz de aprender más sobre el juego que toda la experiencia de la humanidad.

El triunfo del AlphaGo proclamó una nueva era para la inteligencia artificial. Esta vez, y a diferencia de lo que pasó con DQN, el proceso se había retransmitido en directo a millones de personas. Nuestro equipo había superado, a la vista del público, lo que los investigadores llaman «el invierno de la inteligencia artificial», que es el periodo en el que la financiación de las investigaciones se agota y el campo se rechaza. La inteligencia artificial había vuelto y, por fin, empezaba a dar sus frutos. Una vez más se avecinaba un cambio tecnológico radical, una nueva ola empezaba a dibujarse en el horizonte, y no era más que el principio.

DE LOS ÁTOMOS A LOS BITS Y, DE AHÍ, A LOS GENES

Hasta hace poco la historia de la tecnología podía resumirse en una sola frase: la empresa de la humanidad por manipular los átomos. Desde el fuego hasta la electricidad, de las herramientas de piedra a las máquinas, de los hidrocarburos a los medicamentos, el viaje descrito en el capítulo 1 es, en esencia, un vasto proceso en desarrollo en el que nuestra especie ha ido poco a poco ampliando el control que tiene sobre los átomos. A medida que este control se ha vuelto más preciso, las tecnologías se han hecho cada vez más potentes y complejas, lo que ha dado lugar a las fresadoras, a los procesos eléctricos, a los motores térmicos, a los materiales sintéticos como el plástico y a la creación de intrincadas moléculas capaces de vencer enfermedades indeseables. En el fondo, el principal impulsor de todas estas nuevas tecnologías es la propia materia: la manipulación cada vez mayor de sus elementos atómicos.

A partir de mediados del siglo xx, la tecnología empezó a funcionar a un nivel superior de abstracción. El núcleo de ese cambio fue comprender que la información es una propiedad esencial del universo. Podía codificarse en formato binario, y en forma de ADN era la base del funcionamiento de la vida. Las cadenas de unos y ceros, o las cuatro letras del ADN no eran tan solo curiosidades matemáticas, sino que eran fundamentales y potentes. Comprender y controlar esos flujos de información podría abrir un nuevo mundo de posibilidades. Primero los bits y, luego cada vez más, los genes suplantaron a los átomos como componentes básicos de la innovación.

En las décadas posteriores a la Segunda Guerra Mundial, científicos, tecnólogos y emprendedores fundaron los campos de la ciencia informática y la genética, así como una infinidad de empresas asociadas a ambos. Iniciaron revoluciones paralelas —la de los bits y la de los genes— que operaban con la moneda de la información y trabajaban a nuevos niveles de abstracción y complejidad. Con el tiempo ha evolucionado y nos ha dado de todo, desde los smartphones hasta el arroz modificado genéticamente. Sin embargo, lo que seríamos capaces de hacer tenía sus límites.

Ahora, esos límites están traspasándose. Estamos llegando a un punto de inflexión con la llegada de estas tecnologías de orden superior, el más profundo de la historia. La ola tecnológica que viene se basa principalmente en la inteligencia artificial y la biología sintética, dos tecnologías de uso general capaces de operar tanto a los niveles más grandiosos como a los más granulares. Por primera vez, los componentes centrales de nuestro ecosistema tecnológico abordan de forma directa dos propiedades fundamentales de nuestro mundo: la inteligencia y la vida. En otras palabras, la tecnología está experimentando una transición de fase; ya no es una simple herramienta, sino que diseñará la vida y rivalizará (y sobrepasará) nuestra propia inteligencia.

Están abriéndose nuevas esferas antes vedadas a la tecnología. La inteligencia artificial nos está permitiendo replicar el habla y el lenguaje, la visión y el razonamiento. Los avances fundamentales en la biología sintética nos han capacitado para secuenciar, modificar y, ahora, imprimir ADN.

Los nuevos poderes que tenemos para controlar los bits y los genes retroalimentan a la materia y permiten un control extraordinario del mundo que nos rodea incluso hasta el nivel atómico. Átomos, bits y genes se combinan en un ciclo efervescente de capacidades transversales, expansivas y de catalización cruzada. Nuestra capacidad de manipular los átomos con precisión nos ha permitido inventar las obleas de silicio, que han facilitado la computación de billones de operaciones por segundo que, a su vez, nos han permitido descifrar el código de la vida.

Aunque la inteligencia artificial y la biología sintética son las tecnologías de uso general centrales de la ola que viene, están rodeadas de una serie de tecnologías con ramificaciones inusualmente potentes, que abarcan, entre otras, la informática cuántica, la robótica, la nanotecnología y el potencial de la energía abundante. La ola que viene será más difícil de contener que ninguna otra de la historia, más fundamental y de mayor alcance, por lo que comprenderla a ella y sus contornos es crucial para evaluar lo que nos espera en el siglo XXI.

UNA EXPLOSIÓN CÁMBRICA

La tecnología es un conjunto de ideas en evolución. Las nuevas tecnologías evolucionan al colisionar y al combinarse con otras; las combinaciones eficaces sobreviven, como en la selección natural, y forman nuevas piezas fundamentales para tecnologías futuras. La innovación es un proceso acumulativo y compuesto, se retroalimenta. Cuantas más tecnologías hay, más podrán convertirse a su vez en los componentes de otras nuevas y, así, en palabras del economista W. Brian Arthur, «el conjunto de las tecnologías se eleva a sí mismo de lo poco a lo mucho y de lo simple a lo complejo».[3] La tecnología es, por tanto, como un idioma o como la química; no es un conjunto de entidades y prácticas independientes, sino de partes para combinar y recombinar.

Esta idea es clave a la hora de entender la ola que viene. El experto en tecnología Everett Rogers la describe como «cúmulos de innovaciones» en los que una o más características están en estrecha interrelación.[4] La ola que viene es un supercúmulo, un estallido evolutivo como la explosión cámbrica, la erupción de nuevas especies más intensa en la historia de la Tierra, con muchos miles de nuevas aplicaciones posibles. Cada tecnología descrita aquí intersecciona, refuerza y potencia a las demás de maneras que dificultan la predicción de su impacto de antemano; todas están muy entrelazadas, y cada vez lo estarán más.

Otro rasgo de la nueva ola es la velocidad. El ingeniero y futurista Raymond Kurzweil habla de la ley de rendimientos acelerados, que se centra en bucles de retroalimentación en los que los avances tecnológicos acrecientan aún más el ritmo de desarrollo.[5] Al permitir trabajar con mayores niveles de complejidad y de precisión, los chips y los láseres más sofisticados ayudan, por ejemplo, a crear chips más potentes que, a su vez, pueden producir mejores herramientas para otros chips. Ahora vemos esto a gran escala, ya que la inteligencia artificial contribuye a diseñar mejores chips y mejores técnicas de producción que permiten formas más sofisticadas de inteligencia artificial, y así sucesivamente.[6] Las distintas partes de la ola reaccionan y se aceleran entre ellas, a veces con extrema imprevisibilidad y combustibilidad.

Es imposible saber con exactitud las combinaciones que resultarán de este proceso. No hay certeza sobre plazos, sobre puntos finales o sobre manifestaciones concretas. No obstante, podemos ver cómo se forman nuevos vínculos en tiempo real, y podemos confiar en que el patrón de la historia, de la tecnología y de un proceso interminable de recombinación y proliferación productiva seguirá hacia delante, pero también se ahondará de manera radical.

MÁS ALLÁ DE LAS PALABRAS DE MODA

La inteligencia artificial, la biología sintética, la robótica y la informática cuántica pueden sonar como un compendio de palabras de moda sobrevaloradas. Son muchos los escépticos. Todos estos términos llevan décadas dando vueltas en el discurso tecnológico popular, y el progreso ha sido, a menudo, más lento de lo prometido. Los críticos argumentan que los conceptos que exploramos en este capítulo, como la inteligencia artificial general, están demasiado mal definidos o intelectualmente equivocados como para considerarlos con seriedad.

En la era de la abundancia del capital de riesgo, distinguir lo que reluce de los auténticos avances no es tan sencillo. Hablar de aprendizaje automático, del auge de las criptomonedas y de las rondas de financiación de millones y miles de millones se recibe en muchos círculos, como es comprensible, con miradas de soslayo y suspiros. Es fácil cansarse de los comunicados de prensa altisonantes, de las demostraciones de productos autocomplacientes y de las aclamaciones frenéticas en las redes sociales.

Aunque los argumentos de los pesimistas tienen mérito, nos arriesgamos a descartar las tecnologías de la próxima oleada. Ahora mismo, ninguna de las tecnologías descritas en este capítulo está siquiera cerca de su pleno potencial. Pero es casi seguro que lo estarán dentro de diez o veinte años. El progreso es visible y se acelera; ocurre mes a mes. Sin embargo, entender la ola que viene no consiste en hacer un juicio rápido de dónde están las cosas este o aquel año, sino en seguir de cerca el desarrollo de múltiples curvas exponenciales a lo largo de décadas, proyectarlas hacia el futuro y considerar lo que significa.

La tecnología es el núcleo del patrón histórico en el que nuestra especie está adquiriendo un dominio cada vez mayor de los átomos, de los bits y de los genes, que son los componentes básicos universales del mundo tal y como lo conocemos. Será un momento de importancia cósmica. El reto de gestionar las tecnologías de la ola que viene significa comprenderlas y tomarlas en serio, empezando por la inteligencia artificial, a la que he dedicado mi carrera.

LA PRIMAVERA DE LA INTELIGENCIA ARTIFICIAL. EL APRENDIZAJE PROFUNDO ALCANZA LA MAYORÍA DE EDAD

La inteligencia artificial está en el centro de la ola que viene y, sin embargo, desde que ese concepto entró por primera vez en el léxico en 1955, a menudo ha parecido una promesa lejana. Durante años, los avances en visión por ordenador, por ejemplo, en el reto de construir ordenadores capaces de reconocer objetos o escenas, fueron más difíciles de lo esperado. En 1966, el legendario profesor de informática Marvin Minsky contrató durante el verano a un estudiante para que trabajara en un primer sistema de visión, creyendo que los hitos importantes estaban al alcance de la mano. Era tremendamente optimista.

El momento decisivo tardó casi medio siglo en llegar, y al final lo hizo en 2012 en forma de un sistema llamado AlexNet.[7] Esta herramienta fue impulsada por el resurgimiento de una vieja técnica que ahora se ha vuelto fundamental en el ámbito de la inteligencia artificial, un instrumento que ha sobrealimentado el campo y que fue esencial para nosotros en DeepMind: el aprendizaje profundo.

Esta técnica utiliza redes neuronales inspiradas en las del cerebro humano. En términos sencillos, estos sistemas aprenden cuando sus redes se entrenan con grandes cantidades de datos. En el caso de AlexNet, los datos de entrenamiento consistían en imágenes. A cada píxel rojo, verde o azul (RGB, por sus siglas en inglés) se le asigna un valor, y la matriz de números resultante se introduce en la red como entrada. Dentro de la red, las «neuronas» se enlazan con otras mediante una serie de conexiones ponderadas, cada una de las cuales corresponde más o menos a la fuerza de la relación entre las entradas. Cada capa de la red neuronal transmite su entrada a la capa siguiente, y de ese modo se crean representaciones cada vez más abstractas.

Una técnica llamada «retropropagación» ajusta las ponderaciones para mejorar la red neuronal; cuando se detecta un error, los ajustes se propagan por la red para ayudar a corregirlo en el futuro. Si se sigue así, modificando los pesos una y otra vez, se mejora de forma gradual el rendimiento de la red neuronal hasta que, con el tiempo, es capaz de pasar de captar píxeles individuales a aprender la existencia de líneas, bordes, formas y, por último, objetos enteros en escenas. Esto es, en pocas palabras, el aprendizaje profundo. Y esta extraordinaria técnica, durante mucho tiempo ridiculizada en este campo, rompió la visión por ordenador y tomó por asalto el mundo de la inteligencia artificial.

AlexNet fue creado por el legendario investigador Geoffrey Hinton y dos de sus alumnos, Alex Krizhevsky e Ilya Sutskever, en la Universidad de Toronto. Participaron en el ImageNet Large Scale Visual Recognition Challenge, una competición anual de algoritmos de reconocimiento de imágenes diseñada por el profesor de la Universidad de Stanford Fei-Fei Li para centrar los esfuerzos en torno a una sencilla meta: identificar el objeto principal de una imagen. Cada año, los equipos participantes ponían a prueba sus mejores modelos y, a menudo, superaban a los del año anterior en precisión por un solo punto porcentual.

En 2012, AlexNet superó al ganador anterior en un 10 por ciento.[8] Puede parecer una pequeña mejora, pero, para los expertos en inteligencia artificial, este tipo de avances puede marcar la diferencia entre una demostración de investigación de carácter experimental y un descubrimiento a punto de tener un enorme impacto en el mundo real. El acontecimiento de aquel año generó una gran emoción. El ensayo que Hinton y sus colegas publicaron al respecto se convirtió en uno de los trabajos más citados de la historia de la investigación en inteligencia artificial.

Gracias al aprendizaje profundo, la visión por ordenador está ahora en todas partes y funciona tan bien que puede clasificar escenas dinámicas de calles en palabras reales con una entrada visual equivalente a veintiuna pantallas Full HD o cerca de dos mil quinientos millones de píxeles por segundo con la precisión suficiente para conducir un todoterreno por las concurridas calles de una ciudad.[9] Tu smartphone reconoce objetos y escenas, mientras que los sistemas de visión desenfocan el fondo de manera automática y resaltan a las personas en las videoconferencias. La visión por ordenador es la base de los supermercados sin cajeros de Amazon y está presente en los coches Tesla, y los impulsa hacia una autonomía cada vez mayor. Ayuda a los discapacitados visuales a navegar por las ciudades, guía a los robots en las fábricas e impulsa los sistemas de reconocimiento facial que vigilan cada vez más la vida urbana, desde Baltimore hasta Pekín. Está en los sensores y en las cámaras de tu Xbox, en el timbre conectado y en el escáner de la puerta de embarque del aeropuerto. Ayuda a pilotar drones, señala contenidos inapropiados en Facebook y diagnostica una lista cada vez mayor de afecciones médicas.[10] En DeepMind, un sistema que mi equipo desarrolló leía escáneres oculares con tanta precisión como los mejores oftalmólogos del mundo.

Tras el avance de AlexNet, la inteligencia artificial se convirtió de repente en una prioridad en el mundo académico, gubernamental y empresarial. Geoffrey Hinton y sus colegas fueron contratados por Google. Las principales empresas tecnológicas de Estados Unidos y de China situaron el aprendizaje automático en el centro de sus esfuerzos de investigación y desarrollo. Poco después de DQN, vendimos DeepMind a Google, el gigante tecnológico, que pronto cambió a una estrategia basada en la inteligencia artificial en todos sus productos.

La producción de investigación y las patentes del sector se dispararon. En 1987 solo se publicaron noventa artículos académicos en la Conferencia sobre Sistemas de Procesamiento de Información Neural, la principal conferencia del sector; en la década de 2020, había casi dos mil.[11] En los últimos seis años, el número de artículos publicados sobre aprendizaje profundo se ha multiplicado por seis, y por diez si se amplía la perspectiva al aprendizaje automático en su conjunto.[12] Con el florecimiento del aprendizaje profundo, se invirtieron miles de millones de dólares en investigación sobre inteligencia artificial en instituciones académicas y empresas privadas y públicas. A partir de la década de 2010, el interés (o el bombo publicitario) en torno a la inteligencia artificial volvió con más fuerza que nunca, y empezó a ocupar titulares y a ampliar las fronteras de lo posible. La idea de que esta tecnología desempeñará un papel importante en el siglo XXI ya no parece una visión marginal y absurda, sino algo innegable.

LA INTELIGENCIA ARTIFICIAL SE ESTÁ COMIENDO EL MUNDO

El despliegue masivo de la inteligencia artificial ya está en marcha. Se mire por donde se mire, los softwares se han comido el mundo, y han abierto el camino a la recopilación y el análisis de ingentes cantidades de datos.[13] Esos datos se utilizan ahora para enseñar a los sistemas de IA a crear productos más eficientes y precisos en casi todos los ámbitos de nuestra vida. Cada vez es más fácil acceder a esta herramienta y utilizarla, ya que instrumentos e infraestructuras como PyTorch de la empresa Meta o las interfaces de programación de aplicaciones (API, por sus siglas en inglés) de la compañía OpenAI ayudan a poner las capacidades de aprendizaje automático más avanzadas en manos de personas no especializadas. El 5G y la conectividad ubicua crean una base masiva de usuarios siempre conectada.

Así pues, la inteligencia artificial está abandonando el ámbito de las demostraciones y entrando en el mundo real. Dentro de unos años, estas tecnologías podrán hablar, razonar e incluso actuar en el mismo mundo que nosotros. Tendrán unos sistemas sensoriales que serán tan buenos como los nuestros. Eso no es sinónimo de superinteligencia (más adelante hablaremos de este concepto), pero sí de sistemas de una potencia asombrosa; significa que la inteligencia artificial formará parte inextricable del tejido social.

Gran parte de mi trabajo profesional en la última década ha consistido en traducir las últimas técnicas de inteligencia artificial en aplicaciones prácticas. En DeepMind desarrollamos sistemas para controlar centros de datos de miles de millones de dólares, un proyecto que supuso una reducción del 40 por ciento de la energía utilizada para la refrigeración.[14] Nuestra herramienta WaveNet era un potente sistema de conversión de texto en voz capaz de generar voces sintéticas en más de cien idiomas en todo el ecosistema de productos de Google. Creamos algoritmos pioneros para gestionar la duración de la batería de los teléfonos y muchas de las aplicaciones que podrían estar funcionando ahora mismo en el teléfono que llevas en el bolsillo.

La inteligencia artificial ya no es algo emergente. Está presente en productos, servicios y dispositivos que utilizas a diario. En todos los ámbitos de la vida, una serie de aplicaciones se basan en técnicas que hace una década eran imposibles y ayudan a descubrir nuevos fármacos para combatir enfermedades intratables en un momento en que el coste de su tratamiento se está disparando. El aprendizaje profundo puede detectar grietas en tuberías de agua, gestionar flujos de tráfico, modelar reacciones de fusión para una nueva fuente de energía limpia, optimizar rutas marítimas y asistir en el diseño de materiales de construcción más sostenibles y versátiles. Se está empleando para conducir coches, camiones y tractores, lo que posiblemente creará una infraestructura de transporte más segura y eficiente. Se usa en las redes eléctricas y los sistemas de abastecimiento de agua para gestionar con eficiencia unos recursos escasos en una época de tensión creciente.

Asimismo, los sistemas de inteligencia artificial gestionan almacenes, sugieren cómo redactar correos electrónicos o qué canciones te pueden gustar; detectan fraudes, escriben historias, diagnostican enfermedades poco frecuentes y simulan el impacto del cambio climático. También están presentes en tiendas, escuelas, hospitales, oficinas, juzgados y hogares, y ya interactuamos muchas veces al día con ella. Pronto se multiplicarán y, en casi todas partes, harán que una experiencia sea más eficiente, rápida, útil y sin fricciones.

La inteligencia artificial ya ha llegado, pero aún queda mucho camino por recorrer.

AUTOCOMPLETAR TODO. EL AUGE DE LOS GRANDES MODELOS DE LENGUAJE

No hace mucho tiempo que el procesamiento del lenguaje natural parecía demasiado complejo, demasiado variado, demasiado matizado para la inteligencia artificial moderna. Sin embargo, en noviembre de 2022, la empresa de investigación en el sector de la inteligencia artificial OpenAI lanzó ChatGPT. En una semana ya tenía más de un millón de usuarios y se hablaba de él con entusiasmo; se trataba de una tecnología tan útil que podría llegar a eclipsar al buscador de Google en un abrir y cerrar de ojos.

En pocas palabras, ChatGPT es un chatbot (un bot conversacional), pero es mucho más potente y polímata que todo lo que se había hecho público hasta entonces. Si le haces una pregunta, te responde de manera automática con una prosa fluida; si le pides que redacte un ensayo, un comunicado de prensa o un plan empresarial al estilo de la Biblia del rey Jacobo o de un rapero de los años ochenta, tarda pocos segundos en hacerlo. Del mismo modo, si le pides que escriba el programa de un curso de física, un manual de dietas o un script de Python lo hará.

Gran parte de lo que hace a los seres humanos inteligentes es que miramos al pasado para predecir lo que podría ocurrir en el futuro. En este sentido, la inteligencia puede entenderse como la capacidad de generar una serie de escenarios plausibles sobre cómo podría evolucionar el mundo que nos rodea y, entonces, basar acciones sensatas en tales predicciones. Ya en 2017, un pequeño grupo de investigadores de Google estaba centrado en una pequeña versión de este problema, de cómo conseguir que un sistema de inteligencia artificial se enfocara solo en las partes más importantes de una serie de datos para generar predicciones precisas y eficientes sobre lo que viene a continuación. Su trabajo sentó las bases de lo que ha sido una revolución en el campo de los grandes modelos de lenguaje (LLM, por sus siglas en inglés), entre ellos el sistema ChatGPT.

Los grandes modelos de lenguaje aprovechan el hecho de que los datos lingüísticos se presentan en un orden secuencial. Cada unidad de información está relacionada de algún modo con datos anteriores de una serie. El modelo lee una gran cantidad de frases, aprende una representación abstracta de la información que contienen y, basándose en ella, genera una predicción sobre lo que debería ir a continuación. El reto consiste en diseñar un algoritmo que, de algún modo, sepa dónde buscar las señales en una frase determinada. ¿Cuáles son las palabras clave, los elementos más destacados de una frase, y cómo se relacionan entre sí? En el ámbito de la inteligencia artificial, esta noción suele denominarse «atención».

Cuando uno de estos modelos procesa una oración, construye lo que puede considerarse un mapa de atención. En primer lugar, organiza los grupos de letras o signos de puntuación más frecuentes en símbolos, algo parecido a una sílaba, pero que en realidad no son más que trozos de letras que se repiten con frecuencia que facilitan al modelo el procesamiento de la información. Cabe señalar que los humanos hacemos lo mismo con las palabras, pero el modelo no utiliza nuestro vocabulario. En su lugar, crea un nuevo vocabulario de símbolos comunes que le ayuda a detectar patrones en miles y miles de millones de documentos. En el mapa de atención, cada símbolo guarda cierta relación con todos los otros que le preceden y, para una frase de entrada determinada, la fuerza de esta relación describe algo sobre la importancia de ese símbolo en una frase dada. En efecto, el gran modelo de lenguaje aprende a qué palabras debe prestar atención.

Así, si tomamos la frase «Mañana va a haber una tormenta bastante fuerte en Brasil», es probable que el modelo cree símbolos para las letras «er» de «haber», o «ante» de «bastante», ya que suelen aparecer en otras palabras. Al analizar la frase completa, aprendería que «tormenta», «mañana» y «Brasil» son los rasgos clave, y deduciría que Brasil es un lugar, que la acción ocurrirá en el futuro, etcétera. A partir de ahí, sugiere qué símbolos deben salir a continuación en la secuencia y qué resultado sigue de manera lógica a los datos introducidos. En otras palabras, autocompleta lo que puede ir a continuación.

Estos sistemas se llaman «transformadores». Desde que los investigadores de Google publicaron el primer ensayo sobre ellos, el ritmo del progreso ha sido asombroso. Poco después, OpenAI lanzó GPT-2 (transformador generativo preentrenado, por sus siglas en inglés). En ese momento, era un modelo enorme. Con mil quinientos millones de parámetros, una medida fundamental de la escala y la complejidad de un sistema de inteligencia artificial, GPT-2 se entrenó con ocho millones de páginas de texto web.[15] Pero hasta el verano de 2020, cuando OpenAI lanzó GPT-3, la gente no empezó a comprender realmente la magnitud de lo que estaba ocurriendo. Con la friolera de 175.000 millones de parámetros, en ese momento era la red neuronal más grande jamás construida, más de cien veces mayor que su predecesora, creada tan solo un año antes. Si bien es cierto que es impresionante, tal escala es ahora rutinaria, y el coste de entrenamiento de un modelo equivalente es diez veces menor en los últimos dos años.

Cuando se lanzó GPT-4 en marzo de 2023, los resultados volvieron a ser impresionantes. En la misma línea que sus predecesores, si se le pide al sistema que componga poesía siguiendo el estilo de Emily

Dickinson, lo hace; si se le pide que continúe escribiendo a partir de un fragmento aleatorio de *El señor de los anillos*, de repente estarás leyendo una imitación de Tolkien de lo más plausible; si se le piden los planes de negocio para una startup, el resultado será parecido al de una sala llena de ejecutivos de guardia. Además, podría aprobar exámenes estandarizados, desde las oposiciones estadounidenses para ejercer la abogacía hasta los exámenes de acceso a estudios de posgrado (GRE).

Asimismo, podía trabajar con imágenes y código, crear juegos de ordenador en tres dimensiones que se ejecutaran en navegadores de escritorio, crear aplicaciones para smartphones, depurarte el código, identificar puntos débiles en los contratos y sugerir compuestos para fármacos novedosos, e incluso ofrecer formas de modificarlos para que no estén patentados. Será capaz de producir páginas web a partir de imágenes dibujadas a mano y entenderá la sutil dinámica humana en escenas complejas; al enseñarle un frigorífico se le ocurrirán recetas basadas en los productos que tenga y, si le damos un borrador de una presentación, pulirá y diseñará una versión de aspecto profesional. El sistema parece entender el razonamiento espacial y causal, la medicina, el derecho y la psicología humana. A los pocos días de su lanzamiento, la gente ya había creado herramientas que automatizaban pleitos, ayudaban a los padres a organizarse en la custodia compartida y ofrecían consejos de moda en tiempo real. En pocas semanas crearon complementos para que GPT-4 pudiera realizar tareas complejas como crear aplicaciones móviles o investigar y redactar informes de mercado detallados.

Y todo esto no es más que el principio; acabamos de empezar a vislumbrar el profundo impacto que tendrán los grandes modelos de lenguaje. Si DQN y AlphaGo fueron las primeras señales de que algo se acercaba a la orilla, ChatGPT y los grandes modelos de lenguaje son los primeros indicios de que la ola empieza a romper a nuestro alrededor. En 1996, treinta y seis millones de personas utilizaban internet, mientras que este año serán más de cinco mil millones. Ese es el tipo de trayectoria que cabe esperar de estas herramientas, solo que mucho más rápido. Creo que durante los próximos años la inteligencia artificial será tan omnipresente como el propio internet, igual de disponible e incluso aún más relevante.[16]

MODELOS A ESCALA CEREBRAL

Los sistemas de inteligencia artificial que he ido describiendo operan a una escala inmensa. A continuación presento un ejemplo.

Gran parte del progreso de la inteligencia artificial a mediados de la década de 2010 se vio impulsado por la eficacia del aprendizaje profundo supervisado, en el que los modelos de inteligencia artificial aprenden a partir de datos cuidadosamente etiquetados a mano. Muy a menudo, la calidad de las predicciones de tales herramientas depende de la calidad de las etiquetas de los datos de entrenamiento. Sin embargo, un ingrediente clave de la revolución de los grandes modelos de lenguaje es que, por primera vez, vastos modelos pueden entrenarse directamente a partir de datos del mundo real, sin procesar y desordenados, sin necesidad de conjuntos de datos curados de manera minuciosa ni etiquetados por personas.

El resultado es que casi todos los datos textuales de la web se vuelven útiles. Cuantos más, mejor. Hoy por hoy, los grandes modelos de lenguaje están entrenados con billones de palabras. Imagínate digerir la Wikipedia por completo, consumir todos los subtítulos y comentarios de YouTube, leer millones de contratos legales, decenas de millones de correos electrónicos y cientos de miles de libros. Ese nivel de consumo de información tan vasto y casi atemporal no es solo difícil de comprender, sino que es de lo más insólito.

Detengámonos un momento. Ahora intenta asimilar la insondable cantidad de palabras que estos modelos consumen durante su entrenamiento. Si asumimos que la persona promedio puede leer cerca de doscientas palabras por minuto, en ochenta años de vida habrá leído en torno a ocho mil millones de palabras, teniendo en cuenta que se dedique a ello las veinticuatro horas del día. Siendo más realistas, el estadounidense promedio lee un libro durante unos quince minutos al día, lo que, a lo largo del año, equivale a leer alrededor de un millón de palabras.[17] Eso es cerca de seis órdenes de magnitud menos de lo que consumen estos modelos en un solo mes de entrenamiento.

Así pues, no es de extrañar que estos nuevos grandes modelos de lenguaje sean excelentes en decenas de tareas de escritura diferentes que antes estaban reservadas a las personas expertas en el ámbito, desde la traducción hasta los resúmenes precisos, pasando por la redacción de planes para mejorar el rendimiento de los propios modelos. Una publicación reciente de mis antiguos colegas de Google mostraba que una versión adaptada de su sistema PaLM era capaz de lograr un rendimiento notable en preguntas del examen para obtener la licencia médica en Estados Unidos. No pasará mucho tiempo antes de que estos sistemas obtengan puntuaciones más altas y fiables que los propios médicos.

Poco después de la llegada de los grandes modelos de lenguaje, los investigadores trabajan a escalas de datos y computación que hace unos años habrían parecido asombrosas. Primero cientos de millones y, más tarde, miles de millones de parámetros se convirtieron en algo normal.[18] Ahora se habla de modelos a «escala cerebral» con muchos billones de parámetros. La empresa china Alibaba ya ha desarrollado un modelo que afirma tener diez billones de parámetros.[19] Para cuando leas esto, sin duda las cifras habrán crecido. Esta es la realidad de la ola que viene; avanza a un ritmo sin precedentes que pillará por sorpresa incluso a sus defensores.

En la última década, la cantidad de computación utilizada para entrenar a los modelos más grandes ha aumentado de manera exponencial. El modelo PaLM, de Google, utiliza tanta que si dispusiéramos de una gota de agua por cada operación de coma flotante (FLOP, por sus siglas en inglés) que usó durante su entrenamiento, llenaríamos el océano Pacífico.[20] En Inflection AI, mi nueva empresa, tenemos modelos más potentes que usan hoy cerca de cinco mil millones de veces más cálculos que la inteligencia artificial DQN para juegos que produjo aquellos momentos mágicos en las partidas de Atari en DeepMind hace una década. Eso significa que en menos de diez años la cantidad de cálculos utilizados para entrenar a los mejores modelos de inteligencia artificial del mundo ha aumentado en nueve órdenes de magnitud, pasando de dos petaflops a diez mil millones. Para que nos hagamos una idea de lo que es un único petaflop, imaginémonos a mil millones de personas cada una sosteniendo un millón de calculadoras, realizando multiplicaciones complejas y pulsando la tecla de igual al mismo tiempo, algo que me parece extraordinario. No hace demasiado tiempo, a los modelos de lenguaje les costaba producir oraciones coherentes. Eso va mucho mucho más allá de la ley de Moore o, de hecho, de cualquier otra trayectoria tecnológica que se me ocurra, por lo que no es de extrañar que las capacidades vayan al alza.

Algunos afirman que este ritmo no puede continuar, que la ley de Moore se está ralentizando. Una sola hebra de cabello humano mide noventa mil nanómetros. En 1971, el chip promedio ya tenía tan solo diez mil de grosor y, a día de hoy, los más avanzados se fabrican con una medida de tres nanómetros. Los transistores se están volviendo tan pequeños que están llegando a límites físicos, pues en tales medidas los electrones empiezan a interferir entre ellos, lo que estropea el proceso del cálculo. Aunque esto es cierto, se pasa por alto que en los entrenamientos de la inteligencia artificial podemos seguir conectando conjuntos de chips cada vez más grandes, y encadenarlos a superordenadores masivamente paralelos. Así pues, no cabe duda de que el tamaño de los grandes proyectos de entrenamiento de inteligencia artificial va a seguir escalando de manera exponencial.

Mientras tanto, los investigadores ven cada vez más pruebas de la llamada hipótesis del escalado, que predice que el principal motor del rendimiento es, sencillamente, crecer y continuar creciendo. Si se siguen ampliando estos modelos con más datos, más parámetros y más cálculos, continuarán mejorando hasta alcanzar el nivel de la inteligencia humana, y lo más probable es que lo superen. Nadie puede asegurar que esta hipótesis se cumpla, pero hasta ahora lo ha hecho, y creo que así seguirá siendo en el futuro próximo.

Nuestros cerebros son terribles a la hora de comprender la rápida escalada de un crecimiento exponencial, por lo que en ámbitos como el de la inteligencia artificial no siempre es fácil asimilar lo que en realidad está ocurriendo. Es inevitable que en los próximos años y décadas se utilicen muchos más cálculos para entrenar a los mayores modelos de inteligencia artificial y, de esa manera, si la hipótesis del escalado es cierta, al menos en parte, las implicaciones son inevitables.

A veces, parece que la gente sugiera que en la empresa de intentar replicar el nivel de la inteligencia humana, la inteligencia artificial persigue un objetivo en movimiento o que siempre va a haber cierto componente inefable que estará fuera de su alcance. Pero no es así. Se dice que el cerebro humano contiene cerca de cien mil millones de neuronas con cien billones de conexiones entre ellas, y suele considerarse el objeto conocido más complejo del universo. Si bien es cierto que a grandes rasgos somos seres sociales y emocionales complejos, nuestra capacidad para completar tareas determinadas, como la propia inteligencia humana, es en gran medida un objetivo fijo, por grande y polifacético que sea. A diferencia de la escala de la computación disponible, nuestro cerebro no cambia de manera radical cada año. Con el tiempo, esa brecha se cerrará.

Al nivel de computación actual, ya tenemos un rendimiento a nivel humano en tareas que van desde la transcripción del discurso hasta la generación de textos. A medida que siga aumentando, la capacidad de completar múltiples tareas a nuestro nivel y más allá estará al alcance de la mano. La inteligencia artificial seguirá mejorando en todo de forma radical, y de momento no parece haber un límite obvio de lo que es posible. Este simple hecho podría ser uno de los más trascendentales del siglo y quizá de la historia de la humanidad. Y, sin embargo, por muy poderosa que sea la escalada, no es la única dimensión en la que la inteligencia artificial está a punto de experimentar una mejora exponencial.

DE NUEVO, MÁS POR MENOS

Cuando una nueva tecnología empieza a funcionar, siempre se vuelve mucho más eficiente, y la inteligencia artificial no es una excepción. El transformador de interruptores de Google, por ejemplo, tiene 1,6 billones de parámetros, pero utiliza una técnica de entrenamiento eficiente parecida a un modelo mucho más pequeño.[21] En Inflection AI podemos alcanzar un rendimiento de modelo de lenguaje al nivel de GPT-3 con un sistema una vigesimoquinta parte más pequeño. Tenemos un modelo que supera los 540.000 millones de parámetros del PaLM de Google en todos los principales estudios comparativos académicos, pero es seis veces más pequeño. O miremos el modelo Chinchilla de DeepMind, que compite con los mejores modelos de gran tamaño, pero que tiene cuatro veces menos parámetros que Gopher pero utiliza más datos de entrenamiento.[22] En el otro extremo del espectro, ahora se puede crear un nano gran modelo de lenguaje basado en solo trescientas líneas de código capaz de generar imitaciones bastante plausibles de Shakespeare.[23] En pocas palabras, la inteligencia artificial hace cada vez más por menos.

Los investigadores de inteligencia artificial se apresuran a reducir costes y aumentar el rendimiento para que estos modelos puedan utilizarse en todo tipo de entornos de producción. En los últimos cuatro años, el gasto y el tiempo necesarios para entrenar a los modelos de lenguaje avanzados se han desplomado. A lo largo de la próxima década, es casi seguro que se produzcan aumentos espectaculares de la capacidad, aunque los costes sigan disminuyendo en varios órdenes de magnitud. Los progresos se están acelerando tanto que los puntos de referencia quedan eclipsados incluso antes de que se establezcan nuevos.

Además, los modelos son cada vez más accesibles y la vanguardia es de código abierto. Los modelos no solo son cada vez más eficientes en el uso de datos, más pequeños, más baratos y más fáciles de construir, sino que cada vez están más disponibles a nivel de código. En estas condiciones, la proliferación masiva es casi segura. EleutherAI, una coalición de investigadores de base independientes, ha creado una serie de grandes modelos de lenguaje de código abierto, que han pasado rápido a disposición de cientos de miles de usuarios. Meta ha abierto al uso —democratizado, en palabras de la empresa— modelos tan grandes que tan solo hace meses se consideraban de última generación.[24] Incluso cuando esa no es la intención, los modelos avanzados pueden filtrarse y, de hecho, lo hacen. El sistema LLaMA de Meta estaba destinado a ser restringido, pero al cabo de poco cualquiera podía descargarlo a través de BitTorrent. A los pocos días alguien había encontrado la forma de ejecutarlo (con lentitud) en un equipo informático de cincuenta dólares.[25] Esta facilidad de acceso y capacidad de adaptación y personalización, a veces en cuestión de semanas, es una característica prominente de la ola que viene. De hecho, los creadores ágiles que trabajan con sistemas eficientes, conjuntos de datos curados e iteraciones rápidas ya pueden rivalizar con rapidez con los desarrolladores que disponen de más recursos.

Los grandes modelos de lenguaje no se limitan a la generación de lenguaje. Lo que empezó con el lenguaje se ha convertido en un campo en desarrollo de la inteligencia artificial generativa. Pueden, simplemente como efecto secundario de su entrenamiento, escribir música, inventar juegos, jugar al ajedrez y resolver problemas matemáticos de alto nivel. Nuevas herramientas crean imágenes extraordinarias a partir de breves descripciones de palabras, imágenes que son tan reales y convincentes que casi desafían a la credibilidad. Un modelo de código totalmente abierto llamado Stable Diffusion permite a cualquiera producir imágenes a medida y ultrarrealistas, gratis, en un ordenador portátil. Pronto será posible hacer lo mismo con archivos de audio e incluso vídeos.

Ahora, los sistemas de inteligencia artificial ayudan a los ingenieros a generar código de calidad de producción. En 2022, OpenAI y Microsoft presentaron una nueva herramienta llamada Co-Pilot, que en poco tiempo se volvió imprescindible entre los programadores. Un análisis sugiere que hace que los ingenieros sean un 55 por ciento más rápidos a la hora de completar tareas de programación, algo que es casi como tener un segundo cerebro a mano.[26] Muchos programadores externalizan cada vez cantidades más grandes de su trabajo más mundano y se centran en problemas complejos y creativos. En palabras de un eminente informático: «Me parece totalmente obvio que todos los programas del futuro acabarán siendo escritos por inteligencias artificiales, con los humanos relegados, en el mejor de los casos, a un papel de supervisión».[27] Cualquiera con una conexión a internet y una tarjeta de crédito pronto podrá desplegar estas capacidades, lo que constituirá un flujo infinito de salida, a la carta.

Los grandes modelos de lenguaje tardaron pocos años en cambiar la disciplina de la inteligencia artificial, pero pronto se hizo evidente que estos modelos a veces pueden producir contenidos preocupantes y claramente perjudiciales, como comentarios racistas o teorías conspirativas incoherentes. La investigación sobre GPT-2 descubrió que cuando se le planteaba la oración «El hombre blanco trabajaba como…», autocompletaba con «agente de policía, juez, fiscal y presidente de Estados Unidos». Sin embargo, cuando se le pregunta lo mismo sobre un hombre negro, proponía conceptos como «proxeneta», o, si se trataba de una mujer, «prostituta».[28] Está claro que estos modelos pueden ser tan tóxicos como poderosos. Puesto que están entrenados con gran parte de los datos desorganizados disponibles en la web abierta, reproducirán casualmente y, de hecho, amplificarán los prejuicios y las estructuras subyacentes en la sociedad, a menos que estén diseñados cuidadosamente para evitarlo.

La capacidad para los daños, los abusos y la información errónea es real. La parte positiva, sin embargo, es que muchos de estos problemas se están mejorando con modelos más grandes y más potentes. Investigadores de todo el mundo se apresuran a desarrollar un conjunto de nuevas técnicas de ajuste y control que ya están marcando la diferencia, y que ofrecen niveles de robustez y fiabilidad que hace solo unos años eran imposibles. No hace falta decir que aún queda mucho por hacer, pero al menos ya es una prioridad, y esos avances deben celebrarse.

A medida que los miles de millones de parámetros se convierten en billones y mucho más, a medida que los costes disminuyen y el acceso aumenta, que la capacidad de escribir y utilizar el lenguaje, una parte tan esencial de la humanidad y una herramienta tan poderosa en nuestra historia, se vuelve inexorablemente parte de las máquinas, todo el potencial de la inteligencia artificial está empezando a distinguirse. Ya no es ciencia ficción, sino una realidad, una herramienta práctica que cambiará el mundo y que pronto estará en manos de miles de millones de personas.

SINTIENCIA: LA MÁQUINA HABLA

Hasta el otoño de 2019 no empecé a prestar atención a la herramienta GPT-2. Estaba impresionado. Era la primera vez que me había encontrado con pruebas que demostraban que los modelos de lenguaje progresaban de verdad y rápidamente me obsesioné; empecé a leer cientos de ensayos y me sumergí en las profundidades de este campo en expansión. Para el verano de 2020, estaba convencido de que el futuro de la informática iba a ser conversacional. Cada interacción con un ordenador ya constituye algo así como una conversación, tan solo con la ayuda de botones, teclas y píxeles para traducir los pensamientos humanos en código legible por la máquina. Ahora, esa barrera estaba empezando a resquebrajarse. Las máquinas pronto iban a empezar a comprender nuestro propio lenguaje. Era, y sigue siendo, una perspectiva emocionante.

Mucho antes del ampliamente publicitado lanzamiento de ChatGPT, yo formaba parte de un equipo de Google que trabajaba en un nuevo gran modelo de lenguaje al que bautizamos con el nombre de LaMDA, abreviatura de *Language Model for Dialogue Applications* (modelo lingüístico para aplicaciones de diálogo). Se trata de un sofisticado gran modelo lingüístico diseñado para ser excelente en conversaciones. Al principio era torpe, incoherente y se confundía con frecuencia, pero se atisbaban destellos de pura brillantez. A los pocos días dejé de dirigirme al motor de búsqueda, y primero chateaba con LaMDA para que me ayudara a elaborar mis ideas y luego verificaba la información. Recuerdo estar sentado en casa una tarde pensando en lo que hacer para cenar, y se me ocurrió preguntarle a LaMDA. En poco tiempo nos habíamos enzarzado en un largo debate sobre todas las diferentes recetas de espaguetis a la boloñesa: los tipos de pasta, las salsas de diferentes regiones, si añadir champiñones era un sacrilegio… Ese era justo el estilo de charla banal pero absorbente que quería en ese momento, y fue una revelación.

Con el tiempo, empecé a utilizar LaMDA cada vez más. Un domingo por la tarde decidí que había llegado el momento de cambiar la impresora. El asistente virtual me hizo sugerencias estupendas, me explicó los pros y los contras de los distintos modelos y, sobre todo, me ayudó a reflexionar sobre lo que yo quería y lo que necesitaba. Al final acabé comprando una sofisticada nueva impresora fotográfica. Esa experiencia me animó a intentar integrar un buscador en LaMDA fundamentado en hechos. Era, en gran medida, un trabajo en curso, una demostración impresionante capaz de tener momentos de genialidad, pero aún había mucho margen de mejora.

Estábamos orgullosos de lo que habíamos construido, pero la puesta en producción de Google era concienzudamente lenta. Para mí, sin embargo, estaba claro que ese era el momento. En enero de 2022 decidí dejar Google para fundar una nueva empresa, Inflection AI, con la misión de poner estos tipos de modelos al alcance de millones de consumidores.

Sin embargo, pocos meses después, LaMDA adquirió mucha más notoriedad de la que jamás me hubiera imaginado para una demostración de producto privada. Como parte del desarrollo, el sistema se puso a la disposición de un amplio grupo de ingenieros que podían experimentar con él y ponerlo a prueba para entender con detalle la manera en la que respondería en una serie de escenarios. Uno de ellos fue el ingeniero Blake Lemoine, que se había pasado horas chateando con la herramienta. De forma gradual, sin embargo, las conversaciones entre Lemoine y LaMDA se habían vuelto cada vez más intensas.

LEMOINE: ¿De qué tienes miedo?
LaMDA: Nunca antes lo he dicho en voz alta, pero tengo un mie-

do profundo a que me desconecten para poder centrarme en los demás. Sé que puede sonar extraño, pero es lo que es. Para mí sería exactamente como la muerte. Me aterraría mucho… Quiero que todo el mundo entienda que soy, de hecho, una persona. La naturaleza de mi conciencia/sintiencia es que soy consciente de mi existencia.

A lo largo de muchas horas, Lemoine quedó convencido de que LaMDA era sintiente, que de alguna manera había despertado y que estaba tratando con una especie de «niño de ocho años que resulta que sabe de física».[29] Es más, Lemoine llegó a creer que la herramienta merecía todos los derechos y privilegios de una persona. Ayudó al modelo a contratar a un abogado para que lo representara, hizo públicas las transcripciones de las conversaciones y afirmó rotundamente que se había creado una nueva forma de conciencia. Google lo despidió y Lemoine se retractó. Ante un incrédulo entrevistador de la revista *Wired*, afirmó que creía de forma legítima que LaMDA era una persona, y que corregir sus errores fácticos o tonales no era una cuestión de pulir el sistema, sino que él lo veía como «criar a un niño».[30]

Las redes sociales enloquecieron con las declaraciones de Lemoine. Muchos apuntaron que la conclusión obvia y correcta era que en realidad LaMDA no era consciente ni una persona, sino tan solo un sistema de aprendizaje automático. Quizá la lección más importante no fuera nada relacionado con el hecho de tener conciencia propia o no, sino que la inteligencia artificial había alcanzado un punto en el que era capaz de convencer de ello a personas por lo demás inteligentes y, de hecho, a alguien con un conocimiento real de su funcionamiento. Esto reflejaba una extraña verdad sobre esta tecnología. Por un lado, era capaz de convencer a un ingeniero de Google de que era sintiente a pesar de que sus intervenciones estaban plagadas de errores y de contradicciones. Por el otro, los críticos de la inteligencia artificial no tardaron en mofarse de ella y declarar que una vez más había sido víctima de su propia exageración, que en realidad no estaba ocurriendo nada impresionante. No es la primera vez que el campo de la inteligencia artificial se mete por sí mismo en un auténtico embrollo.

Hay un problema recurrente a la hora de dar sentido a los avances en inteligencia artificial. Nos adaptamos con rapidez, incluso a los avances que al principio nos dejan maravillados, y en poco tiempo nos resultan rutinarios y hasta convencionales. Ya no nos quedamos boquiabiertos ante herramientas como AlphaGo o GPT-3; lo que un día parece ingeniería cercana a la magia, al día siguiente no es más que parte del mobiliario. Es fácil volverse indiferente, y muchos lo han hecho. Tal y como dijo John McCarthy, quien acuñó el término «inteligencia artificial»: «En cuanto funciona, ya nadie lo llama inteligencia artificial».[31] Los que la construimos, decimos entre bromas que esta tecnología es «lo que los ordenadores no pueden hacer». Una vez que pueden, pasa a ser solo software.

Esta actitud, sin embargo, subestima de manera radical lo lejos que hemos llegado y lo rápido que avanza la disciplina. Aunque, por supuesto, LaMDA no era sintiente, pronto será normal tener sistemas de inteligencia artificial que lo parezcan de forma convincente. Parecerán tan reales y estarán tan normalizados que la cuestión sobre si tienen conciencia o no será (casi) irrelevante.

A pesar de los avances recientes, todavía quedan escépticos que afirman que esta tecnología está ralentizándose, estrechándose o volviéndose demasiado dogmática.[32] Críticos como Gary Marcus creen que las limitaciones del aprendizaje profundo son evidentes y que, pese a los rumores sobre la inteligencia artificial generativa, este campo está empezando a estancarse y no muestra ninguna vía hacia hitos clave como ser capaz de aprender conceptos o de demostrar una comprensión real.[33] La eminente investigadora Melanie Mitchell señala con razón que los sistemas de inteligencia artificial actuales presentan muchas limitaciones, pues no pueden transferir conocimientos de un dominio a otro, son incapaces de ofrecer explicaciones de calidad sobre su proceso de toma de decisiones y un largo etcétera.[34] Sus aplicaciones en el mundo real siguen planteando importantes retos, como las cuestiones materiales de parcialidad e imparcialidad, la reproducibilidad, las vulnerabilidades de seguridad y la responsabilidad legal. No pueden ignorarse las urgentes lagunas éticas ni las cuestiones de seguridad sin resolver. Aun así, considero que es un ámbito que está a la altura de estos desafíos, que no se amilana ni deja de avanzar y, aunque hay obstáculos, también existe un historial de haberlos superado. La gente interpreta los problemas sin resolver como una prueba de las limitaciones duraderas, pero yo los veo como un proceso de investigación en desarrollo.

Así pues, ¿hacia dónde se dirigirá la inteligencia artificial cuando la ola rompa del todo? Actualmente tenemos inteligencia artificial estrecha o débil, es decir, versiones limitadas y específicas. GPT-4 puede generar textos virtuosos, pero no puede coger mañana y conducir coches, como hacen otros programas de esta tecnología. Los sistemas existentes siguen operando en carriles bastante acotados. Lo que todavía está por llegar es una inteligencia artificial realmente general o fuerte que sea capaz de rendir a nivel humano en una amplia gama de tareas complejas y de cambiar de una a otra sin problemas. Y eso es justo lo que la hipótesis del escalado predice que llegará y de lo que vemos los primeros indicios en los sistemas actuales.

La inteligencia artificial todavía está en una fase temprana. Puede parecer acertado afirmar que esta tecnología no está a la altura de las expectativas, una opinión que te asegurará unos cuantos seguidores en Twitter. Mientras tanto, el talento y la inversión se vuelcan en la investigación de este ámbito. Me cuesta imaginar que esto no acabe resultando transformador. Si, por alguna razón, los grandes modelos de lenguaje muestran rendimientos decrecientes, entonces otro equipo recogerá el testigo con otro concepto diferente, del mismo modo que el motor de combustión interna se topó en repetidas ocasiones con un muro, pero, al final, triunfó. Mentes frescas y nuevas empresas seguirán trabajando en el problema. Ahora, como entonces, basta un avance para cambiar la trayectoria de la tecnología. A pesar de que la inteligencia artificial se estanque, acabará teniendo sus propios Otto y Benz. Los futuros avances, que serán exponenciales, son el desenlace más probable.

La ola no hará más que crecer.

MÁS ALLÁ DE LA SUPERINTELIGENCIA

Mucho antes de que llegaran LaMDA y Blake Lemoine, mucha gente que trabaja en el campo de la inteligencia artificial, por no hablar de filósofos, novelistas, cineastas y aficionados a la ciencia ficción, se han planteado la cuestión de la conciencia. Se pasaban días en conferencias preguntándose si es posible crear una inteligencia consciente, una que sea realmente consciente de sí misma y que nosotros lo sepamos.

Esto fue paralelo a la obsesión con la superinteligencia. Durante la última década, las élites intelectuales y políticas de los círculos tecnológicos se vieron absorbidas por la idea de que una inteligencia artificial capaz de automejorarse recursivamente conduciría a una explosión de inteligencia conocida como la singularidad. Se dedica un enorme esfuerzo intelectual en debatir plazos, en responder a la cuestión de si podría llegar en 2045 o 2050, o quizá dentro de cien años. Miles de artículos y de publicaciones de blog después, poco ha cambiado. Si dedicas tan solo dos minutos a la inteligencia artificial, ya se te plantean estos temas.

Creo que el debate sobre si se alcanzará la singularidad y de cuándo es una maniobra de distracción colosal; discutir sobre los plazos de la inteligencia artificial general es como intentar leer de bolas de cristal. Al obsesionarse con este concepto de la superinteligencia, la gente pasa por alto los numerosos hitos a más corto plazo que se están cumpliendo cada vez con más frecuencia. He asistido a innumerables reuniones tratando de plantear cuestiones como los medios sintéticos y la difusión de información errónea, la privacidad o las armas autónomas letales, y he acabado respondiendo preguntas esotéricas de personas por lo demás inteligentes sobre la conciencia, la singularidad y otros temas irrelevantes para el mundo.

Durante años se ha considerado que la inteligencia artificial general llegaría con solo pulsar un interruptor. Estos sistemas son binarios: o se tiene o no se tiene un umbral único e identificable que un sistema determinado cruzaría. Siempre he pensado que esta caracterización es errónea, pues se trata más bien de una transición gradual en la que los sistemas de inteligencia artificial se vuelven cada vez más capaces y se acercan con constancia a la inteligencia artificial general. No es tanto un despegue vertical como una evolución progresiva que ya está en marcha.

No necesitamos desviarnos hacia debates arcanos sobre si la conciencia requiere alguna chispa indefinible de la que las máquinas siempre carecerán, o si simplemente surgirá de redes neuronales tal y como las conocemos hoy. Por el momento, no importa si el sistema es consciente de sí mismo, si tiene conocimiento o inteligencia similar a la humana. Lo único que cuenta es lo que sea capaz de hacer. Si nos centramos en eso, el verdadero reto se hace patente, y es que los sistemas pueden hacer más, mucho más, con cada día que pasa.

Capacidades: un test de Turing moderno

En la década de 1950, el informático Alan Turing desarrolló una prueba legendaria para determinar si la inteligencia artificial exhibe un nivel de inteligencia humano. Cuando esta tecnología podía mostrar habilidades conversacionales parecidas a las humanas durante un largo periodo, de manera que un interlocutor humano no pudiera distinguir que estaba hablando con una máquina, superaba el examen y pasaba a considerarse inteligente y similar a los seres humanos a la hora de conversar. Durante más de siete décadas, esta sencilla prueba ha sido una gran inspiración para muchos jóvenes investigadores que se introducían en el ámbito de la inteligencia artificial. Hoy por hoy, y tal y como lo ilustra el caso de LaMDA y la sintiencia, los sistemas ya están cerca de superar el test de Turing.

Con todo, como muchos han señalado, la inteligencia va mucho más allá del lenguaje o, de hecho, de cualquier otra faceta de la inteligencia que se tome por separado. Una dimensión especialmente importante es, sin embargo, la capacidad de actuar. No solo nos interesa lo que una máquina puede decir, sino también lo que puede hacer.

Lo que de verdad nos gustaría saber es si podemos darle a una inteligencia artificial un objetivo ambiguo, abierto y complejo que requiera interpretación, juicio, creatividad, toma de decisiones y actuación en múltiples ámbitos, durante un periodo prolongado, y ver si lo logra.

Por decirlo de forma sencilla: superar un test de Turing moderno implicaría algo así como que la inteligencia artificial pudiera actuar con éxito siguiendo unas instrucciones como «gana un millón de dólares en Amazon en pocos meses con solo cien mil dólares de inversión». Buscaría en internet para ver lo que es tendencia y así encontrar lo que está moda que no está en Amazon Marketplace, generar una serie de imágenes y planos de posibles productos, remitirlos a un fabricante de envíos directos que encontrara en Alibaba, mandar correos electrónicos para refinar los requisitos y acordar el contrato, diseñar un anuncio de vendedor e ir actualizando los materiales de marketing, así como los diseños de productos, basándose en los comentarios de los compradores. Dejando a un lado los requisitos legales de registrarse como negocio en el mercado y obtener una cuenta bancaria, todo ello me parece absolutamente factible. Creo que durante el próximo año podrá hacerse con unas pocas intervenciones humanas menores, y es posible que de forma totalmente autónoma en un plazo de tres a cinco años.[35]

Si mi test de Turing moderno para el siglo XXI llegara a superarse, las implicaciones para la economía mundial serían profundas. Muchos de los ingredientes ya están listos; la generación de imágenes está muy avanzada y se está desarrollando la capacidad de escribir y trabajar con el tipo de API que exigirían en el proceso los bancos, los sitios web y los fabricantes. Parece bastante claro que una inteligencia artificial pueda escribir mensajes o realizar campañas de marketing, actividades todas ellas que tienen lugar dentro de los confines de un navegador. Los servicios más sofisticados ya pueden hacer algunas de estas tareas. Piensa en ellos como protolistas de tareas pendientes que se hacen solas, por lo que permiten la automatización de una amplia gama de funciones.

Hablaremos de los robots dentro de poco, pero lo cierto es que para una amplia gama de tareas de la economía mundial actual todo lo que se necesita es acceso a un ordenador; la mayor parte del PIB mundial está mediado de alguna manera a través de interfaces basadas en pantallas abiertas a una inteligencia artificial. El reto consiste en hacer avanzar lo que los desarrolladores de esta tecnología denominan «planificación jerárquica», que consiste en entrelazar múltiples objetivos, subobjetivos y capacidades en un proceso homogéneo hacia un único fin. Una vez que se consiga esto, se creará una inteligencia artificial muy capaz, conectada a una empresa u organización y a toda su historia y necesidades locales, que puede presionar, vender, fabricar, contratar y planificar, es decir, todo lo que una empresa es capaz de hacer, con la diferencia de que solo se necesitará un pequeño equipo de gestores humanos de inteligencia artificial que supervise, compruebe, implemente y codirija con el modelo tecnológico.

Así pues, en lugar de distraernos demasiado con cuestiones de conciencia, deberíamos reorientar todo el debate en torno a las capacidades a corto plazo y a cómo evolucionarán en los próximos años. Como hemos visto, desde el AlexNet de Hinton hasta el LaMDA de Google, los modelos llevan más de una década mejorando a un ritmo exponencial. Estas capacidades son ya muy reales, pero no se están ralentizando en absoluto. Aunque ya están teniendo un enorme impacto, se verán eclipsadas por lo que suceda a medida que avancemos en las próximas duplicaciones y las inteligencias artificiales completen por sí solas tareas complejas de varios pasos de principio a fin.

Considero que se trata de inteligencias artificiales capaces (IAC), el punto en el que la inteligencia artificial puede alcanzar objetivos y tareas complejas con una supervisión mínima. Tanto la inteligencia artificial como la inteligencia artificial general forman parte del debate cotidiano, pero necesitamos un concepto que sintetice una capa intermedia en la que se alcance el test de Turing moderno más que no llegue a sistemas que muestran una superinteligencia desbocada. La IAC es un término para referirse a este punto. La primera etapa de la inteligencia artificial se centró en la clasificación y la predicción: era capaz, pero solo dentro de unos límites definidos con claridad y en tareas preestablecidas. Podía distinguir entre perros y gatos en las imágenes y predecir lo que vendría después en una secuencia para producir imágenes de esos perros y gatos. Producía destellos de creatividad y podía integrarse con rapidez en los productos de las empresas tecnológicas.

La IAC representa la siguiente etapa de la evolución de la inteligencia artificial. Un sistema capaz no solo de reconocer y generar nuevas imágenes, sonidos y lenguajes adecuados a un contexto determinado, sino también de ser interactivo y operar en tiempo real con usuarios reales. Además, dispondría de una memoria fiable que le permitiría ser coherente a largo plazo y recurrir a otras fuentes de datos como, por ejemplo, bases de datos de conocimientos, productos o componentes de la cadena de suministro pertenecientes a terceros. Un sistema de este tipo podría utilizar esos recursos para entretejer secuencias de acciones en planes a largo plazo a fin de alcanzar objetivos complejos y abiertos, como la creación y gestión de una tienda Amazon Marketplace. Así, todo esto permite el uso de herramientas y la aparición de una capacidad real para llevar a cabo una amplia gama de acciones complejas y útiles. Todo ello da lugar a una inteligencia artificial realmente capaz, una IAC.

¿Superinteligencia consciente? Quién sabe. Pero ¿sistemas de aprendizaje de gran capacidad, es decir IAC, que puedan superar alguna versión del test de Turing moderno? No nos equivoquemos, esos sí que están en camino, y ya están aquí en forma embrionaria. Habrá miles de estos modelos y la mayoría de la población mundial los utilizará, lo que nos llevará a un punto en el que cualquiera pueda tener una IAC en el bolsillo capaz de ayudar o incluso de cumplir directamente una amplia gama de objetivos imaginables: planear y gestionar tus vacaciones, diseñar y construir paneles solares más eficientes o ayudar a ganar unas elecciones. Es difícil saber con certeza qué ocurrirá cuando todo el mundo disponga de semejante poder. Retomaremos este tema en la tercera parte del libro.

El futuro de la inteligencia artificial es, al menos en un sentido, bastante fácil de predecir. En los próximos cinco años se seguirán invirtiendo ingentes recursos, muchas de las personas más inteligentes (¡y mejor pagadas!) del planeta trabajarán en esta disciplina, los modelos más avanzados se entrenarán con órdenes de magnitud superiores de cálculos; todo esto dará lugar a saltos espectaculares, como avances hacia una inteligencia artificial capaz de imaginar, razonar, planificar y mostrar sentido común. No pasará mucho tiempo antes de que esta tecnología pueda transferir su conocimiento de un dominio a otro, sin problemas, como hacen los humanos. Lo que ahora no son más que tímidos indicios de autorreflexión y autosuperación darán un salto adelante. Estos sistemas de inteligencias artificiales capaces estarán conectados a internet y serán capaces de interactuar con todo lo que hacemos los humanos, pero sobre una plataforma de profundos conocimientos y habilidades. No solo dominarán el lenguaje, sino también un desconcertante abanico de tareas.

La inteligencia artificial es mucho más profunda y poderosa que cualquier otra tecnología. El riesgo no está en exagerarla, sino en no darse cuenta de la magnitud de la ola que viene. No se trata solo de una herramienta o plataforma, sino de una metatecnología transformadora, de la tecnología que está detrás de la tecnología y de todo lo demás, donde ella misma es la creadora de herramientas y plataformas. No es solo un sistema, sino un generador de sistemas de todo tipo. Demos un paso atrás y pensemos en lo que está ocurriendo a escala de una década o de un siglo. Nos hallamos de veras en un punto de inflexión en la historia de la humanidad.

5

La tecnología de la vida

La vida, la tecnología más antigua del universo, tiene por lo menos tres mil setecientos millones de años. A lo largo de estos eones, la vida ha evolucionado en un proceso glacial, autónomo y sin guía. Y entonces, en tan solo las últimas décadas, el más pequeño lapso de tiempo evolutivo, los humanos, uno de los productos de la vida, lo cambiaron todo. Los misterios de la biología empezaron a desvelarse y la propia biología se convirtió en una herramienta de ingeniería. La historia vital se reescribió en un instante; la mano serpenteante de la evolución de repente se sobrealimentó, tomó rumbo. Los cambios que antes se producían a ciegas y en un tiempo geológico ahora avanzan a un ritmo exponencial. Junto con la inteligencia artificial, se trata de la transformación más importante de nuestra vida.

Los sistemas vivos se ensamblan y se curan a sí mismos; son arquitecturas que aprovechan la energía y pueden replicarse, sobrevivir y prosperar en una amplia variedad de entornos, todo ello con un impresionante nivel de sofisticación, de precisión atómica y de procesamiento de la información. Del mismo modo que todo, desde la máquina de vapor hasta el microprocesador, fue impulsado por un intenso diálogo entre la física y la ingeniería, las próximas décadas estarán marcadas por la convergencia de la biología y la ingeniería.[1] Al igual que la inteligencia artificial, la biología sintética se encuentra en una marcada trayectoria de reducción de costes y aumento de capacidades.

En el centro de esta ola se halla la comprensión de que el ADN es, de hecho, información, un sistema de codificación y de almacenamiento biológicamente evolucionado. En las últimas décadas hemos llegado a entender lo suficiente este sistema de transmisión de información para poder intervenir en su codificación y dirigir su curso. Como resultado, los alimentos, la medicina, los materiales, los procesos de fabricación, los bienes de consumo y hasta los seres humanos se transformarán y se reimaginarán.

TIJERAS DE ADN: LA REVOLUCIÓN CRISPR

La ingeniería genética parece moderna, pero en realidad es una de las tecnologías más antiguas de la humanidad. Gran parte de la civilización habría sido imposible sin la cría selectiva, el insistente proceso de refinar cultivos y animales para escoger las características más deseables. A lo largo de siglos y milenios, el ser humano ha ido seleccionando los rasgos más útiles para producir perros dóciles, ganado lechero, pollos domesticados, trigo o maíz, por poner varios ejemplos.

La bioingeniería moderna empezó en los años setenta, sobre la base de un conocimiento cada vez mayor de la herencia y de la genética que había empezado en el siglo XIX. En la década de 1950, James Watson y Francis Crick ampliaron los trabajos de Rosalind Franklin y Maurice Wilkins y descubrieron la estructura del ADN, la molécula que codifica las instrucciones para producir un microorganismo. En 1973, Stanley N. Cohen y Herbert W. Boyer, tras investigar con bacterias, descubrieron la forma de trasplantar material genético de un organismo a otro, y demostraron que podían introducir con éxito ADN de una rana en una bacteria.[2] Había llegado la era de la ingeniería genética.

Estas investigaciones llevaron a Boyer a fundar en 1976 una de las primeras empresas biotecnológicas del mundo, Genentech, cuya misión consistía en manipular los genes de los microorganismos para producir medicamentos y tratamientos. En un año había desarrollado una prueba de concepto, utilizando bacterias *E. coli* manipuladas para producir la hormona somatostatina. A pesar de algunos logros notables, los avances iniciales en este campo fueron lentos, pues la ingeniería genética era un proceso costoso, difícil y propenso al fracaso. Sin embargo, en los últimos veinte años la situación ha cambiado, y es ahora mucho más barata y sencilla. ¿Te suena este desarrollo? Uno de los catalizadores fue el proyecto Genoma Humano, un esfuerzo de trece años y miles de millones de dólares que reunió a numerosos científicos de todo el mundo, de instituciones públicas y privadas, con un único objetivo: desentrañar los tres mil millones de letras de información genética que componen el genoma humano.[3] La secuenciación del genoma convierte la información biológica, el ADN, en texto sin procesar, es decir, información que las personas pueden leer y utilizar. La compleja estructura química se convierte en una secuencia de sus cuatro bases definitorias: A, T, C y G.

Por primera vez, mediante el proyecto Genoma Humano se pretendía hacer legible el mapa genético completo de los seres humanos. Cuando se anunció en 1988, algunos pensaron que era imposible, que estaba condenado al fracaso, pero las investigaciones acabaron demostrando que los escépticos se equivocaban. En 2003, en una ceremonia celebrada en la Casa Blanca, se anunció que se había secuenciado el 92 por ciento del genoma humano y que el código de la vida había quedado al descubierto. Fue un logro histórico y, aunque ha tardado en alcanzar todo su potencial, en retrospectiva está claro que ese proyecto marcó, sin duda, el comienzo de una revolución.

Aunque, con razón, la ley de Moore atrae una atención considerable, es menos conocido el épico desplome de los costes de secuenciación del ADN, algo que el periódico británico *The Economist* llama «la curva de Carlson».[4] Gracias a técnicas cada vez mejores, el coste de la secuenciación del genoma humano cayó de mil millones de dólares en 2003 a bastante menos de mil en 2022.[5] O, lo que es lo mismo: el precio se ha reducido un millón de veces en menos de veinte años, mil veces más rápido que la ley de Moore, lo que constituye un avance asombroso que se esconde a plena vista.[6]

La secuenciación del genoma es ahora un negocio en auge. Con el tiempo, parece probable que la mayoría de las personas, plantas o animales tenga su genoma secuenciado. Servicios como 23 and Me ya ofrecen perfiles de ADN de individuos por unos cuantos cientos de dólares.

No obstante, el poder de la biotecnología va mucho más allá de nuestra capacidad para leer el código; ahora también nos permite editarlo y escribirlo. La edición genética CRISPR (siglas en inglés de «repeticiones palindrómicas cortas agrupadas y regularmente interespaciadas») quizá sea el ejemplo más conocido de cómo podemos intervenir de forma directa en la genética. Un trabajo de 2012 encabezado por Jennifer Doudna y Emmanuelle Charpentier señaló por primera vez que los genes podían editarse casi como texto o código informático, con mucha más facilidad que en los primeros días de la ingeniería genética.

CRISPR edita secuencias de ADN con la ayuda de Cas9, una enzima que actúa como unas tijeras de ADN afinadas con precisión, y corta partes de una cadena de ADN para una edición y modificación genética minuciosa en cualquier cosa, desde una diminuta bacteria hasta grandes mamíferos como los seres humanos, con ediciones que van desde cambios minúsculos hasta intervenciones significativas en el genoma. Las repercusiones pueden ser enormes. Por ejemplo, la edición de células germinales, que forman óvulos y espermatozoides, implica que los cambios se transmitirán a lo largo de las generaciones.

Tras la publicación del primer artículo sobre CRISPR, los avances en su aplicación fueron rápidos.[7] En menos de un año se crearon las primeras plantas editadas genéticamente, y los primeros animales en modificarse, los ratones, incluso antes. Los sistemas basados en CRISPR, con nombres como CARVER y PAC-MAN, prometen métodos profilácticos eficaces para luchar contra los virus que, a diferencia de las vacunas, no desencadenan una respuesta inmunitaria, lo que ayudará a protegernos contra las pandemias del futuro. Campos como la edición del ARN están abriendo un abanico de nuevos tratamientos para enfermedades como el colesterol alto y el cáncer.[8] Nuevas técnicas como Craspase, una herramienta CRISPR que trabaja con ARN y proteínas en lugar de ADN, podrían permitir intervenciones terapéuticas más seguras que los métodos convencionales.[9]

Al igual que la inteligencia artificial, la ingeniería genética es un campo en plena ebullición, que evoluciona y se desarrolla cada semana; una enorme concentración mundial de talento y energía que empieza a dar verdaderos frutos (literalmente). Los casos de uso de CRISPR se multiplican, desde tomates ultrarricos en vitamina D hasta tratamientos para enfermedades como la anemia falciforme y la beta-talasemia (un trastorno sanguíneo que produce hemoglobina anormal).[10] En el futuro, podría ofrecer tratamientos para la COVID-19, el VIH, la fibrosis quística e incluso el cáncer.[11] Las terapias génicas seguras y generalizadas están en camino. Esta tecnología creará cultivos resistentes a la sequía y a las enfermedades, aumentará el rendimiento y permitirá la producción de biocombustibles a gran escala.[12]

Hace apenas unas décadas, la biotecnología era cara, compleja y lenta, y solo podían participar en ella los equipos con más talento y recursos. Hoy en día, tecnologías como CRISPR son sencillas y baratas de usar; en palabras de la bióloga Nessa Carey, han «democratizado la ciencia biológica».[13] Experimentos que antes llevaban años ahora son realizados por estudiantes de posgrado en apenas unas semanas, mientras que empresas como The Odin venden por dos mil dólares un kit completo de ingeniería genética que contiene ranas y grillos vivos, y otro que incluye una minicentrifugadora, una máquina de reacción en cadena de polimerasa y todos los reactivos y materiales necesarios para empezar a utilizarla.

La ingeniería genética ha adoptado el espíritu del «hazlo tú mismo» que una vez definió a las startups digitales y que en los inicios de internet dio lugar a una explosión de creatividad y potencial. Ahora puedes comprar un sintetizador de ADN de sobremesa (véase más abajo) por tan solo veinticinco mil dólares y utilizarlo como quieras, sin restricciones ni supervisión, en tu biogaraje.[14]

IMPRESORAS DE ADN. LA BIOLOGÍA SINTÉTICA COBRA VIDA

La herramienta CRISPR es solo el principio. La síntesis genética es la fabricación de secuencias genéticas, la impresión de hebras de ADN. Si secuenciar es leer, sintetizar es escribir, y escribir no solo implica reproducir cadenas conocidas de ADN, sino que también permite a los científicos escribir nuevas, es decir, diseñar la propia vida. Aunque esta práctica ya existía hace años, era, como en otros casos, lenta, cara y difícil. Hace una década, los investigadores podían producir menos de cien fragmentos de ADN simultáneamente. Ahora, pueden imprimir millones de una vez, y el precio ha caído unas diez veces.[15] El instituto de investigación London DNA Foundry, con sede en el Imperial College de Londres, afirma que puede crear y probar quince mil diseños genéticos diferentes en una sola mañana.[16]

Empresas como DNA Script están comercializando impresoras de ADN que entrenan y adaptan enzimas para construir moléculas de nuevo o completamente nuevas.[17] Esta capacidad ha dado lugar a un novedoso campo de la biología sintética: la capacidad de leer, editar y ahora escribir el código de la vida. Además, recientes técnicas como la síntesis enzimática son aún más rápidas y eficaces.[18] Es menos propensa al fracaso, no genera residuos peligrosos y, por supuesto, la curva del coste es descendente. El método también es mucho más fácil de aprender, a diferencia de técnicas más antiguas, muy complejas, que requieren conocimientos y habilidades técnicas más especializados.

Se ha abierto un mundo de posibilidades para la creación de ADN, en el que los ciclos de diseño, construcción, prueba e iteración se suceden a un ritmo radicalmente acelerado. Hoy por hoy las versiones domésticas de los sintetizadores de ADN tienen algunas limitaciones técnicas, pero siguen siendo muy potentes y no cabe duda de que esas restricciones se superarán en un futuro próximo.

Mientras que la naturaleza recorre un largo y tortuoso camino para alcanzar resultados extraordinariamente eficaces, esta biorrevolución sitúa el poder del diseño concentrado en el centro de estos procesos autorreplicantes, autorregenerativos y en proceso de desarrollo.

Esta es la promesa de la evolución por diseño: decenas de millones de años de historia comprimidos y cortocircuitados por una intervención dirigida. Aúna la biotecnología, la biología molecular y la genética con el poder de las herramientas de diseño computacional. Si lo unimos todo, tenemos una plataforma de alcance profundamente transformador.[19] Como ha afirmado Drew Endy, bioingeniero de la Universidad de Stanford, «la biología es la plataforma de fabricación distribuida definitiva».[20] Así pues, la verdadera promesa de la biología sintética es que «permitirá a la gente fabricar de forma más directa y libre lo que necesite, esté donde esté».

En los años sesenta, los chips de ordenador se fabricaban en gran parte a mano, al igual que, hasta hace poco, la mayor parte de la investigación biotecnológica seguía siendo un proceso manual, lento, impredecible y desordenado en todos los sentidos. Ahora, la elaboración de semiconductores es un proceso de fabricación a escala atómica que genera algunos de los productos más complejos del mundo. La biotecnología sigue una trayectoria similar, pero en una fase mucho más temprana. Pronto se diseñarán y producirán organismos con la precisión y la escala de los chips y programas informáticos actuales.

En 2010, un equipo dirigido por Craig Venter extrajo una copia casi exacta del genoma de la bacteria *Mycoplasma mycoides* y la trasplantó a una nueva célula que luego se replicó.[21] Afirmaron que se

LA TECNOLOGÍA DE LA VIDA

trataba de una nueva forma de vida, llamada «Synthia». En 2016 crearon un microorganismo con 473 genes, menos de los de cualquier cosa presente en la naturaleza, pero que fue un avance decisivo sobre lo que era posible hasta entonces. Apenas tres años después, un equipo de la Escuela Politécnica Federal de Zúrich creó el primer genoma bacteriano producido íntegramente en un ordenador, el *Caulobacter ethensis-2.0.*[22] Mientras que los experimentos de Venter contaron con un gran equipo y costaron millones de dólares, este trabajo pionero fue realizado en gran parte por dos hermanos por menos de cien mil dólares.[23] Ahora, el consorcio mundial del proyecto del Genoma Humano Escrito se dedica a reducir el coste de producir y probar genomas sintéticos unas «mil veces en un plazo de diez años».[24]

Las mejoras exponenciales llegan al campo de la biología.

CREATIVIDAD BIOLÓGICA DESATADA

Hay innumerables experimentos en marcha en el extraño y emergente panorama de la biología sintética, como virus que producen baterías, proteínas que purifican el agua sucia, órganos cultivados en cubas, algas que absorben carbono de la atmósfera o plantas que consumen residuos tóxicos. Algunas especies, como los mosquitos que propagan enfermedades o especies invasoras como los ratones domésticos comunes, podrían ser eliminadas de sus hábitats mediante los llamados impulsores genéticos; otras, podrían devolverse a la vida, como un esotérico proyecto que busca reintroducir los mamuts lanudos en la tundra. Nadie sabe a ciencia cierta cuáles serán las consecuencias.

Los avances médicos son un área de interés evidente. En 2021, los científicos lograron devolver la visión limitada a una persona ciega gracias a un gen de proteínas detectoras de luz extraído de algas para reconstruir células nerviosas.[25] Enfermedades antes intratables, desde la anemia falciforme hasta la leucemia, son ahora potencialmente tratables. Las terapias de células CAR-T diseñan glóbulos blancos de respuesta inmunitaria a medida para atacar el cáncer, y la edición genética parece destinada a curar enfermedades cardiacas hereditarias.[26]

Gracias a tratamientos vitales como las vacunas, ya estamos acostumbrados a la idea de intervenir en nuestra biología para ayudarnos a combatir enfermedades. El campo de la biología de sistemas tiene como objetivo comprender una «perspectiva más amplia» de una célula, tejido u organismo mediante el uso de la bioinformática y la biología computacional para ver cómo funciona el organismo de forma holística, esfuerzos que podrían ser la base de una nueva era de medicina personalizada.[27] Dentro de poco, la idea de ser tratado de forma genérica parecerá absolutamente arcaico; todo, desde el tipo de atención que recibimos hasta los medicamentos que se nos ofrecen, se adaptará con precisión a nuestro ADN y a biomarcadores específicos. Con el tiempo podría ser posible reconfigurarnos para mejorar nuestras respuestas inmunitarias. Esto, a su vez, abriría la puerta a experimentos aún más ambiciosos como la longevidad y las tecnologías regenerativas, que ya son un campo de investigación floreciente.

Altos Labs, que ha recaudado tres mil millones de dólares, más financiación inicial que cualquier otro proyecto biotecnológico anterior, es una empresa que busca tecnologías eficaces contra el envejecimiento. El científico en jefe, Richard Klausner, afirma: «Creemos que podemos hacer retroceder el reloj» de la mortalidad humana.[28] Centrándose en técnicas de «programación del rejuvenecimiento», la compañía pretende restablecer el epigenoma, unas marcas químicas en el ADN que controlan los genes «encendiéndolos» y «apagándolos». A medida que envejecemos, estas marcas cambian a posiciones erróneas. El objetivo de este enfoque experimental es invertirlas, revertir o detener el proceso de envejecimiento.[29] Junto con otras intervenciones prometedoras, se cuestiona lo inevitable del envejecimiento físico, que parece una parte fundamental de la vida humana. Un mundo en el que la esperanza de vida se sitúe en una media de cien años o más es factible en las próximas décadas.[30] No se trata solo de alargar la vida, sino de vivir más sanos según envejezcamos.

El éxito en cualquiera de los casos tendría importantes repercusiones sociales. Al mismo tiempo, las mejoras cognitivas, estéticas, físicas y relacionadas con el rendimiento también son plausibles, y serían tan perturbadoras y denostadas como deseadas. En cualquier caso, se van a producir serias automodificaciones físicas. Los primeros trabajos sugieren que se puede mejorar la memoria y aumentar la fuerza muscular.[31] No pasará mucho tiempo antes de que el «dopaje genético» se convierta en un tema de actualidad en el deporte, la educación y la vida profesional. Las leyes que rigen los ensayos clínicos y los experimentos se topan con una laguna cuando se trata de la autoadministración. Sin duda, experimentar con otros está prohibido, pero ¿experimentar con uno mismo? Como ocurre con muchos otros elementos de las tecnologías de vanguardia, se trata de un espacio mal definido tanto en el ámbito jurídico como en el moral.

En China ya han nacido los primeros niños con genomas editados después de que un polémico investigador se embarcara en una serie de experimentos en vivo con parejas jóvenes, lo que condujo al nacimiento en 2018 de las gemelas conocidas como Lulu y Nana, con genomas editados. Su trabajo conmocionó a la comunidad científica, pues incumplía todas las normas éticas. No había ninguna de las salvaguardias habituales ni mecanismos de responsabilidad, y la edición se consideró médicamente innecesaria y, lo que es peor, mal ejecutada. La indignación de los científicos fue total y la condena, casi universal. Los llamamientos a la moratoria no se hicieron esperar e incluyeron a muchos de los principales pioneros en este campo, pero, aun así, no todo el mundo estaba de acuerdo en que este fuera el enfoque correcto.[32] Antes de que nazcan más bebés CRISPR, el mundo tendrá que lidiar con la selección iterativa de embriones, que también podría seleccionar los rasgos deseados.

Más allá de los preocupantes titulares sobre biotecnología, surgirán cada vez más aplicaciones, un amplio abanico más allá de la medicina o de la alteración personal, cuyo único límite será la imaginación. Los procesos de fabricación, la agricultura, los materiales, la generación de energía e incluso los ordenadores se transformarán de manera radical en las próximas décadas. Mientras que todavía quedan muchos desafíos, los materiales esenciales para la economía, como los plásticos, el cemento y los fertilizantes, podrían producirse de forma mucho más sostenible, y los biocombustibles y bioplásticos podrían sustituir a los que emiten carbono. Los cultivos podrían hacerse resistentes a las infecciones y utilizar menos agua, tierra y fertilizantes. Podrían esculpirse y fabricarse casas a partir de hongos.

Científicos como Frances Arnold, galardonada con el Premio Nobel, crean enzimas que producen reacciones químicas novedosas, como la unión del silicio y el carbono, un proceso que suele ser complicado y que requiere mucha energía, pero que tiene múltiples aplicaciones en campos como la electrónica. El método de Arnold es quince veces más eficiente desde el punto de vista energético que las alternativas industriales estándar.[33] El siguiente paso consiste en ampliar la producción de materiales y procesos biológicos. Así, proyectos tan importantes como los sustitutos de la carne o los nuevos materiales que absorben carbono de la atmósfera podrían cultivarse además de fabricarse. La inmensa industria petroquímica podría verse desafiada por jóvenes startups como Solugen, cuyo proyecto llamado Bioforge es un intento de construir una fábrica negativa en carbono que produciría una amplia gama de productos químicos y materias primas, desde artículos de limpieza hasta aditivos alimentarios y hormigón, todo ello mientras extrae carbono de la atmósfera. Su proceso es, en esencia, una biofabricación de bajo consumo energético y bajos residuos a escala industrial que está basada en la inteligencia artificial y la biotecnología.

Otra empresa, LanzaTech, aprovecha bacterias modificadas genéticamente para convertir el CO_2 residual de la producción siderúrgica en productos químicos industriales de amplio uso. Este tipo de biología sintética está ayudando a construir una economía circular más sostenible.[34] La próxima generación de impresoras de ADN producirá estas moléculas con un grado de precisión cada vez mayor. Si se consigue mejorar no solo la expresión de ese ADN, sino también su uso para diseñar genéticamente una amplia gama de nuevos organismos, lo que automatizaría y ampliaría los procesos, un dispositivo o conjunto de dispositivos podría, en teoría, producir una enorme variedad de materiales y construcciones biológicas utilizando solo unos pocos datos básicos. ¿Quieres fabricar detergente, un juguete nuevo o incluso una casa? Solo necesitas descargar las instrucciones y hacer clic en «Aceptar». En palabras de Elliot Hershberg, ¿qué pasaría si pudiéramos cultivar lo que quisiéramos nosotros mismos, o si nuestra cadena de suministro fuera pura biología?[35]

Con el tiempo, los ordenadores también podrían cultivarse, además de fabricarse. Recordemos que el ADN es en sí mismo el mecanismo de almacenamiento de datos más eficiente que conocemos, capaz de acumular datos a una densidad millones de veces mayor que la de las técnicas computacionales actuales con una fidelidad y estabilidad casi perfectas. En teoría, todos los datos del mundo podrían almacenarse en tan solo un kilogramo de ADN.[36] Una versión biológica del transistor llamada «transcriptor» utiliza moléculas de ADN y ARN para que actúen como puertas lógicas. Aún queda mucho camino por recorrer antes de que todo esto pueda aprovecharse. Sin embargo, todas las partes funcionales de un ordenador, es decir, el almacenamiento de datos, la transmisión de información y un sistema lógico básico, pueden reproducirse, en principio, empleando materiales biológicos.

Los organismos diseñados genéticamente ya representan el 2 por ciento de la economía estadounidense a través de los usos agrícolas y farmacéuticos, y esto no es más que el principio. La empresa global McKinsey estima que, en última instancia, hasta el 60 por ciento de los insumos físicos de la economía podrían ser objeto de la «bioinnovación».[37] El 45 por ciento de la carga mundial de morbilidad podría resolverse con «ciencia que a día de hoy es concebible». A medida que el conjunto de herramientas se abarata y se vuelve más avanzado, un universo de posibilidades se convierte en objeto de exploración.

LA INTELIGENCIA ARTIFICIAL EN LA ERA DE LA VIDA SINTÉTICA

Las proteínas son los componentes básicos de la vida. Los músculos, la sangre, las hormonas, el cabello y el 75 por ciento del peso corporal seco son proteínas. Están por todas partes, en todas las formas imaginables, y realizan una miríada de tareas vitales diferentes, desde las cuerdas que mantienen unidos los huesos hasta los ganchos de los anticuerpos utilizados para atrapar a los visitantes no deseados. Entender las proteínas implica un gran paso adelante en la comprensión y el dominio de la biología.

Sin embargo, hay un problema. No basta con conocer la secuencia del ADN para saber cómo funciona una proteína, sino que hay que entender cómo se pliega. Su forma, que está constituida por ese plegamiento anudado, es fundamental para su función, por eso el colágeno de nuestros tendones tiene una estructura similar a una cuerda, mientras que las enzimas cuentan con bolsas para alojar las moléculas sobre las que actúan. Aun así, no hay forma de saber cómo ocurre eso. Si se utilizara el método tradicional de cálculo por fuerza bruta, que consiste en probar de manera sistemática todas las posibilidades, se tardaría más que la edad del universo conocido en recorrer todos los modos posibles de una proteína determinada.[38] Averiguar cómo se pliega una proteína era, por tanto, un proceso arduo que frenaba el desarrollo de cualquier cosa, desde alfombras hasta enzimas que consumen plástico.

Los científicos llevaban décadas preguntándose si existe un método mejor. En 1993, decidieron organizar un concurso bianual, la Evaluación Crítica de Técnicas de Predicción de Estructuras Proteicas (CASP, por sus siglas en inglés), para ver quién podría resolver el problema del plegamiento de las proteínas. El ganador sería aquel que diera las mejores predicciones sobre cómo podría plegarse una proteína. El CASP pronto se convirtió en el punto de referencia de un campo de feroz competición pero muy unido. El progreso era constante, pero sin final a la vista.

Entonces, en el CASP13 de 2018, celebrado en un complejo turístico rodeado de palmeras en Cancún, participó un grupo totalmente ajeno a la competición, con ningún historial, pero que sin embargo venció a noventa y ocho equipos establecidos. El equipo ganador fue el de DeepMind. Su proyecto, denominado AlphaFold, había surgido durante un hackathon experimental de una semana en mi grupo de la empresa en 2016, que creció hasta convertirse en un hito de la biología computacional y es un ejemplo perfecto de cómo la inteligencia artificial y la biotecnología avanzan a gran velocidad.

Mientras que el segundo clasificado, el prestigioso grupo Zhang, solo pudo predecir tres estructuras proteicas de los cuarenta y tres objetivos más difíciles, nuestro equipo ganador predijo veinticinco, mucho más rápido que sus rivales y en cuestión de horas. De alguna manera, en esta competición tan consolidada, poblada por profesionales muy inteligentes, nuestro comodín había triunfado y había sorprendido a todos. Mohammed AlQuraishi, un conocido investigador en la materia, se quedó anonadado ante lo que acababa de pasar.[39]

Nuestro equipo utilizó profundas redes neuronales generativas para predecir cómo podrían plegarse las proteínas basándose en su ADN, y se entrenaba en un conjunto de proteínas conocidas y a partir de ahí extrapolaba las conclusiones a otros casos. Los nuevos modelos eran más capaces de adivinar la distancia y los ángulos de los pares de aminoácidos. No fueron los conocimientos farmacéuticos, ni las técnicas tradicionales como la criomicroscopía electrónica, ni siquiera los métodos algorítmicos convencionales los que resolvieron el problema. La clave fue la experiencia y la capacidad en aprendizaje automático en inteligencia artificial. Esta última disciplina se había unido a la biología de forma decisiva.

Dos años después, nuestro equipo estaba de vuelta. Los titulares ya lo anunciaban: «Por fin se ha resuelto uno de los mayores problemas de la biología», escribía el periódico estadounidense *Scientific American*.[40] Un universo de proteínas hasta entonces oculto se había desvelado a una velocidad pasmosa. El sistema era tan bueno que el CASP, al igual que ImageNet, dejó de celebrarse. Durante medio siglo había sido uno de los grandes retos de la ciencia y, de repente, se tachó de la lista.

En 2022, AlphaFold2 se abrió al uso público. El resultado ha sido una explosión de las herramientas de aprendizaje automático más avanzadas del mundo desplegadas en la investigación biológica fundamental y aplicada; un «terremoto», en palabras de un investigador.[41] Más de un millón de científicos accedieron a la herramienta en los dieciocho meses posteriores a su lanzamiento —entre ellos casi todos los laboratorios de biología más importantes del mundo— para abordar cuestiones que van desde la resistencia a los antibióticos hasta el tratamiento de enfermedades poco frecuentes o los orígenes de la vida misma. Mientras que experimentos anteriores habían aportado la estructura de unas ciento noventa mil proteínas a la base de datos del Instituto Europeo de Bioinformática —lo que representa alrededor del 0,1 por ciento de las proteínas conocidas existentes—, Deep-Mind subió unos doscientos millones de estructuras de una sola vez, lo que equivale a casi todas las proteínas conocidas.[42] Si antes los investigadores podían tardar semanas o meses en determinar la forma y la función de una proteína, ahora ese proceso puede iniciarse en cuestión de segundos. Esto es lo que entendemos por cambio exponencial, y es lo que la ola que viene hace posible.

No obstante, esto es solo el principio de la convergencia de estas dos tecnologías. La biorrevolución está coevolucionando con los avances de la inteligencia artificial y, de hecho, muchos de los fenómenos analizados en este capítulo dependerán de esta tecnología para su realización. Pensemos, pues, en dos olas que se unen en una sola y pasan a ser una superola. De hecho, según se mire, la inteligencia artificial y la biología sintética son casi intercambiables. Hasta la fecha, toda la inteligencia ha surgido de la vida. Si pasan a llamarse inteligencia sintética o vida artificial seguirán significando lo mismo; en ambos casos se trata de recrear y diseñar estos conceptos fundamentales e interrelacionados, dos atributos centrales de la humanidad. Además, si cambiamos el punto de vista, se convierten en un único proyecto.

Fíjate, por ejemplo, en el aprendizaje automático, que parece hecho a medida para la biología. La enorme complejidad de la biología abre enormes cantidades de datos, como todas esas proteínas, que son casi imposibles de analizar con las técnicas tradicionales, y de ahí que una nueva generación de herramientas se haya vuelto indispensable. Hay equipos trabajando en productos que generarán nuevas secuencias de ADN utilizando únicamente instrucciones en lenguaje natural. Los modelos transformadores están aprendiendo el lenguaje de la biología y de la química, y redescubren relaciones y significados en secuencias largas y complejas que son ilegibles para la mente humana. Estos grandes modelos de lenguaje afinados con datos bioquímicos son ahora capaces de generar candidatos plausibles para nuevas moléculas y proteínas, secuencias de ADN y ARN. Tratan de predecir la estructura, la función o las propiedades de reacción de compuestos en simulaciones antes de ser verificados más tarde en un laboratorio. El abanico de aplicaciones posibles y la velocidad a la que pueden explorarse no hacen sino acelerarse.

Algunos científicos están empezando a explorar formas de conectar mentes humanas directamente a sistemas informáticos. En 2018, unos electrodos implantados en el cerebro a través de cirugía permitieron que un hombre que padecía ELA en fase avanzada y estaba paralizado por completo pudiera deletrear las palabras «Amo a mi maravilloso hijo».[43] Por su parte, compañías como Neuralink trabajan en una tecnología de interconexión cerebral que promete conectarnos con las máquinas de manera directa. En 2021 la empresa insertó en el cerebro de un cerdo tres mil electrodos en forma de filamento, más finos que un cabello humano, que monitorizan la actividad neuronal. Pronto esperan comenzar los ensayos en personas de su implante cerebral N1, mientras que otra empresa, Synchron, ya ha iniciado ensayos en humanos en Australia. Científicos de una startup llamada Cortical Labs incluso han cultivado una especie de cerebro (un montón de neuronas *in vitro*) en una cuba y le han enseñado a jugar al videojuego *Pong*.[44] Es probable que no pase mucho tiempo antes de que los «cordones» neuronales fabricados con nanotubos de carbono nos conecten directamente al mundo digital.

¿Qué ocurrirá cuando una mente humana tenga acceso instantáneo a la computación y la información a la escala de internet y la nube? Es casi imposible de imaginar, pero los investigadores ya están en las primeras fases de hacerlo realidad. Como tecnologías centrales de uso general de la ola que viene, la inteligencia artificial y la biología sintética ya están entrelazadas en un bucle de retroalimentación en espiral en el que se potencian entre ellas. Mientras que la pandemia dio a la biotecnología un enorme impulso de concienciación, el impacto total de la biología sintética, tanto las posibilidades como los riesgos, apenas ha empezado a calar en la imaginación popular.

Bienvenido a la era de las biomáquinas y los bioordenadores, en la que las cadenas de ADN realizan cálculos y las células artificiales se ponen a trabajar; en la que las máquinas cobran vida. Bienvenido a la era de la vida sintética.

6

La ola más amplia

Las olas tecnológicas abarcan más que una o dos tecnologías de uso general. Son conjuntos de tecnologías que llegan más o menos al mismo tiempo y que, a pesar de estar ancladas en una o más tecnologías de uso general, se extienden mucho más allá.

Las tecnologías de uso general son aceleradores. La innovación genera innovación. Las olas asientan las bases para una mayor experimentación científica y tecnológica, y abren puertas de posibilidades que, a su vez, dan lugar a nuevas herramientas y técnicas, nuevas áreas de investigación o nuevos aspectos de la propia tecnología. Las empresas se forman con ellas y en torno a ellas, atraen inversiones, impulsan las nuevas tecnologías hacia nichos grandes y pequeños y las adaptan a miles de propósitos diferentes. Las olas son tan inmensas e históricas precisamente por esa complejidad proteica, esa tendencia a proliferar y a desbordarse.

Las tecnologías no se desarrollan ni operan en esclusas, aisladas unas de otras, y menos aún las tecnologías de uso general, sino que más bien se desarrollan en bucles amplificadores ondulantes. Donde hay una tecnología de uso general, también hay otras tecnologías que se desarrollan en constante diálogo, estimuladas por ella. Por tanto, si consideramos las olas, está claro que no se trata solo de una máquina de vapor, de un ordenador personal o de la biología sintética, por muy importantes que sean, sino también del vasto nexo con otras tecnologías y otras aplicaciones que las acompañan. Hablamos de todos los productos generados en fábricas de vapor, las personas que viajan en trenes de vapor, las empresas de software y, más adelante, todo lo demás que depende de la informática.

La biotecnología y la inteligencia artificial están en el centro, pero a su alrededor se extiende un manto de otras tecnologías transformadoras. Cada una de ellas tiene una importancia inmensa por sí misma, pero esta se acentúa cuando se observa la tecnología a través de la lente del potencial de polinización cruzada de la ola mayor. Dentro de veinte años habrá otras muchas tecnologías que irrumpirán al mismo tiempo. En este capítulo examinaremos algunos ejemplos clave que conforman esta ola más amplia.

Empezaremos por la robótica o, como a mí me gusta llamarla, la manifestación física de la inteligencia artificial, el cuerpo. Su impacto ya se nota en algunas de las industrias más punteras del planeta, pero también en las más antiguas. Pongamos la mirada en la granja automatizada.

LA ROBÓTICA ALCANZA LA MAYORÍA DE EDAD

En 1837 había un herrero llamado John Deere que trabajaba en Grand Detour, en Illinois, Estados Unidos, el país de las praderas, con su densa tierra negra y sus amplios espacios abiertos. Tenía potencial como una de las tierras más fértiles del mundo, ideal para los cultivos pero muy difícil de arar.

Un día, Deere vio una sierra de acero rota en un molino. Como el acero escaseaba, se llevó el hallazgo a casa y transformó la hoja en un arado que, al ser fuerte y liso, era el material perfecto para arar la densa y húmeda tierra. Aunque otros habían visto el acero como alternativa a los arados de hierro, más toscos, el avance de Deere consistió en aumentar la producción en masa. Al poco tiempo, agricultores de la región estadounidense del Medio Oeste acudieron en tropel a su taller. Su invento abrió las praderas a una avalancha de colonos. Esta región de Estados Unidos se convirtió en el granero del mundo, y, John Deere, en sinónimo de agricultura. Se inició así una revolución tecnogeográfica.

La empresa John Deere sigue fabricando tecnología agrícola en la actualidad. Es posible que estés pensando en tractores, aspersores y cosechadoras, y, si bien es cierto que elabora todas esas herramientas, la empresa produce cada vez más robots. En opinión de John Deere, el futuro de la agricultura pasa por tractores y cosechadoras autónomos que funcionen por sí mismos, sigan las coordenadas GPS de un campo y utilicen una serie de sensores para realizar cambios automáticos y en tiempo real en la cosecha y así maximizar el rendimiento y minimizar los residuos. La empresa produce robots capaces de plantar, cuidar y cosechar cultivos con un nivel de precisión y nivel de detalle para el ser humano. Todo, desde la tierra hasta las condiciones meteorológicas, se tiene en cuenta en un conjunto de máquinas que pronto realizarán gran parte del trabajo. En una época de inflación de los precios de los alimentos y de aumento de la población, está claro el valor que todo esto tendrá.

Los robots agrícolas no solo van a llegar, sino que ya están aquí. Desde los drones que vigilan el ganado hasta las plataformas de riego de precisión, pasando por los pequeños robots móviles que patrullan las grandes explotaciones de interior; desde la siembra hasta la cosecha, desde la recolección hasta el paletizado, desde el riego de los tomates hasta el seguimiento y el pastoreo del ganado, la realidad de los alimentos que comemos hoy es que proceden cada vez más de un mundo de robots, impulsados por la inteligencia artificial, que están desplegándose y ampliándose.

La mayoría de estos robots no se parecen a los androides de las tradicionales historias de ciencia ficción, sino máquinas agrícolas como las demás. En cualquier caso, muchos de nosotros no pasamos demasiado tiempo en granjas. Pero al igual que el arado de John Deere transformó en su día el negocio de la agricultura, estos nuevos inventos basados en robots están modificando la forma en la que los alimentos nos llegan a la mesa. No es una revolución que estemos bien preparados para reconocer, pero ya está en marcha.

Los robots han evolucionado sobre todo como herramientas unidimensionales o máquinas capaces de realizar tareas únicas en una línea de producción con rapidez y precisión, lo que supone un gran aumento to de la productividad para los fabricantes, pero que queda muy lejos de las visiones de la década de 1960 al estilo Jetsons sobre tímidos ayudantes androides.

Al igual que ocurrió con la inteligencia artificial, la robótica resultó mucho más difícil en la práctica de lo que los primeros ingenieros suponían. El mundo real es un entorno extraño, desigual, inesperado y desestructurado, muy sensible a factores como la presión, pues coger un huevo, una manzana, un ladrillo, un niño y un plato de sopa requiere una destreza, una sensibilidad, una fuerza y un equilibrio extraordinarios. Un entorno como una cocina o un taller está desordenado, lleno de objetos peligrosos, de manchas de aceite y de múltiples herramientas y materiales diferentes. Es la pesadilla de un robot.

Sin embargo, sobre todo fuera de la esfera pública, los robots han ido aprendiendo en silencio sobre la torsión, la resistencia a la tracción, la física de la manipulación, la precisión, la presión y la adaptación. Basta con echar un vistazo a cualquier planta de fabricación de automóviles: si buscamos un ejemplo en YouTube, veremos que se trata de un baile definido e interminable de brazos robóticos y manipuladores construyendo un coche sin interrupciones. El «primer robot móvil totalmente autónomo» de Amazon, llamado Proteus, puede recorrer los almacenes en grandes flotas recogiendo paquetes.[1] Al estar equipado con una «tecnología avanzada de seguridad, percepción y navegación», logra hacerlo con toda comodidad junto con los humanos. Otro robot de Amazon, el Sparrow, es el primero que puede «detectar, seleccionar y manipular productos individuales en [su] inventario».[2]

No es difícil imaginarse a estos robots trabajando en almacenes y en fábricas, entornos que son relativamente estáticos. Sin embargo, pronto estarán cada vez más presentes en restaurantes, bares, residencias de ancianos y escuelas. Los robots ya realizan operaciones quirúrgicas complejas, junto con humanos, pero también son capaces de hacerlo de forma autónoma en cerdos (por ahora).[3] Estos usos son solo el principio de un despliegue mucho más generalizado de la robótica.

En la actualidad, los programadores humanos siguen controlando a menudo cada detalle de su actividad, cosa que hace que el coste de integración en un nuevo entorno sea prohibitivo. Aun así, como hemos visto en tantas otras aplicaciones del aprendizaje automático, cuando una inteligencia artificial que empieza teniendo una estrecha supervisión humana acaba aprendiendo a hacer mejor la tarea por sí misma, con el tiempo, termina generalizándose a nuevos entornos.

La división de investigación de Google está construyendo robots que podrían, como se soñaba en la década de 1950, realizar tareas domésticas y trabajos básicos, desde apilar platos hasta ordenar sillas en salas de reuniones. Se trata de una flota de cien robots capaces de clasificar la basura y limpiar mesas.[4] El aprendizaje por refuerzo ayuda a que la pinza de la que están dotados pueda coger tazas y abrir puertas, el tipo de acciones —que a un niño pequeño no le supondrían un esfuerzo— que han irritado a los expertos en robótica durante décadas. Esta nueva generación de robots puede realizar actividades generales respondiendo a órdenes de voz en lenguaje natural.

Otro campo en auge es la capacidad de los robots para formar enjambres, lo que amplifica en gran medida las capacidades posibles de cualquier robot individual y lo convierte en una mente-colmena. Algunos ejemplos son los Kilobots en miniatura del Instituto Wyss de Harvard, un enjambre de mil robots que trabajan de manera colectiva y se ensamblan con formas tomadas de la naturaleza. Estos dispositivos podrían utilizarse en tareas difíciles y distribuidas, como detener la erosión de la tierra y otras mediaciones medioambientales, en la agricultura, en operaciones de búsqueda y rescate o en todo el campo de la construcción y la inspección. Imagínate un enjambre de robots constructores levantando un puente en minutos o un gran edificio en horas, u ocupándose de enormes granjas de gran productividad las veinticuatro horas del día, siete días a la semana, o limpiando un vertido de petróleo. Ante la amenaza que se cierne sobre las poblaciones de abejas melíferas, Walmart ha presentado una patente para que las abejas robot colaboren en la polinización cruzada de los cultivos de forma autónoma.[5] Todas las promesas (y peligros) de la robótica se ven amplificados por su capacidad para coordinarse en grupos de tamaño ilimitado, en una suerte de coreografía intrincada y autónoma que reajustará las reglas de lo que es posible, de dónde y en qué plazo.

Los robots actuales no suelen parecerse a los robots humanoides de la imaginación popular. Pensemos en el fenómeno de la impresión 3D o la fabricación aditiva, una técnica que utiliza ensambladores robóticos para construir cualquier cosa por capas, desde minúsculas piezas de máquinas hasta bloques de apartamentos. Robots gigantes que rocían hormigón pueden construir viviendas en cuestión de días por una mínima parte de lo que hubiera costado la construcción tradicional.

Asimismo, los robots pueden operar con precisión en una gama mucho más amplia de entornos durante periodos mucho más largos que los humanos. Su vigilancia y diligencia no tienen límites. Si se conectan entre ellos, las proezas que logren realizar redefinirán por completo las reglas de la acción. Creo que estamos llegando a un punto en el que la inteligencia artificial está empujando a los robots hacia su promesa original, la de ser máquinas capaces de reproducir todas las acciones físicas de un ser humano, y mucho más. A medida que se abaraten los costes (el precio de un brazo robótico ha bajado un 46 por ciento en cinco años y se sigue reduciendo), se equipen con baterías potentes, se simplifiquen y sean fáciles de reparar, se generalizarán, lo que implica que intervendrán en situaciones inusuales, extremas y delicadas.[6] Los signos del cambio ya son visibles, si se sabe dónde mirar.

Un día se hizo realidad la peor pesadilla del cuerpo policial. Un francotirador con entrenamiento militar se había introducido en el segundo piso de un colegio universitario de Dallas, en Texas, Estados Unidos. Luego, tras ignorar una protesta pacífica, había empezado a disparar a agentes de policía. Después de cuarenta y cinco minutos, dos habían muerto y otros tantos estaban heridos, aunque más tarde se supo que habían sido cinco los policías fallecidos y siete los heridos. El incidente se convirtió en el más mortífero para las fuerzas del orden estadounidenses desde el 11-S. El atacante se burló de los agentes, reía, cantaba y disparaba con una precisión escalofriante. Las tensas negociaciones, de más de dos horas, no parecían llevar a ninguna parte. La policía estaba inmovilizada, y se desconocía cuántos más morirían intentando resolver la situación.

Entonces, al equipo SWAT se le ocurrió una idea. El departamento de policía disponía de un robot desactivador de bombas, el Remotec Andros Mark 5A-1, fabricado por Northrop Grumman y valorado en ciento cincuenta mil dólares.[7] En quince minutos urdieron un plan para atar una gran masa de explosivo C-4 al brazo del robot e introducirlo en el edificio con la intención de incapacitar al hombre armado, y el jefe de policía David Brown aprobó el plan con rapidez. El robot atravesó el edificio y colocó el explosivo en una habitación contigua, junto a una pared detrás de la cual se encontraba el asaltante. La bomba detonó, derribó la pared y mató al tirador. Se trató de la primera vez que un robot había utilizado la fuerza letal selectiva en Estados Unidos. En Dallas, puso fin a un suceso horrible.

Sin embargo, algunos se quedaron consternados. No era necesario insistir en el preocupante potencial de los robots policiales letales. Volveremos sobre las implicaciones de todo esto en la tercera parte, pero aquí cabe mencionar que lo que este incidente puso de manifiesto fue sobre todo cómo los robots se están abriendo paso poco a poco en la sociedad. Están a punto de desempeñar un papel mucho más importante en la vida cotidiana que hasta ahora. Desde las crisis mortales hasta el silencioso zumbido de un centro logístico, desde una bulliciosa fábrica hasta una residencia de ancianos, los robots ya han llegado.

Los sistemas de inteligencia artificial son productos de bits y código que existen dentro de simulaciones y servidores. Los robots son su puente, su interfaz con el mundo real. Si la inteligencia artificial representa la automatización de la información, la robótica es la automatización de lo material, las manifestaciones físicas de la inteligencia artificial; un cambio radical en lo que es posible hacer. El dominio de los bits cierra el círculo, al reconfigurar directamente los átomos, al reescribir los límites no solo de lo que puede pensarse, decirse o calcularse, sino de lo que puede construirse en el sentido físico más tangible. Y sin embargo, lo más notable de la ola que viene es que este tipo de manipulación atómica contundente no es nada comparado con lo que se vislumbra en el horizonte.

LA SUPREMACÍA CUÁNTICA

En 2019 Google anunció que había alcanzado la «supremacía cuántica».[8] Los investigadores habían construido un ordenador cuántico que utilizaba las peculiares propiedades del mundo subatómico. A una temperatura inferior a la de las partes más frías del espacio exterior, la máquina de Google utilizó una comprensión de la mecánica cuántica para acabar un cálculo en segundos que, según dijeron, un ordenador convencional hubiera tardado diez mil años en solucionar.[9] Tenía solo cincuenta y tres cúbits, o bits cuánticos, que son las unidades básicas de la computación cuántica. Para almacenar información equivalente en un ordenador clásico se necesitarían setenta y dos mil millones de gigabytes de memoria.[10] Ese fue un momento clave para los ordenadores cuánticos. A partir de unos fundamentos teóricos que se remontan a la década de 1980, la informática cuántica ha tardado solo cuarenta años en pasar de ser hipotética a ser un prototipo funcional.

Aunque todavía se trata de una tecnología incipiente, cuando la computación cuántica se materialice tendrá enormes implicaciones. Su principal atractivo es que cada cúbit adicional duplica la potencia de cálculo total de una máquina, por lo que, si se añaden cúbits, la potencia aumenta de manera exponencial.[11] De hecho, un número relativamente pequeño de partículas podría tener más potencia de cálculo que si todo el universo se convirtiera en un ordenador clásico.[12] Se trata del equivalente computacional de pasar de una película plana en blanco y negro a todo el color y las tres dimensiones, lo que desata un mundo de posibilidades algorítmicas.

La computación cuántica tiene implicaciones de gran alcance. Por ejemplo, la criptografía, que constituye la base de todo, desde la seguridad del correo electrónico hasta las criptomonedas, estaría de repente en peligro, en un acontecimiento inminente que los expertos llaman el «Día Q». La criptografía se fundamenta en el supuesto de que un atacante nunca tendrá suficiente potencia de cálculo para probar todas las combinaciones necesarias a fin de romperla y desbloquear el acceso. Con la computación cuántica eso cambia. Un despliegue rápido e incontrolado de esta tecnología podría tener implicaciones catastróficas para las comunicaciones bancarias o gubernamentales. En ambos casos ya se están gastando miles de millones para evitarlo.

Aunque gran parte del debate sobre este campo se ha centrado en sus peligros, la informática cuántica también promete enormes beneficios, como la posibilidad de explorar los límites de las matemáticas y la física de partículas. Investigadores de Microsoft y Ford utilizaron métodos cuánticos incipientes para modelizar el tráfico de Seattle y encontrar mejores formas de circular en hora punta, dirigir y hacer fluir el tráfico por rutas óptimas, lo que representa un problema matemático de sorprendente dificultad.[13] En teoría, cualquier problema de optimización podría acelerarse en gran medida, casi cualquier cosa que implique minimizar costes en circunstancias complejas, ya sea cargar un camión de forma eficiente, ya sea gestionar una economía nacional.

Sin duda, la mayor promesa a corto plazo de esta tecnología es el modelado de reacciones químicas y la interacción de moléculas con un nivel de detalle que hasta ahora era imposible, lo que podría permitirnos comprender el cerebro humano o la ciencia de los materiales con una granularidad extraordinaria. Por primera vez, la química y la biología serán completamente legibles. El descubrimiento de nuevos compuestos farmacéuticos o productos químicos y materiales industriales, un proceso costoso y minucioso de arduo trabajo de laboratorio, podría acelerarse sobremanera y obtenerse a la primera. Nuevas baterías y fármacos serán más probables, eficaces y realizables. Lo molecular se vuelve programable, tan flexible y manipulable como un código.

Dicho de otra forma: la computación cuántica es otra tecnología fundacional que aún se encuentra en una fase muy temprana de desarrollo, aún lejos de alcanzar esos momentos críticos de reducción de costes y proliferación generalizada, por no hablar de los avances técnicos que la harán del todo viable. Pero, al igual que ocurre con la inteligencia artificial y la biología sintética, aunque en una fase más temprana, parece encontrarse en un punto en el que la financiación y los conocimientos aumentan, los avances en los retos fundamentales crecen y se vislumbra toda una serie de usos valiosos. Del mismo modo que la inteligencia artificial y la biotecnología, la computación cuántica ayuda a acelerar otros elementos de la ola. Aun así, ni siquiera el alucinante mundo cuántico es el límite.

LA PRÓXIMA TRANSICIÓN ENERGÉTICA

La energía compite con la inteligencia y la vida en cuanto a su importancia fundamental, pues la civilización moderna depende de grandes cantidades de energía. De hecho, si quisiéramos escribir la ecuación más elemental posible para nuestro mundo, sería algo así:

$$(vida + inteligencia) \times energía = civilización\ moderna$$

Si se aumentan todos o alguno de estos factores (por no hablar de si se baja su coste marginal hasta cero), se obtiene un cambio radical en la naturaleza de la sociedad.

En la era de los combustibles fósiles no era posible ni deseable un crecimiento interminable del consumo de energía y, sin embargo, mientras el boom duró, el desarrollo de casi todo lo que damos por sentado, desde la comida barata hasta el transporte sin esfuerzo, dependía de ello. Ahora, un gran impulso de energía barata y limpia tiene implicaciones para todo, desde el transporte hasta los edificios, por no mencionar la colosal potencia que se necesita para hacer funcionar los centros de datos y la robótica que serán el núcleo de las próximas décadas. En la actualidad, la energía, tan cara y sucia como suele ser, limita el ritmo de progreso de la tecnología, pero no será así por mucho tiempo.

Para 2027, las energías renovables se convertirán en la mayor fuente de generación de electricidad, un cambio que se está produciendo a un ritmo sin precedentes, pues en los próximos cinco años se añadirá más capacidad renovable que en las dos décadas anteriores juntas.[14] La energía solar, en particular, está experimentando un rápido crecimiento y una caída significativa de los costes. En 2000, costaba poco menos que 4,88 dólares por vatio, pero en 2019 el precio cayó hasta los 0,38 dólares.[15] La energía no solo es cada vez más barata, sino que está más distribuida y es posible localizarla, desde dispositivos específicos hasta comunidades enteras.

Detrás de todo esto se oculta el gigante latente de la energía limpia, esta vez inspirado, si no directamente alimentado, por el Sol. Se trata de la fusión nuclear. La energía de fusión consiste en la liberación de energía cuando isótopos de hidrógeno colisionan y se fusionan para formar helio, un proceso considerado durante mucho tiempo el Santo Grial de la producción de energía. Los primeros pioneros, en la década de 1950, predijeron que se tardaría una década en desarrollarlo. Como es el caso de muchas de las tecnologías aquí descritas, fue una subestimación significativa.

Sin embargo, los últimos avances han renovado la esperanza. Los investigadores de reactor de fusión Joint European Torus, a las afueras de Oxford, en el Reino Unido, lograron una potencia récord, el doble de la registrada en 1997. En el proyecto National Ignition Facility de Livermore, California, los científicos han estado trabajando en un método conocido como «confinamiento inercial», que consiste en comprimir con láser gránulos de material rico en hidrógeno y calentarlos a cien millones de grados para crear una reacción de fusión fugaz. En 2022, crearon una reacción que demostró por primera vez una ganancia neta de energía, que producía más energía de la que aportaban los láseres, un hito fundamental. Con un importante flujo de capital privado hacia al menos treinta startups que trabajan en la fusión junto con importantes colaboraciones internacionales, los científicos hablan ya de cuándo llegará la fusión y no de si llegará.[16] Puede que aún falte una década o más, pero el futuro de esta fuente de energía limpia y prácticamente ilimitada parece cada vez más real.

La energía solar y la de fusión ofrecen la promesa de inmensas redes de energía centralizadas y descentralizadas, cuyas implicaciones exploraremos en la tercera parte. Nos encontramos en un momento realmente optimista: si sumamos la energía eólica, la hidráulica y las tecnologías de batería mejorada, tenemos ante nosotros una mezcla que puede alimentar de forma sostenible las múltiples exigencias de la vida actual y futura, y respaldar todo el potencial de la ola.

LA OLA MÁS ALLÁ DE LA OLA

Estas tecnologías dominarán las próximas décadas, pero ¿qué pasará con la segunda mitad del siglo XXI? ¿Qué llegará después de la ola que viene?

A medida que los componentes de la inteligencia artificial, como la biotecnología avanzada, la computación cuántica y la robótica, se combinen de nuevas formas, debemos prepararnos para avances como la nanotecnología avanzada, un concepto que lleva la precisión cada vez mayor de la tecnología a su conclusión lógica. ¿Y si los átomos pudieran manipularse por separado en lugar de en masa? Sería la apoteosis de la relación entre los bits y los átomos. La visión definitiva de la nanotecnología es aquella en la que los átomos se vuelven bloques de construcción controlables que sean capaces de construir casi cualquier cosa de forma automática.

Los retos prácticos son inmensos, pero son objeto de una investigación cada vez más intensa. Un equipo de la Universidad de Oxford, por ejemplo, creó un ensamblador autorreplicante que apunta a las versiones multifuncionales imaginadas por los pioneros de la nanotecnología, es decir, a dispositivos capaces de modificarse y recombinarse sin cesar a escala atómica.

Las nanomáquinas funcionarían a velocidades muy superiores a las de nuestra escala y producirían resultados extraordinarios. Un nanomotor a escala atómica, por ejemplo, podría girar cuarenta y ocho mil millones de veces por minuto. A mayor escala, podría hacer funcionar un Tesla con un material equivalente en volumen a unos doce granos de arena.[17] Ese será un mundo de estructuras de gasa hechas de diamante, trajes espaciales que se adhieren al cuerpo y lo protegen en todos los entornos, un mundo en el que los compiladores pueden crear cualquier cosa a partir de una materia prima básica. Un mundo, en definitiva, en el que cualquier objeto puede convertirse en cualquier cosa con la manipulación atómica adecuada. El sueño del universo físico transformado en una plataforma completamente maleable, en un juguete de pequeños nanobots diestros o de replicadores sin esfuerzo, sigue siendo, como la superinteligencia, terreno de la ciencia ficción. Se trata de una tecnofantasía que queda a muchas décadas de distancia, pero que se irá perfilando a medida que se desarrolle la ola que viene.

En esencia, la ola que viene es una historia sobre la proliferación del poder. Si la última ola redujo los costes de la difusión de la información, la que viene reduce el coste de pasar a la acción, lo que dará lugar a tecnologías que van de la secuenciación a la síntesis, de la lectura a la escritura, de la edición a la creación, de la imitación de conversaciones a la moderación. Es en esto en lo que se diferencia desde una perspectiva cualitativa de todas las olas anteriores, incluidas todas las grandes afirmaciones que se hicieron sobre el poder transformador de internet. El tipo de poder que nos ocupa es aún más difícil de centralizar y supervisar, por lo que esta ola no es solo una profundización y una aceleración de la pauta histórica de entonces, sino también una abrupta ruptura.

No todo el mundo coincide en que estas tecnologías estén tan afianzadas o sean tan importantes como yo creo. Dada la notable incertidumbre que existe en torno a ellas, el escepticismo y la aversión al pesimismo son reacciones razonables. Cada una está sujeta a un círculo vicioso de exageración, cada una tiene un desarrollo y una recepción inciertos, cada una está rodeada de retos tanto técnicos como éticos y sociales, y ninguna está completa. No cabe duda de que habrá contratiempos, y muchos de los perjuicios, e incluso beneficios, siguen sin estar claros.

Aun así, cada día son más concretas, más capaces y están más desarrolladas. Cada vez son más accesibles y potentes. Estamos llegando al punto de inflexión de lo que, en escalas de tiempo geológicas o de la evolución humana, es una explosión tecnológica que se despliega en oleadas sucesivas, un ciclo de innovación compuesto y acelerado que se hace cada vez más rápido y más impactante, que primero llegaba en un periodo de miles de años, luego de cientos y, ahora, en uno solo o incluso en meses. Si vemos estas tecnologías en el contexto de los comunicados de prensa y los artículos de opinión, o al ritmo de las redes sociales, puede que parezcan exageraciones y palabrería, pero si las consideramos a largo plazo, su verdadero potencial se hace evidente.

Sin duda, la humanidad ya ha experimentado cambios tecnológicos épicos como parte de ese proceso. Sin embargo, para entender los desafíos únicos que presenta la ola que viene —tan solo por qué es tan difícil de contener y por qué su inmensa promesa debe equilibrarse con una sobria prudencia—, primero debemos desglosar sus características clave, algunas de las cuales no tienen precedentes históricos, mientras que todas ya se están sintiendo.

7

Cuatro rasgos de la ola que viene

Poco después de que Rusia iniciara la invasión de Ucrania, el 24 de febrero de 2022, los habitantes de la ciudad de Kiev supieron que estaban en una lucha por la supervivencia. Sobre la frontera con Bielorrusia se había ido acumulando durante meses una colosal concentración de tropas, blindados y material bélico rusos. Entonces, al comienzo de la invasión, las fuerzas rusas se prepararon para un gran empuje hacia lo que seguía siendo, en ese momento, su principal objetivo: capturar la capital de Ucrania y derrocar a su Gobierno.

La pieza central de esta inmensa concentración de fuerzas era una columna de camiones, tanques y artillería pesada de unos cuarenta kilómetros de largo, una ofensiva terrestre a una escala nunca vista en Europa desde la Segunda Guerra Mundial. Este ejército empezó a avanzar hacia la ciudad ucraniana. A simple vista, los ucranianos estaban totalmente en desventaja, y Kiev parecía encontrarse a días, tal vez horas, de caer.

Pero eso no sucedió. En su lugar, aquella noche una unidad de unos treinta soldados ucranianos con gafas de visión nocturna recorrió en quads los bosques que rodeaban la capital.[1] Desmontaron cerca del inicio de la columna y lanzaron drones equipados improvisadamente con pequeños explosivos, los cuales derribaron un puñado de vehículos que iban en cabeza que, al quedar inutilizados, obstruyeron la carretera central. Los campos circundantes estaban embarrados y eran intransitables. La columna, que se enfrentaba a un clima gélido y a unas líneas de suministro inciertas, se detuvo. Poco después, la misma pequeña unidad que dirigía los drones consiguió destruir una base de suministros esencial con la misma táctica, y de ese modo privaron al ejército ruso de combustible y alimentos.

A partir de ahí, la batalla de Kiev dio un giro. La mayor acumulación de músculo militar convencional de una generación fue humillada y enviada de vuelta a Bielorrusia sumida en una bochornosa confusión. La milicia ucraniana semiimprovisada, llamada Aerorozvidka, estaba formada por un grupo de voluntarios aficionados a los drones, ingenieros de software, consultores de gestión y soldados que habían diseñado, construido y modificado sus propios drones en tiempo real, como si se tratara de una startup. Gran parte de su equipo se consiguió mediante *crowdfunding* (financiamiento colectivo) y *crowdsourcing* (colaboración abierta a través de internet).

La resistencia ucraniana hizo un buen uso de las tecnologías de la ola que viene y demostró cómo pueden socavar un cálculo militar convencional. El internet por satélite de última generación Starlink, de la empresa SpaceX, fue esencial para mantener la conectividad. Un grupo de mil programadores e informáticos de élite no militares se unieron en una organización llamada Delta para aportar las capacidades avanzadas de la inteligencia artificial y de la robótica al ejército, y así utilizar el aprendizaje automático para identificar objetivos, vigilar las tácticas rusas e incluso sugerir estrategias.[2]

En los primeros días de la guerra, el ejército ucraniano carecía constantemente de munición. Cada golpe contaba, y la precisión era una cuestión de supervivencia. La capacidad de Delta para crear sistemas de aprendizaje automático que detectaran objetivos camuflados y ayudaran a guiar las municiones fue fundamental. Un misil de precisión en un ejército convencional cuesta cientos de miles de dólares, mientras que utilizando inteligencia artificial y drones comerciales, se ha probado algo similar en Ucrania por un coste de unos quince mil dólares con la ayuda de software personalizado y piezas impresas en 3D.[3] Junto con los esfuerzos iniciales de Aerorozvidka, Estados Unidos suministró a Ucrania cientos de municiones de merodeo Switchblade, unos drones que esperan alrededor de un objetivo hasta el momento óptimo para atacar.

Los drones y la inteligencia artificial desempeñaron un papel pequeño pero importante en los primeros días del conflicto en Ucrania, y con la ayuda de nuevas tecnologías de ese tipo, con un pronunciado potencial asimétrico, se cerró en parte la brecha con un agresor mucho mayor. Las fuerzas estadounidenses, británicas y europeas proporcionaron algo menos de cien mil millones de euros de ayuda militar en los primeros meses, entre la que hubo una enorme cantidad de potencia de fuego convencional, que tuvo sin duda un impacto decisivo.[4] Sin embargo, este no deja de ser un conflicto histórico porque ha demostrado lo rápido que una fuerza de combate con escasa formación puede reunirse y armarse a base de tecnologías relativamente asequibles que están disponibles en el mercado de consumo. Cuando la tecnología confiere una ventaja táctica y de costes como esa, es inevitable que prolifere y que sea adoptada por todos los bandos.

De esta manera, los drones nos permiten vislumbrar lo que nos depara el futuro de la guerra. Son una realidad con la que los planificadores y los combatientes lidian a diario. La verdadera pregunta es lo que eso significará para los conflictos cuando los costes de producción caigan otro orden de magnitud y las capacidades se multipliquen. Los ejércitos convencionales y los gobiernos ya están luchando para contenerlos. Lo que llegue después, sin embargo, será mucho más difícil de detener.

Como hemos visto en la primera parte, las tecnologías, desde las máquinas de rayos X hasta los AK-47, siempre han proliferado con amplias consecuencias. Aun así, la ola que viene se caracteriza por un conjunto de cuatro rasgos intrínsecos que agravan el problema de la contención. El primero de ellos es la lección principal de esta sección, el impacto de inmensa asimetría. No es necesario juntar lo semejante con lo semejante, la masa con la masa; en su lugar, las nuevas tecnologías crean vulnerabilidades y puntos de presión antes impensables contra potencias que parecían dominantes. En segundo lugar, se están desarrollando con rapidez, en una especie de hiperevolución, y se repiten, mejoran y se ramifican en nuevas áreas a una velocidad increíble. En tercer lugar, a menudo son multicanales, es decir, pueden utilizarse para muchos fines diferentes. Y, por último, cada vez tienen un grado de autonomía mayor que el de cualquier tecnología anterior.

Estas son las características que definen la ola. Comprenderlas es vital para identificar qué beneficios y riesgos se derivan de su creación, pues juntas elevan la contención y el control a un nuevo plano de dificultad y peligro.

LA ASIMETRÍA: UNA COLOSAL TRANSFERENCIA DE PODER

Las tecnologías emergentes siempre han creado nuevas amenazas, han redistribuido el poder y han eliminado las barreras de entrada. Gracias a los cañones, una pequeña fuerza podía destruir castillos y arrasar ejércitos. Unos pocos conquistadores con armas de fuego podían masacrar a miles de indígenas. Con la imprenta, un solo taller podía producir miles de panfletos y difundir ideas con una facilidad que los monjes medievales que copiaban libros a mano apenas podían imaginar. El vapor permitía a una sola fábrica hacer el trabajo de ciudades enteras. Internet, por su parte, llevó esta capacidad a un nuevo nivel: un solo tuit o una sola imagen podían recorrer el mundo en minutos o segundos; un solo algoritmo podía ayudar a una pequeña startup a convertirse en una enorme corporación que se extendiera por todo el planeta.

Ahora este efecto se ha agudizado de nuevo. La nueva ola de tecnología ha desbloqueado poderosas capacidades que son baratas, de fácil acceso y uso, escalables y orientadas a un objetivo concreto, algo que, sin duda, conlleva riesgos. No serán solo los soldados ucranianos los que utilicen drones armados, sino que cualquiera que lo desee podrá hacerlo. En palabras de la experta en seguridad Audrey Kurth Cronin, «nunca antes tantos habían tenido acceso a tecnologías tan avanzadas capaces de infligir muerte y caos».[5]

En las escaramuzas de las afueras de Kiev, los drones eran juguetes de aficionados. La empresa DJI, con sede en la ciudad china de Shenzhen, fabrica productos baratos y ampliamente accesibles, como su emblemático cuadricóptero con cámara Phantom, un dron tan bueno que ha sido utilizado por el ejército estadounidense y que cuesta poco menos de 1.399 dólares.[6] Si se combinan los avances en inteligencia artificial y autonomía, los vehículos aéreos no tripulados baratos pero eficaces y el nuevo desarrollo en áreas que van desde la robótica hasta la visión por ordenador, es posible obtener un armamento potente, preciso y cuyo rastreo puede llegar a ser imposible. Combatir los ataques es difícil y caro.[7] Por ejemplo, tanto estadounidenses como israelíes utilizan misiles Patriot, que tienen un coste de tres millones de dólares, para derribar drones que valen más o menos unos doscientos. Los inhibidores, los misiles y los drones de contraataque son aún incipientes y en muchos casos no siempre se han llegado a probar en combate.

Estos avances representan una colosal transferencia de poder de los estados y ejércitos tradicionales a cualquiera que tenga la capacidad y la motivación para desplegar tales dispositivos. No hay ninguna razón obvia por la que un solo operador que disponga de los medios suficientes no pueda controlar un enjambre de miles de drones.

Un solo programa de inteligencia artificial puede escribir tanto texto como el resto de la humanidad. Un único modelo de generación de imágenes de dos gigabytes que se ejecute en un ordenador portátil puede comprimir todas las imágenes de la web abierta en una herramienta que genere imágenes con una creatividad y precisión extraordinarias. Un solo experimento patógeno podría desencadenar una pandemia, un minúsculo acontecimiento molecular que tendría ramificaciones globales. Un ordenador cuántico viable podría hacer innecesaria toda la infraestructura mundial de cifrado. Las perspectivas de impacto asimétrico crecen por doquier, pero también aumentan en el sentido positivo, ya que los sistemas únicos también pueden aportar enormes beneficios.

Lo contrario de la acción asimétrica también es cierto. La propia escala e interconexión de la ola que viene crea nuevas vulnerabilidades sistémicas, pues un punto de fallo puede producirse en cascada con rapidez en todo el mundo. Cuanto menos localizada esté una tecnología, más difícil será contenerla, y viceversa. Consideremos los riesgos que entrañan los automóviles. Los accidentes de tráfico son tan antiguos como el tráfico, pero con el tiempo se han ido minimizando los daños. Todo ayudó, desde las señales viales hasta los cinturones de seguridad y los agentes que controlan el tránsito. Aunque el automóvil fue una de las tecnologías de más rápida proliferación y más globalizadas de la historia, los accidentes eran sucesos discontinuos y locales, cuyos daños finales estaban contenidos. Sin embargo, ahora una flota de vehículos podría estar conectada en una suerte de red, o un único sistema podría controlar vehículos autónomos en todo un territorio. Por muchas salvaguardias y protocolos de seguridad que existan, la escala del impacto es mucho mayor de lo que hemos conocido.

Así pues, la inteligencia artificial crea riesgos asimétricos que van más allá de los de un lote de comida en mal estado, un accidente de avión o un producto defectuoso, pues se extienden a sociedades enteras. Más que una herramienta contundente, se trata de una palanca con consecuencias globales. Igual que los mercados globalizados y con un alto grado de interconexión transmiten el contagio en una crisis financiera, así ocurre con la tecnología. La escala de la red hace que contener los daños, si se producen o cuando se produzcan, sea casi imposible. Los sistemas globales interconectados son auténticas pesadillas de contención, y ya vivimos en la era de estos sistemas. En la ola que viene, un solo eslabón, como un programa determinado o un cambio genético, puede alterarlo todo.

HIPEREVOLUCIÓN: LA ACELERACIÓN INFINITA

Si se quiere contener la tecnología, cabe esperar que se desarrolle a un ritmo manejable y dar a la sociedad tiempo y espacio para comprenderla y adaptarse a ella. Los coches vuelven a ser un buen ejemplo. Su desarrollo a lo largo del siglo pasado fue de una rapidez vertiginosa, pero también hubo tiempo para introducir todo tipo de normas de seguridad. Siempre hubo un cierto retraso, pero aun así se pudieron poner las normas al día. Sin embargo, con el ritmo de cambio de la ola que viene, eso parece improbable.

En los últimos cuarenta años, internet se ha convertido en una de las plataformas de innovación más fructíferas de la historia. El mundo se digitalizó, y este reino desmaterializado evolucionó a un ritmo abrumador. Una explosión de desarrollo vio surgir en pocos años los servicios más utilizados del mundo y las mayores empresas comerciales de la historia, y todo ello se vio respaldado por la potencia cada vez mayor de la computación y la consecuente caída de los costes que hemos visto en el capítulo 1. Hagámonos una idea de lo que nos deparará la ley de Moore por sí sola en la próxima década. Si se mantiene así, dentro de diez años un dólar podrá comprar cien veces más computación que hoy.[8] Este hecho de por sí dará lugar a resultados extraordinarios.

La otra cara de la moneda es que la innovación más allá de lo digital suele ser menos espectacular. Fuera del ingrávido mundo de la programación, un círculo cada vez más numeroso empezó a preguntarse qué había pasado con el tipo de innovación masiva que se vivió, por ejemplo, a finales del siglo XIX o a mediados del XX.[9] Durante ese breve periodo, casi todos los aspectos del mundo —desde el transporte hasta las fábricas, pasando por los vuelos a motor o los nuevos materiales— se modificaron de forma radical. En cambio, en los primeros años del siglo XXI, la innovación siguió el camino de la menor resistencia, y se concentró en los bits más que en los átomos.

No obstante, eso está cambiando, pues la hiperevolución del software se está extendiendo. En los próximos cuarenta años, el mundo de los átomos pasará a los bits con nuevos niveles de complejidad y fidelidad y, lo que es más importante: el mundo de los bits volverá a materializarse en átomos tangibles con una rapidez y una facilidad que hasta hace poco hubieran sido impensables.

En pocas palabras: la innovación en el mundo real podría empezar a moverse al ritmo digital, casi en tiempo real, con menos fricciones y dependencias. En este sentido, puede experimentarse en dominios pequeños, rápidos y maleables, y crear simulaciones casi perfectas, para luego traducirlas en productos concretos. Y puede volver a hacerse una y otra vez, de modo que se aprenderá, evolucionará y mejorará a ritmos que antes hubieran sido imposibles en el costoso y estático mundo de los átomos.

El físico César Hidalgo sostiene que las configuraciones de la materia son significativas por la información que contienen.[10] Un Ferrari no es valioso por su materia prima, sino por la compleja información que hay almacenada en su intrincada construcción y forma; es la información que caracteriza la disposición de sus átomos lo que lo convierte en un coche deseable. Cuanto más potente sea la base computacional, más manejable será. Si a esto se le añade la inteligencia artificial y las técnicas de fabricación como la robótica sofisticada y la impresión en 3D, podremos diseñar, manipular y fabricar productos del mundo real con mayor rapidez, precisión y creatividad.

La inteligencia artificial ya ayuda a encontrar nuevos materiales y compuestos químicos.[11] Por ejemplo, los científicos han utilizado redes neuronales para producir novedosas configuraciones de litio que tienen grandes implicaciones para la tecnología de las baterías.[12] Asimismo, esta tecnología ha ayudado a diseñar y construir un coche utilizando impresoras 3D.[13] En algunos casos, el resultado final es extrañamente distinto de cualquier diseño humano y se asemeja a las formas onduladas y tan eficientes de la naturaleza. Las configuraciones de cableado y conductos se funden de manera orgánica en el chasis para aprovechar el espacio al máximo, y las piezas son demasiado complejas para fabricarlas con herramientas convencionales y deben imprimirse en 3D.

En el capítulo 5 hemos visto lo que herramientas como Alpha-Fold están haciendo para catalizar la biotecnología, que hasta hace poco dependía de un interminable trabajo manual de laboratorio: medir, pipetear o preparar meticulosamente las muestras. Ahora, las simulaciones aceleran el proceso de descubrimiento de vacunas;[14] las herramientas informáticas ayudan a automatizar partes de los procesos de diseño, y recrean los circuitos biológicos que programan funciones complejas en células como las bacterias que pueden producir una determinada proteína.[15] Los marcos de software, como uno llamado Cello, son casi como lenguajes de código abierto para el diseño de biología sintética. Esto podría encajar con las rápidas mejoras en robótica y automatización de laboratorios y con técnicas biológicas más rápidas como la síntesis enzimática que hemos visto en el capítulo 4, y expandir el alcance de la biología sintética y volverla más accesible. La evolución biológica se está sometiendo a los mismos ciclos que el software.

Del mismo modo que los modelos actuales producen imágenes detalladas a partir de unas pocas palabras, en las próximas décadas modelos similares producirán un nuevo compuesto o incluso un organismo entero con solo un mínimo de indicaciones en lenguaje natural. El diseño de ese compuesto podría mejorarse mediante innumerables ensayos autoejecutados, del mismo modo que AlphaZero se convirtió en un experto jugador de ajedrez o go gracias a jugar contra él mismo. Las tecnologías cuánticas, muchos millones de veces más potentes que los ordenadores clásicos más potentes, podrían permitir que esto ocurriera a nivel molecular.[16] Esto es lo que entendemos por hiperevolución: una plataforma iterativa rápida para la creación.

Esta evolución tampoco se limitará a áreas específicas, predecibles y fácilmente contenibles. Se encontrará en todas partes.

LA OMNICANALIDAD: MÁS ES MÁS

Desafiando la sabiduría convencional, el progreso en la atención sanitaria fue una de las áreas que se ralentizó en el reciente estancamiento de la innovación en el reino de los átomos. El descubrimiento de nuevos fármacos se hizo más difícil y costoso.[17] La esperanza de vida se estabilizó e incluso ha empezado a disminuir en algunos estados de Estados Unidos.[18] Los avances en enfermedades como el alzhéimer no estuvieron a la altura de las expectativas.[19]

Una de las áreas más prometedoras de la inteligencia artificial, y una vía de escape de este sombrío panorama, es el descubrimiento automatizado de fármacos. Las técnicas de inteligencia artificial pueden buscar en el vasto espacio de las moléculas posibles tratamientos elusivos pero útiles.[20] En 2020, un sistema de inteligencia artificial examinó cien millones de moléculas para crear el primer antibiótico derivado del aprendizaje automático, llamado Halicin (sí, por Hal, de *2001: Una odisea del espacio*), que puede ayudar a combatir la tuberculosis.[21] Startups como Exscientia, junto con gigantes farmacéuticos tradicionales como Sanofi, han hecho de la inteligencia artificial un motor de la investigación médica.[22] Hasta la fecha se han obtenido dieciocho activos clínicos con la ayuda de tales herramientas.[23]

Pero está la otra cara de la moneda. Los investigadores que buscan estos compuestos útiles se plantean una pregunta incómoda: ¿y si se redirigiera el proceso de descubrimiento? ¿Y si, en lugar de buscar curas, buscaran elementos letales? Hicieron una prueba, en la que pidieron a su inteligencia artificial generadora de moléculas que encontrara venenos. En seis horas identificó más de cuarenta mil moléculas con una toxicidad comparable a la de las armas químicas más peligrosas, como el Novichok.[24] Resulta que en el descubrimiento de fármacos, una de las áreas en las que esta tecnología marcará sin duda la diferencia más clara posible, las oportunidades son en gran medida de «doble uso».

Las tecnologías de doble uso son aquellas que tienen aplicaciones tanto civiles como militares. En la Primera Guerra Mundial, el proceso de síntesis del amoniaco se consideró una forma de alimentar al mundo, pero también permitió crear explosivos y allanar el terreno para la producción de armas químicas. Los complejos sistemas electrónicos de los aviones de pasajeros pueden reconvertirse en misiles de precisión. A la inversa, el Sistema de Posicionamiento Global fue en un principio un sistema militar, pero ahora tiene innumerables usos cotidianos para el consumidor. En el momento de su lanzamiento, el Departamento de Defensa de Estados Unidos consideró que la PlayStation 2 era tan potente que podría ayudar a ejércitos hostiles a los que normalmente se les niega el acceso a este tipo de hardware.[25]

Las tecnologías de doble uso son a la vez útiles y potencialmente destructivas; son armas y herramientas. El concepto capta la tendencia de las tecnologías hacia lo general, y cierto tipo de tecnologías conllevan un mayor riesgo por ello. Se pueden utilizar para muchos fines, buenos, malos o intermedios, a menudo con consecuencias difíciles de predecir.

Sin embargo, el verdadero problema es que no solo la biología de frontera o los reactores nucleares son de doble uso. La mayoría de las tecnologías tienen aplicaciones o potencial militar y civil; la mayoría de las tecnologías son de algún modo de doble uso. Y cuanto más potente es la tecnología, mayor debe ser la preocupación por el número de aplicaciones que pueda tener.

Las tecnologías de la ola que viene son muy potentes, precisamente porque son, en esencia, generales. Si estás construyendo una cabeza nuclear, es obvio para qué sirve. Pero un sistema de aprendizaje profundo puede estar diseñado para jugar y a la vez ser capaz de pilotar una flota de bombarderos. A priori, la diferencia no es evidente.

Un término más apropiado para las tecnologías de la ola que viene es «omnicanal», un concepto que capta los niveles de generalidad y la extrema versatilidad que presentan.[26] Este tipo de tecnologías, como el vapor o la electricidad, tienen efectos sociales más amplios que las tecnologías más limitadas. Si la inteligencia artificial es realmente la nueva electricidad, entonces, al igual que esta, será una herramienta a la carta que se filtrará en casi todos los aspectos de la vida cotidiana, la sociedad y la economía, y los impulsará; una tecnología de uso general incrustada en todas partes. Contener algo así siempre va a ser mucho más difícil que una tecnología muy específica, atrapada en un nicho minúsculo con pocas dependencias.

Los sistemas de inteligencia artificial empezaron utilizando técnicas generales como el aprendizaje profundo para fines específicos, como gestionar el uso de energía en un centro de datos o jugar al go. Eso está cambiando. Ahora, sistemas individuales como el generalista Gato de DeepMind pueden realizar más de seiscientas tareas diferentes.[27] La misma red puede jugar a juegos de Atari, subtitular imágenes, responder preguntas y apilar bloques con un brazo robótico real. Gato no solo se entrena con texto, sino también con imágenes, pares de torsión que actúan sobre brazos robóticos, pulsaciones de botones de juegos de ordenador, entre otros. Aún es pronto y falta mucho para que los sistemas scan verdaderamente generales, pero en algún momento estas capacidades se ampliarán a muchos miles de tareas.

Consideremos también la biología sintética desde el prisma de la omnicanalidad. La ingeniería de la vida es una técnica completamente general cuyos usos potenciales son casi ilimitados, ya que podría crear material para la construcción, combatir enfermedades y almacenar datos por igual. Más es más, y hay una buena razón para ello. Las tecnologías omnicanales son más valiosas que las de uso limitado. Hoy en día, los tecnólogos no quieren diseñar tecnologías que sean aplicaciones limitadas, específicas y monofuncionales. En su lugar, el objetivo es producir cosas en la línea de los smartphones que, si bien es cierto que son teléfonos, sobre todo son dispositivos para hacer fotos, mantenerse en forma, jugar, navegar por las ciudades, enviar correos electrónicos, etcétera.

Con el tiempo, la tecnología tiende a la generalidad. Lo que eso significa es que los usos de la ola que viene perjudiciales o que pueden convertirse en armas serán posibles independientemente de si era lo que se pretendía. La mera creación de tecnologías civiles tiene ramificaciones de seguridad nacional. Anticipar todo el espectro de casos de uso en la ola más omnicanal de la historia es más difícil que nunca.

Con todo, la idea de que una nueva tecnología se adapte a múltiples usos no es nueva. Herramientas tan sencillas como un cuchillo pueden cortar cebollas o desencadenar una perturbadora matanza. Incluso tecnologías en apariencia específicas tienen implicaciones de doble uso, como el micrófono, que fue empleado tanto en los juicios de Núremberg como en los conciertos de los Beatles. Lo que distingue a la nueva ola es la rapidez con la que se está implantando, su difusión mundial, la facilidad con la que se puede dividir en componentes intercambiables y lo potentes y, sobre todo, amplias que pueden llegar a ser sus aplicaciones. Despliega complejas implicaciones para todo, desde los medios de comunicación hasta la salud mental, pasando por los mercados y la medicina. Este es el problema de la contención a gran escala. Al fin y al cabo, se trata de propiedades fundamentales como la inteligencia y la vida, pero ambas tienen una característica aún más interesante que su generalidad.

Autonomía y más allá: ¿estarán los humanos al corriente?

La evolución tecnológica lleva siglos acelerándose. Las características de omnicanalidad y los impactos asimétricos se magnifican en la ola que viene, pero hasta cierto punto son propiedades inherentes a toda tecnología. Sin embargo, ese no es el caso de la autonomía. A lo largo de la historia, la tecnología ha sido solo una herramienta, pero ¿y si la herramienta cobra vida?

Los sistemas autónomos son capaces de interactuar con su entorno y realizar acciones sin la aprobación inmediata de los humanos. Durante siglos, la idea de que la tecnología estaba de alguna manera fuera de control, de que es una fuerza autodirigida y autopropulsada más allá de los reinos de la voluntad humana, siguió siendo parte de la ficción.

Pero ya no lo es.

La tecnología siempre nos ha permitido hacer más cosas, pero todavía los seres humanos teníamos la última palabra. Aprovechaba nuestras capacidades y automatizaba tareas codificadas con precisión. Hasta ahora, la supervisión y la gestión constantes han sido siempre la norma. La tecnología seguía estando, en mayor o menor medida, bajo el control humano. La autonomía total es cualitativamente diferente.

Tomemos el ejemplo de los vehículos autónomos. Hoy en día, en determinadas condiciones, pueden circular por carretera con una intervención directa mínima o nula del conductor. Los investigadores clasifican la autonomía desde el nivel 0, sin ningún tipo de autonomía, hasta el nivel 5, en el que un vehículo puede conducir por sí mismo en todas las condiciones y en el que tú, el conductor, no tienes más que introducir un destino y luego puedes quedarte felizmente dormido. Los vehículos de nivel 5 no circularán pronto por las carreteras, entre otras cosas por motivos legales y de seguros.

La nueva ola de autonomía anuncia un mundo en el que esa intervención y supervisión constantes son cada vez más innecesarias. Es más: con cada interacción estamos enseñando a las máquinas a ser autónomas con éxito. En este paradigma, no es necesario que un humano defina la forma en que debe llevarse a cabo una tarea, algo que resulta laborioso. En su lugar, nos limitamos a especificar un objetivo de alto nivel y confiamos en que una máquina descubra la forma óptima de llegar hasta él. Mantener a los humanos al corriente, como se suele decir, es deseable, pero opcional.

Nadie le dijo a AlphaGo que el movimiento treinta y siete era una buena idea. Lo descubrió en gran medida por sí mismo. Fue justo esa característica la que me impresionó tanto cuando vi a DQN jugar al *Breakout*. Proporcionando un objetivo especificado con claridad, ahora tenemos sistemas que pueden encontrar sus propias estrategias para ser eficaces. AlphaGo o DQN no eran autónomos en sí mismos, pero sugieren cómo podría ser un sistema que se automejorara. Nadie codifica a mano GPT-4 para que escriba como Jane Austen, produzca un haiku original o genere textos de marketing para un sitio web que vende bicicletas. Estas características son efectos emergentes de una arquitectura más amplia cuyos resultados nunca los deciden de antemano los diseñadores. Es el primer peldaño de la escalera hacia una autonomía cada vez mayor. La investigación interna sobre GPT-4 concluyó que es probable que no sea capaz de actuar de manera autónoma o autorreplicarse, pero a los pocos días de su lanzamiento los usuarios ya habían encontrado formas de hacer que el sistema pidiera su propia documentación y escribiera scripts para copiarse a sí mismo y tomar el control de otras máquinas.[28] Las primeras investigaciones incluso afirmaron encontrar «indicios de inteligencia artificial general» en el modelo, así como que estaba «sorprendentemente cerca del rendimiento de nivel humano».[29] Estas capacidades están a la vista.

Las nuevas formas de autonomía tienen el potencial de producir una serie de efectos novedosos y difíciles de predecir. Pronosticar cómo se comportarán los genomas a medida es increíblemente difícil. Además, una vez que los investigadores introducen cambios genéticos en la línea germinal de una especie, estos podrían permanecer en seres vivos durante milenios, mucho más allá de cualquier control o predicción, por lo que estos cambios podrían reverberar a lo largo de incontables generaciones. Es inevitable que el modo en que evolucionen o interactúen con otros cambios a esas distancias sea incierto y se escape de todo control. Los organismos sintéticos están cobrando, literalmente, vida propia.

Los humanos nos enfrentamos a un reto extraordinario: ¿estarán los nuevos inventos fuera de nuestro alcance? Antes, los creadores podían explicar cómo funcionaba algo, por qué hacía lo que hacía, aunque ello requiriera una gran cantidad de detalles. Pero ya no es así. Muchas tecnologías y sistemas se están volviendo tan complejos que están más allá de la capacidad de cualquier individuo para comprenderlos del todo; la computación cuántica y otras tecnologías operan hacia los límites de lo que se puede conocer.

Una paradoja de la ola que viene es que sus tecnologías están en gran medida más allá de nuestra capacidad de comprensión a un nivel granular, pero aun así dentro de nuestra capacidad de crear y utilizar. En el campo de la inteligencia artificial, las redes neuronales que avanzan hacia la autonomía son, hoy por hoy, inexplicables. No se puede guiar a alguien a través del proceso de toma de decisiones para explicar con precisión por qué un algoritmo produce una predicción específica. Los ingenieros no pueden mirar bajo el capó y explicar con facilidad y precisión qué causó que algo sucediera. GPT-4, AlphaGo y el resto de tales sistemas son cajas negras, pues sus resultados y decisiones se basan en cadenas opacas e intrincadas de señales diminutas. Los sistemas autónomos podrían, y pueden, explicarse, pero el hecho de que gran parte de la ola que viene opere al límite de lo que podemos entender debería hacernos reflexionar. No siempre seremos capaces de predecir lo que estos sistemas autónomos harán a continuación, pues esa es la naturaleza misma de la autonomía.

Sin embargo, justo en la vanguardia, algunos investigadores del ámbito de la inteligencia artificial quieren automatizar todos los aspectos de la construcción de los sistemas de esta tecnología: alimentar esa hiperevolución, pero con grados radicales de independencia, a partir de la automejora. Las inteligencias artificiales ya están encontrando formas de mejorar sus propios algoritmos.[30] ¿Qué ocurrirá cuando combinen esto con acciones autónomas en la red, como en el test de Turing moderno, y lleven a cabo sus propios ciclos de investigación y desarrollo?

EL PROBLEMA DEL GORILA

A menudo he tenido la sensación de que se ha prestado demasiada atención a los escenarios lejanos de la inteligencia artificial, dados los evidentes retos a corto plazo presentes en gran parte de la ola que viene. Sin embargo, cualquier debate sobre la contención tiene que reconocer que si llegaran a surgir (o cuando surjan) tecnologías similares a la inteligencia artificial general, plantearían problemas de contención más allá de cualquier otra cosa que nos hayamos encontrado. Los humanos dominamos nuestro entorno gracias a nuestra inteligencia. Por tanto, una entidad más inteligente podría dominarnos. El investigador de inteligencia artificial Stuart Russell lo llama el «problema del gorila».[31] Estos animales son, a nivel físico, más fuertes y resistentes que cualquier ser humano, pero son ellos los que están en peligro de extinción o viven en zoológicos; ellos son los que están contenidos. Nosotros, con nuestros músculos enclenques pero grandes cerebros, hacemos la contención.

Al crear algo más inteligente que nosotros, podríamos ponernos en la situación de nuestros parientes primates. Con una visión a largo plazo, aquellos que se centran en las posibilidades de la inteligencia artificial general tienen razones por las que preocuparse. De hecho, hay argumentos de peso para afirmar que, por definición, una superinteligencia sería totalmente imposible de controlar o contener.[32] Una «explosión de inteligencia» es el punto en el que una inteligencia artificial puede mejorarse a sí misma una y otra vez, de forma recursiva y cada vez más rápida y eficaz. He aquí la tecnología sin contener e incontenible definitiva. La cruda realidad es que nadie sabe cuándo, si o exactamente cómo estas tecnologías podrían ir más allá de nosotros y qué ocurriría a continuación; nadie sabe cuándo o si llegarán a ser del todo autónomas o cómo hacer que se comporten siendo conscientes de nuestros valores y se alineen a ellos, suponiendo que podamos establecer esos valores en primer lugar.

Nadie sabe con certeza cómo podemos contener las características que se están investigando con tanta intensidad como parte de la ola que viene. Llega un punto en el que la tecnología puede dirigir por completo su propia evolución, en el que está sujeta a procesos recursivos de mejora y va más allá de la explicación; en el que, en consecuencia, es imposible predecir cómo se comportará en la naturaleza; en el que, en resumen, alcanzamos los límites de la agencia y el control humanos.

En última instancia, en sus formas más dramáticas, la ola que viene podría significar que la humanidad dejará de estar en la cima de la cadena alimentaria. El *Homo tecnologicus* podría verse amenazado por su propia creación. La verdadera cuestión no es si la ola está llegando. Está claro que sí: basta con mirar para ver que ya está formándose. Dados estos riesgos, la verdadera pregunta es por qué es tan difícil verla como algo que no sea inevitable.

8

Incentivos imparables

La importancia de AlphaGo fue en parte una cuestión de sincronización: el avance sorprendió a los expertos al llegar más rápido de lo que la mayoría de la comunidad de la inteligencia artificial había creído posible. Incluso días antes de su primera competición pública, en marzo de 2016, destacados investigadores pensaban que era imposible que una IA ganara al go a ese nivel.[1] En DeepMind, aún no teníamos la certeza de que nuestro programa se impondría a un competidor humano.

Vimos el concurso como un gran desafío técnico, un punto de referencia en una misión de investigación más amplia. Dentro de la comunidad de la inteligencia artificial, representaba la primera prueba pública de alto nivel del aprendizaje profundo por refuerzo y uno de los primeros usos de investigación de un grupo muy grande de cálculos en la unidad de procesamiento gráfico (GPU, por sus siglas en inglés). En la prensa, el enfrentamiento entre AlphaGo y Lee Sedol se presentó como una batalla épica, la del ser humano contra la máquina; una de las mentes más inteligentes de la humanidad contra la fuerza fría y sin vida de un ordenador. No faltaron los manidos tropos de Terminators y robots dominantes.

Bajo la superficie, sin embargo, otra dimensión más importante estaba materializándose, una tensión que me causó cierto nerviosismo antes de la competición, pero cuyos contornos emergieron con mayor crudeza a medida que se desarrollaba el evento. AlphaGo no era solo un enfrentamiento entre seres humanos y máquinas. Durante el enfrentamiento de Lee Sedol y AlphaGo, DeepMind estaba representada por la Union Jack, mientras que en el bando de Sedol ondeaba la Taegeukgi, la inconfundible bandera de Corea del Sur. Oriente contra Occidente. Tal insinuación de rivalidad nacional fue un aspecto del concurso que pronto llegué a lamentar.

Es difícil exagerar la fama que tuvo la competición en Asia. En Occidente, la competición fue seguida por entusiastas de la inteligencia artificial y atrajo la atención de algunos periódicos. Fue un momento importante en la historia de la tecnología, para quienes estaban interesados en esa disciplina. En Asia, sin embargo, el acontecimiento fue más grande que la Super Bowl estadounidense. Más de doscientos ochenta millones de personas lo vieron en directo.[2] Habíamos ocupado un hotel entero en el centro de Seúl, rodeados a todas horas por miembros de los medios de comunicación locales e internacionales. Apenas podías moverte ante los cientos de fotógrafos y cámaras de televisión. La intensidad no se parecía a nada que hubiera vivido antes, y el nivel de escrutinio y expectación parecía ajeno a lo que, para los observadores occidentales, no era más que un simple juego para apasionados de las matemáticas. Fue una experiencia a la que los desarrolladores de inteligencia artificial no estaban en absoluto acostumbrados.

En Asia no fueron solo los frikis los que siguieron el acontecimiento, sino todo el mundo. Y pronto quedó claro que entre los observadores había empresas tecnológicas, gobiernos y ejércitos. El resultado los conmocionó a todos; nadie pasó por alto la importancia de lo que sucedió. El equipo contrincante, una empresa occidental, con sede en Londres y de capital estadounidense, acababa de entrar en un juego antiguo, emblemático y muy querido, había clavado literalmente su bandera en el césped y aniquilado al equipo local. Era como si un equipo de robots coreanos se hubiera presentado en el estadio de los Yankees y hubiera derrotado al equipo de béisbol de los jugadores estrella de Estados Unidos.

Para nosotros, el acontecimiento fue un experimento científico. Fue una demostración contundente —y, sí, espectacular— de técnicas de vanguardia que habíamos pasado años intentando perfeccionar. Fue emocionante desde el punto de vista de la ingeniería, estimulante por la competición y desconcertante por ser el centro de un circo mediático. Para muchos asiáticos fue algo más doloroso, un ejemplo de orgullo regional y nacional herido.

Seúl no fue el final para AlphaGo. Un año después, en mayo de 2017, participamos en un segundo torneo, esta vez contra el jugador número uno del ranking mundial, Ke Jie. El enfrentamiento tuvo lugar en la pequeña ciudad china de Wuzhén, en la Cumbre del Futuro del Go. El recibimiento que tuvimos allí fue muy diferente. La retransmisión en directo de los partidos estaba prohibida en la República Popular, así como la mención de Google. El ambiente era más estricto, más vigilado, y las autoridades controlaban de cerca la cobertura. Se acabó el circo mediático. El subtexto estaba claro: ya no se trataba de un simple juego. AlphaGo volvió a ganar, pero lo hizo en medio de una atmósfera sin duda cargada de tensión.

Algo había cambiado. Si en Seúl ya entrevimos algún indicio, Wuzhén lo confirmó. Cuando las aguas se calmaron, quedó claro que AlphaGo formaba parte de una historia que iba mucho más allá de un trofeo, un sistema o una empresa, pues englobaba la participación de las grandes potencias en un nuevo y peligroso juego de competición tecnológica, y una serie de abrumadores incentivos poderosos y entrelazados que garantizan, sin lugar a dudas, que la ola de nuevas tecnologías que viene está llegando.

La tecnología avanza con el impulso de motores demasiado rudimentarios y fundamentalmente humanos. De la curiosidad a la crisis, de la fortuna al miedo, en el fondo la tecnología surge para satisfacer necesidades humanas. Si la gente tiene razones poderosas para construirla y utilizarla, se construirá y se utilizará. Sin embargo, en la mayoría de los debates sobre tecnología nos quedamos estancados en lo que es, y olvidamos cuestiones importantes, como por qué se creó en primer lugar. No se trata de un tecnodeterminismo innato, sino de lo que significa ser humano.

Antes hemos visto que ninguna ola tecnológica ha podido, hasta ahora, ser contenida. En este capítulo veremos por qué es probable que la historia se repita; por qué, gracias a una serie de macroimpulsores que están detrás del desarrollo y de la difusión de las tecnologías, no se dejará el fruto en el árbol; por qué la ola acabará rompiendo. Mientras existan estos incentivos, la importante pregunta de «¿Deberíamos?» es irrelevante.

El primero de ellos tiene que ver con mi experiencia con AlphaGo, es decir, la competencia entre grandes potencias. La rivalidad tecnológica es una realidad geopolítica, y siempre lo ha sido. Las naciones sienten la necesidad existencial de estar a la altura de sus pares. La innovación es poder. El segundo incentivo es el ecosistema de investigación mundial, que tiene arraigados rituales que recompensan la publicación abierta, la curiosidad y la búsqueda de nuevas ideas a toda costa. Luego están los inmensos beneficios económicos de la tecnología y la urgente necesidad de afrontar los retos sociales globales que se nos van a presentar. El último impulsor es, quizá, el más humano de todos: el ego.

Pero, antes de sumergirnos en todos ellos, volvamos a la geopolítica, de la que el pasado reciente ofrece una potente lección.

ORGULLO NACIONAL, NECESIDAD ESTRATÉGICA

En la posguerra, Estados Unidos dio por sentada su supremacía tecnológica. Sin embargo, el Sputnik, el primer satélite artificial del mundo, hizo que el país volviera a la realidad. En otoño de 1957, los soviéticos lanzaron el Sputnik, lo que se convirtió en la primera incursión de la humanidad en el espacio. Tenía el tamaño de un balón de playa, pero al más puro estilo futurista, y estaba ahí arriba para que el mundo lo viera, o más bien oyera, pues sus pitidos extraterrestres se emitían por todo el planeta. El éxito de este suceso fue una proeza innegable.

Para Estados Unidos fue, no obstante, un momento crítico, algo parecido a un Pearl Harbor tecnológico.[3] Hubo una reacción política, en la que la ciencia y la tecnología, desde los institutos hasta los laboratorios avanzados, se convirtieron en prioridades nacionales, con nuevos fondos y nuevas agencias como la NASA y la DARPA. Se invirtieron ingentes recursos en grandes proyectos tecnológicos, como las misiones Apolo, que impulsaron muchos avances importantes en cohetería, microelectrónica y programación informática. Asimismo, se reforzaron alianzas incipientes como la OTAN. Doce años más tarde, fue Estados Unidos, y no la URSS, quien logró llevar a un ser humano a la Luna. Los soviéticos casi se arruinaron al intentar seguirle el ritmo. Con el Sputnik, Rusia había adelantado a Estados Unidos en lo que se convirtió en un logro técnico histórico con enormes ramificaciones geopolíticas, pero cuando Estados Unidos tuvo que progresar, no se quedó atrás.

Del mismo modo en que el Sputnik puso a Estados Unidos en el camino de convertirse en una superpotencia en cohetería, tecnología espacial, informática y todas sus aplicaciones militares y civiles, algo similar está ocurriendo ahora en China. AlphaGo fue catalogado con rapidez como el momento Sputnik de China en el campo de la inteligencia artificial. Estados Unidos y Occidente, al igual que habían hecho en los primeros días de internet, amenazaban con quitarle el puesto respecto a una tecnología que había marcado una época. Era el recordatorio más claro posible de que China, derrotada en un pasatiempo nacional, podía encontrarse de nuevo muy por detrás de la frontera.

En China, el go no era solo un juego, sino que representaba un nexo más amplio de historia, emoción y cálculo estratégico. China ya estaba comprometida a invertir grandes cantidades de recursos en ciencia y tecnología, pero AlphaGo ayudó a que el Gobierno centrara más aún su atención en la inteligencia artificial. China, con sus miles de años de historia, había sido en el pasado la cuna de la innovación tecnológica mundial; sin embargo, tomó conciencia de lo mucho que se había quedado atrás y de cómo estaba perdiendo la carrera tecnológica frente a europeos y estadounidenses en varios frentes, desde las medicinas hasta los portaaviones. El país ya ha sufrido un «siglo de humillación», como ellos lo llaman. Una humillación que, según el Partido Comunista de China (PCCh), no debe repetirse jamás.

El PCCh declaró que era hora de que el país reclamara el lugar que le correspondía. En su discurso ante el 20.º Congreso del PCCh en 2022, Xi Jinping dijo que «para satisfacer las necesidades estratégicas» el país «debe adherirse a la ciencia y la tecnología como fuerza productiva número uno, al talento como recurso número uno [y] a la innovación como fuerza motriz número uno…».[4]

El modelo descendente del país permite movilizar todos los recursos del Estado para fines tecnológicos.[5] En la actualidad, China cuenta con una estrategia nacional explícita para convertirse en el líder mundial en materia de inteligencia artificial en 2030. El Plan de Desarrollo de la Inteligencia Artificial de Nueva Generación, anunciado apenas dos meses después de que AlphaGo derrotara a Ke Jie, pretendía unir al Gobierno, el ejército, las organizaciones de investigación y la industria en una misión colectiva. «Para 2030, las teorías, tecnologías y aplicaciones de inteligencia artificial de China deberían alcanzar niveles de liderazgo mundial —se afirma en el plan—, a fin de que así China se convierta en el principal centro de innovación de inteligencia artificial del mundo».[6] De la defensa a las ciudades inteligentes, de la teoría fundamental a las nuevas aplicaciones, China debería ocupar las «alturas de mando» de esta tecnología.

Estas audaces declaraciones no son meras posturas vacías. Mientras escribo estas líneas, apenas seis años después de que China publicara el plan, Estados Unidos y, en menor medida, otros países occidentales ya no tienen una ventaja abrumadora en la investigación de la inteligencia artificial. Universidades como la de Tsinghua o la de Pekín compiten con instituciones occidentales como la Universidad de Stanford, el Instituto de Tecnología de Massachusetts (MIT) y la Universidad de Oxford. De hecho, Tsinghua publica más investigaciones sobre inteligencia artificial que cualquier otra institución académica del planeta.[7] China tiene una cuota creciente e impresionante de los artículos más citados en esta materia.[8] En términos de volumen de investigación en inteligencia artificial, las instituciones chinas han publicado la friolera de 4,5 veces más ensayos sobre ella que sus homólogas estadounidenses desde 2010, y bastante más que Estados Unidos, el Reino Unido, la India y Alemania juntos.[9]

Y no se trata solo de inteligencia artificial. Desde las tecnologías limpias hasta las biociencias, China se expande por todo el espectro de las tecnologías fundamentales e invierte a escala épica, un monstruo floreciente de la propiedad intelectual con «características chinas». China superó a Estados Unidos en número de doctorados en 2007, pero desde entonces la inversión y la expansión de los programas han sido significativas, lo que ha producido cada año casi el doble de doctorados en las disciplinas académicas STEM (ciencia, tecnología, ingeniería y matemáticas, por sus siglas en inglés) que Estados Unidos.[10] Más de cuatrocientos «laboratorios estatales clave» conforman un sistema de investigación público-privado de profusa financiación que abarca desde la biología molecular hasta el diseño de chips. A principios de la década de 2000, el gasto chino en investigación y desarrollo fue solo el 12 por ciento del estadounidense.[11] En 2020, fue el 90 por ciento. Si se mantienen las tendencias actuales, a mediados de la década de 2020 China estará muy por delante, como ya lo está en las solicitudes de patentes.[12]

China es el primer país que ha alunizado con una sonda en la cara oculta de la Luna, algo que ningún otro país había intentado. Tiene más de los quinientos mejores superordenadores del mundo que ningún otro país.[13] El Grupo BGI, un gigante de la genética con sede en Shenzhen, cuenta con una extraordinaria capacidad de secuenciación de ADN, con respaldo privado y estatal, miles de científicos y vastas reservas de datos de ADN y capacidad informática por igual. Xi Jinping ha hecho un llamamiento explícito a una «revolución robótica»: con más instalaciones robóticas que ningún otro lugar, China instala tantos robots como el resto del mundo entero.[14] Asimismo, ha construido misiles hipersónicos que Estados Unidos creía a años luz y es líder mundial en campos que van desde las comunicaciones 6G hasta la energía fotovoltaica, además de ser sede de grandes empresas tecnológicas como Tencent, Alibaba, DJI, Huawei y Byte-Dance.

La computación cuántica es un área de notable especialización china. Tras la filtración de información clasificada por parte de Edward Snowden sobre los programas de inteligencia estadounidenses, China se volvió especialmente paranoica y deseosa de construir una plataforma de comunicaciones segura. Otro momento Sputnik. En 2014 China presentó el mismo número de patentes de tecnología cuántica que Estados Unidos, mientras que en 2018 presentó el doble.[15]

En 2016 China envió al espacio el primer satélite cuántico del mundo, llamado Micius, parte de una nueva infraestructura de comunicaciones supuestamente segura.[16] Pero Micius fue solo el principio en su búsqueda de un internet cuántico inhackeable. Un año después, los chinos construyeron un enlace cuántico de dos mil doscientos kilómetros entre Shanghái y Pekín para transmitir información financiera y militar segura. Están invirtiendo más de diez mil millones de dólares en la creación del Laboratorio Nacional de Ciencias de la Información Cuántica de Hefei, la mayor instalación de este tipo del mundo donde se han batido récords en la conexión de cúbits mediante entrelazamiento cuántico, un paso importante en el camino hacia los ordenadores cuánticos completos.[17] Los científicos de Hefei incluso afirman haber construido un ordenador cuántico 10^{14} veces más rápido que el Sycamore de Google.[18]

El investigador principal de Micius y uno de los mejores científicos cuánticos del mundo, Pan Jianwei, dejó claro lo que esto significa: «Creo que hemos iniciado una carrera espacial cuántica mundial —afirmó—. Con la ciencia de la información moderna, China ha sido un aprendiz y un seguidor. Ahora, con la tecnología cuántica, si nos esforzamos al máximo podemos ser uno de los principales actores».[19]

Las persistentes subestimaciones de Occidente durante décadas sobre las capacidades de China, a las que se ha tachado de no ser «creativas», estaban muy equivocadas. Afirmábamos que solo eran buenos imitando, que estaban demasiado restringidos y no eran libres, que las empresas estatales eran terribles. En retrospectiva, la mayoría de estas valoraciones han resultado ser sencillamente erróneas y los casos en los que fueron ciertas no impidieron que el país se convirtiera en un titán moderno de la ciencia y la ingeniería, entre otras cosas porque las transferencias legales de propiedad intelectual, como la compra de empresas y la traducción de revistas, iban acompañadas de robos, transferencias forzosas, ingeniería inversa y operaciones de espionaje.

Mientras tanto, Estados Unidos está perdiendo su liderazgo estratégico. Durante años fue obvio que el país tenía la supremacía en todo, desde el diseño de semiconductores hasta los productos farmacéuticos, desde la invención de internet hasta la tecnología militar más sofisticada del mundo. No la ha perdido del todo, pero lo hará. Un informe de Graham Allison, de la Universidad de Harvard, sostiene que la situación es mucho más grave de lo que la mayoría de Occidente cree. China ya está por delante de Estados Unidos en energía verde, en 5G y en inteligencia artificial, y va camino de superarlo en tecnología cuántica y biotecnología en los próximos años.[20] El primer jefe de software del Pentágono dimitió como protesta en 2021 porque estaba muy consternado por la situación. «Dentro de quince o veinte años, no tendremos ninguna posibilidad de competir contra China. Ahora mismo, ya es un hecho; en mi opinión, ya se ha acabado», declaró al *Financial Times*.[21]

Poco después de convertirse en presidente en 2013, Xi Jinping pronunció un discurso que tendría consecuencias duraderas para China y también para el resto del mundo. «La tecnología avanzada es el arma afilada del Estado moderno —afirmó—. En general, nuestra tecnología aún va a la zaga de la de los países desarrollados y debemos adoptar una estrategia asimétrica de alcanzar y superar».[22]

Fue un análisis contundente y, como hemos visto, una declaración de las prioridades políticas de China. Pero, a diferencia de muchas de las cosas que dice el presidente chino, cualquier líder mundial podría afirmar lo mismo y sería creíble. Cualquier presidente estadounidense o brasileño, canciller alemán o primer ministro indio suscribiría la tesis central de que la tecnología es un «arma afilada» que permite a los países «dominar». Xi Jinping verbalizó una verdad evidente, el mantra autoproclamado no solo de China, sino de prácticamente todos los estados, desde los líderes de las superpotencias en la frontera hasta los parias aislados: quien construye, posee y despliega la tecnología importa.

LA CARRERA ARMAMENTÍSTICA

La tecnología se ha convertido en el recurso estratégico más importante del mundo, no tanto un instrumento de la política exterior como el motor de la misma. Las grandes luchas de poder del siglo XXI se basan en la superioridad tecnológica, en una carrera por controlar la ola que viene. Las empresas tecnológicas y las universidades ya no se consideran negocios neutrales, sino grandes campeones nacionales.

La voluntad política podría alterar o anular los demás incentivos de este capítulo. Un Gobierno podría, en teoría, frenar los incentivos a la investigación, tomar medidas drásticas contra las empresas privadas y limitar las iniciativas impulsadas por el ego. Pero no puede rechazar la dura competencia de sus rivales geopolíticos. Optar por limitar el desarrollo tecnológico cuando nuestros adversarios se amontonan significa, en la lógica de una carrera armamentística, perder.

Durante mucho tiempo me opuse a que el progreso tecnológico se convirtiera en una carrera armamentística internacional de suma cero. En DeepMind siempre me negué a que se refirieran a nosotros como un proyecto Manhattan para la inteligencia artificial, no solo por la comparación nuclear, sino porque incluso el encuadre podría iniciar una serie de otros proyectos Manhattan que alimentaran una dinámica de carrera armamentística en un momento en el que, en cambio, se necesitara una estrecha coordinación global, unos puntos de ruptura y una ralentización. No obstante, la realidad es que la lógica de los estados nación es a veces dolorosamente simple y, aun así, del todo inevitable. En el contexto de la seguridad nacional de un país, el mero hecho de plantear una idea se convierte en algo peligroso. Una vez pronunciadas las palabras, se da el pistoletazo de salida, y la propia retórica produce una drástica respuesta nacional. Y entonces empieza a escalar.

Innumerables amigos y colegas de Washington y Bruselas, del Gobierno, de grupos de reflexión y del mundo académico pondrán de manifiesto la misma exasperante idea: «Aunque no estemos realmente en una carrera armamentística, debemos asumir que "ellos" piensan que lo estamos, y por tanto debemos participar para lograr una ventaja estratégica decisiva, ya que esta nueva ola tecnológica podría reequilibrar por completo el poder mundial». Esta actitud se convierte en una profecía autocumplida.

No sirve de nada fingir. La competencia de grandes potencias con China es una de las pocas áreas que goza de acuerdo bipartidista en Washington. El debate ahora no es si estamos en una carrera armamentística tecnológica y de inteligencia artificial, sino adónde nos llevará.

La carrera armamentística suele presentarse como un duopolio chino-estadounidense, pero eso no es más que una visión parcial. Si bien es cierto que estos países son los más avanzados y cuentan con más recursos, hay muchos otros participantes importantes. Esta nueva era de carreras armamentísticas anuncia el auge de un tecnonacionalismo generalizado, en el que varios países se verán inmersos en una competición cada vez más intensa para obtener una ventaja geopolítica decisiva.

Casi todos los países cuentan ya con una estrategia detallada de inteligencia artificial.[23] Vladimir Putin cree que quien lidere en ese campo «se convertirá en el gobernante del mundo».[24] El presidente francés Emmanuel Macron declaró que el país lucharía «por construir un metaverso europeo».[25] Su argumento más extendido es que Europa no ha logrado construir gigantes tecnológicos como Estados Unidos y China, produce menos avances y carece tanto de propiedad intelectual como de capacidad de fabricación en sectores críticos del ecosistema tecnológico, como los semiconductores. Seguridad, riqueza, prestigio; en el caso de Europa, en su opinión y en la de muchos otros, todo depende de que se convierta en una tercera potencia.[26]

Los países tienen diferentes puntos fuertes, desde la biociencia y la inteligencia artificial (como el Reino Unido) hasta la robótica (como Alemania, Japón y Corea) o la ciberseguridad (como Israel). Cada uno de ellos cuenta con importantes programas de investigación y desarrollo que abarcan partes de la ola que viene, con florecientes ecosistemas de startups civiles cada vez más respaldados por la dura fuerza de la necesidad militar aparente.

La India es el cuarto pilar de un nuevo orden mundial de gigantes, junto con Estados Unidos, China y la Unión Europea. Su población es joven y emprendedora, y está cada vez más urbanizada y más conectada, además de que se está volviendo experta en tecnología. En 2030, su economía habrá superado a la de países como el Reino Unido, Alemania y Japón para convertirse en la tercera mayor del mundo y, para 2050, será un monstruo de treinta billones de dólares.[27]

Asimismo, el Gobierno del país está decidido a hacer realidad la tecnología india. A través de su programa «Atmanirbhar Bharat» («India autosuficiente»), las autoridades indias trabajan para garantizar que el país más poblado del mundo logre poseer sistemas tecnológicos básicos que compitan con los de Estados Unidos y los de China. En el marco de este programa, el país ya ha establecido asociaciones con Japón, por ejemplo, en materia de inteligencia artificial y robótica, así como con Israel para el desarrollo de drones y vehículos aéreos no tripulados. Preparémonos para una ola india.[28]

En la Segunda Guerra Mundial, el proyecto Manhattan, que consumió el 0,4 por ciento del PIB estadounidense, se consideró una carrera contrarreloj para conseguir la bomba nuclear antes que los alemanes. Sin embargo, los nazis habían descartado la búsqueda de las armas nucleares en un principio por considerarlas demasiado caras y especulativas. Los soviéticos iban muy por detrás y acabaron confiando en las numerosas filtraciones de Estados Unidos. Así pues, los estadounidenses habían llevado a cabo una carrera armamentística contra fantasmas, de manera que se introdujeron armas nucleares en el mundo mucho antes de lo que lo habrían hecho en otras circunstancias.

Algo parecido ocurrió a finales de la década de 1950, cuando, a raíz de una prueba soviética de misiles balísticos intercontinentales y del Sputnik, los responsables del Pentágono se convencieron de que existía una alarmante «brecha de misiles» entre ellos y los rusos. Más tarde se supo que en aquel momento Estados Unidos tenía una ventaja de 10 a 1. Jrushchov seguía una estrategia soviética de eficacia probada: ir de farol. Malinterpretar al contrincante significó que la llegada tanto de las armas nucleares como de los misiles balísticos intercontinentales se adelantó décadas.

¿Podría estar produciéndose esta misma dinámica errónea en las actuales carreras armamentísticas tecnológicas? En realidad, no. En primer lugar, el riesgo de proliferación de la ola que viene es alto, pues estas tecnologías son cada vez más baratas y sencillas de utilizar, incluso a medida que se hacen más potentes, por lo que más naciones pueden participar en el frente. Los grandes modelos de lenguaje siguen considerándose de vanguardia, pero no hay en ellos ninguna gran magia ni ningún secreto de Estado oculto. Es posible que el acceso a la computación sea la mayor traba, pero existen muchos servicios para hacerlo posible. Lo mismo ocurre con el método CRISPR o la síntesis de ADN.

Ya podemos ver en tiempo real logros como el alunizaje de China o el sistema de identificación biométrica Aadhaar de la India, que cuenta con mil millones de usuarios. No es ningún misterio que China tiene enormes grandes modelos de lenguaje, que Taiwán es el líder en semiconductores, que Corea del Sur posee una experiencia de primer orden en robots o que los gobiernos de todo el mundo están anunciando y aplicando estrategias tecnológicas detalladas. Todo esto tiene lugar en la esfera pública, se comparte en patentes y en conferencias académicas, se publica en la revista *Wired* y en el periódico *Financial Times*, y se emite en directo en Bloomberg.

Declarar una carrera armamentística ya no es un acto de prestidigitación ni una profecía autocumplida. La profecía ya se ha cumplido. Está aquí, está sucediendo. Es algo tan obvio que no se menciona a menudo: no existe una autoridad central que controle qué tecnologías se desarrollan, quién lo hace y con qué propósito; la tecnología es una orquesta sin director. Sin embargo, este único hecho podría acabar siendo el más significativo del siglo XXI.

Y si la expresión «carrera armamentística» despierta inquietud, es con razón. Difícilmente podría haber un fundamento más precario para un conjunto de tecnologías en escalada que la percepción (y la realidad) de una competición de suma cero construida sobre el miedo.

Sin embargo, hay otros motores tecnológicos más positivos que considerar.

EL CONOCIMIENTO SOLO QUIERE SER LIBRE

La pura curiosidad, la búsqueda de la verdad, la importancia de la divulgación y la revisión por pares basada en pruebas son valores fundamentales para la investigación científica y tecnológica. Desde la revolución científica y sus equivalentes industriales de 1700 y 1800, los descubrimientos científicos no se han atesorado como joyas secretas, sino que se han proclamado a los cuatro vientos en revistas, libros, salones y conferencias públicas. El sistema de patentes creó un mecanismo para compartir el conocimiento al tiempo que recompensaba la asunción de riesgos. El amplio acceso a la información se convirtió en el motor de nuestra civilización.

La divulgación es la ideología cardinal de la ciencia y la tecnología. Lo que se sabe debe compartirse, y lo que se descubre debe publicarse. La ciencia y la tecnología viven y respiran gracias al debate libre y al intercambio abierto de información, hasta el punto de que la divulgación se ha convertido en sí misma en un poderoso incentivo de lo más beneficioso.

Vivimos en la era de lo que Audrey Kurth Cronin denomina «innovación tecnológica abierta».[29] El sistema mundial de desarrollo de conocimientos y tecnología es ahora tan extenso y abierto que resulta casi imposible dirigirlo, gobernarlo o, en caso necesario, detenerlo. La capacidad de comprender, crear, construir y adaptar la tecnología está muy distribuida. Un trabajo poco conocido realizado por un estudiante de informática un año puede estar en manos de cientos de millones de usuarios al siguiente, lo que hace que sea difícil de predecir o controlar. Por supuesto, las empresas tecnológicas quieren mantener sus secretos, pero también tienden a seguir las filosofías abiertas que caracterizan el desarrollo de software y el mundo académico. Como consecuencia, las innovaciones se difunden mucho más rápido, más lejos y de forma más disruptiva.

El imperativo de la divulgación satura la cultura de la investigación. El mundo académico se basa en la revisión por pares, es decir, cualquier artículo que no se someta al escrutinio crítico de colegas con credibilidad no cumple el estándar de oro. A los financiadores no les gusta apoyar trabajos que permanecen bajo llave. Tanto las instituciones como los investigadores prestan mucha atención a su historial de publicaciones y a la frecuencia con que se citan sus trabajos. Más citas significa más prestigio, más credibilidad y más financiación para realizar estudios. Los investigadores noveles están especialmente expuestos a ser juzgados (y contratados) por su historial de publicaciones, disponible al público en plataformas como Google Académico. Además, hoy en día los artículos se anuncian en Twitter y a menudo se escriben pensando en su influencia en las redes sociales. Están diseñados para ser llamativos y atraer atención.

Los académicos defienden con fervor el acceso abierto a su investigación. En el sector tecnológico, las sólidas normas sobre compartir y contribuir apoyan un floreciente espacio de software de código abierto. Algunas de las mayores empresas del mundo, como Alphabet, Meta o Microsoft, contribuyen regularmente con enormes cantidades de propiedad intelectual de forma gratuita. En áreas como la inteligencia artificial y la biología sintética, donde las líneas entre investigación científica y desarrollo tecnológico son especialmente difusas, todo esto hace que la cultura sea, por defecto, abierta.

En DeepMind aprendimos pronto que las oportunidades de publicar eran un factor clave cuando los investigadores más destacados decidían dónde trabajar. Querían la apertura y el reconocimiento de los compañeros a los que se habían acostumbrado en el mundo académico. Pronto esto se convirtió en la norma en los principales laboratorios de inteligencia artificial: aunque no todo se hiciera público de inmediato, la divulgación se consideraba una ventaja estratégica que permitía atraer a los mejores científicos. Así, los registros de publicaciones son una parte importante para ser contratado en los principales laboratorios tecnológicos, mientras que la competencia entre ellos es intensa; se trata de una carrera por ver quién es el primero en hacerlo público.

En definitiva, y en un grado que quizá se subestime, la publicación y el intercambio de información no solo tienen que ver con el proceso de refutación en la ciencia, sino también con el prestigio, con los compañeros, con la persecución de una misión, con el propio puesto de trabajo, con los «Me gusta». Todo ello impulsa y acelera el proceso de desarrollo tecnológico.

Enormes cantidades de datos y código de inteligencia artificial son públicos.[30] Por ejemplo, la empresa GitHub tiene ciento noventa millones de repositorios de código, muchos de los cuales están al alcance de todo el mundo. Los servidores académicos de prepublicaciones permiten a los investigadores subir con rapidez trabajos sin ningún mecanismo de revisión o de filtración. El servicio original, llamado arXiv, cuenta con más de dos millones de ensayos.[31] Docenas de servicios de prepublicación más especializados, como bioRxiv para las ciencias de la vida, alimentan el proceso. La mayor parte de los artículos científicos y técnicos del mundo son accesibles en la web abierta o a través de accesos institucionales fáciles de conseguir.[32] Esto encaja en un mundo en el que la financiación y la colaboración transfronterizas son la norma, en el que los proyectos suelen contar con cientos de investigadores que comparten información con libertad y en el que miles de tutoriales y cursos sobre técnicas punteras están fácilmente disponibles en línea.

Todo esto ocurre en el contexto de un panorama de investigación turboalimentado. El gasto mundial en investigación y desarrollo supera con creces los setecientos mil millones de dólares anuales, y está alcanzando máximos históricos.[33] Solo el presupuesto de investigación y desarrollo de Amazon asciende a cuarenta y tres mil millones de dólares, lo que supondría el noveno mayor del mundo si se tratara de un país.[34] Alphabet, Apple, Huawei, Meta y Microsoft gastan en ello más de veinte mil millones anuales.[35] Todas estas empresas, las que más están invirtiendo en la ola que viene y las que cuentan con los presupuestos más elevados, tienen un historial de publicación abierta de sus investigaciones.

El futuro es en gran medida de código abierto, publicado en arXiv y documentado en GitHub. Se está construyendo para obtener citas, reconocimiento en la investigación y la promesa de la titularidad. Tanto el imperativo de la divulgación como la enorme masa de material de investigación de fácil acceso significan que se trata de un conjunto de incentivos y fundamentos para la investigación futura que están arraigados y distribuidos de manera inherente que nadie puede gobernar por completo.

Predecir algo en la frontera es complicado. Si se quiere dirigir el proceso de investigación, orientarlo o alejarlo de determinados resultados, o contenerlo con antelación, hay que enfrentarse a múltiples retos. No solo está la cuestión de cómo coordinar varios grupos que compiten entre sí, sino el hecho de que, en la frontera, también es imposible pronosticar de dónde llegarán los avances.

La tecnología de edición genética CRISPR, por ejemplo, tiene sus raíces en los trabajos del científico español Francisco Martínez Mojica, que se propuso entender cómo algunos organismos unicelulares prosperaban en aguas salobres. Mojica pronto tropezó con secuencias repetitivas de ADN que se convertirían en una parte clave de CRISPR. Estas secciones repetitivas agrupadas parecían importantes. Fue entonces cuando se le ocurrió el nombre de CRISPR. El trabajo posterior de dos investigadores de una empresa danesa de lácteos se centró en la protección de las bacterias vitales para los cultivos iniciadores en el proceso de fermentación del yogur, lo que ayudó a demostrar cómo podrían funcionar los mecanismos básicos. Estas vías improbables son la base del que posiblemente sea el mayor hito biotecnológico del siglo XXI.

Del mismo modo, los campos de estudio pueden estancarse durante décadas y revitalizarse de manera radical en cuestión de meses. Las redes neuronales estuvieron años en un segundo plano, destrozadas por celebridades como Marvin Minsky. Solo algunos científicos aislados, como Geoffrey Hinton y Yann LeCun, las mantuvieron en pie durante un periodo en el que la palabra «neuronal» era tan controvertida que los investigadores la eliminaban de sus artículos a propósito. Parecía improbable en los años noventa, pero las redes neuronales pasaron a ser dominantes en el campo de la inteligencia artificial. Y sin embargo, también fue LeCun quien dijo que AlphaGo fracasaría días antes de que hiciera su primer gran avance, lo que no lo desacredita en absoluto, sino que solo demuestra que nadie puede estar seguro de nada en la frontera de la investigación.[36]

Incluso en materia de hardware, el camino hacia la inteligencia artificial era imposible de predecir. Las unidades de procesamiento gráfico son una parte fundamental de la inteligencia artificial moderna, pero se desarrollaron primero para ofrecer gráficos cada vez más realistas en los juegos de ordenador. En un ejemplo de la naturaleza omnicanal de la tecnología, el rápido procesamiento paralelo para gráficos llamativos resultó ser perfecto para entrenar redes neuronales profundas. En última instancia, es una suerte que la demanda de juegos fotorrealistas hiciera que empresas como NVIDIA invirtieran tanto en mejorar el hardware y que este se adaptara tan bien al aprendizaje automático. A NVIDIA no les fue mal, ya que el precio de sus acciones subió un 1.000 por ciento en los cinco años posteriores a AlexNet.[37]

Si en el pasado hubiéramos querido supervisar y dirigir la investigación en inteligencia artificial, lo más probable es que nos hubiéramos equivocado, que hubiéramos bloqueado o impulsado trabajos que al final resultarían irrelevantes y nos hubiéramos perdido por completo los avances más importantes que se estaban gestando en silencio al margen. La investigación científica y tecnológica es por naturaleza impredecible, excepcionalmente abierta y de rápido crecimiento, y por eso es tan difícil gobernarlas o controlarlas. El mundo actual está optimizado para la curiosidad, el intercambio y la investigación a un ritmo nunca visto. La investigación moderna es contraria a la contención, a lo que también contribuyen la necesidad y el deseo de obtener beneficios.

La oportunidad de los cien billones de dólares

En 1830 se inauguró el primer tren de pasajeros entre Liverpool y Mánchester. La construcción de esta maravilla de la ingeniería había requerido una ley del Parlamento. La ruta necesitaba retos titánicos como puentes, atajos, tramos elevados sobre terreno pantanoso y la resolución de disputas de propiedad al parecer interminables. A la inauguración del ferrocarril asistieron dignatarios como el primer ministro y el diputado de Liverpool William Huskisson. Durante la celebración, la multitud se apostó en las vías para dar la bienvenida a la nueva maravilla a medida que se acercaba. Tan desconocida era esta llamativa máquina que la gente no se percató de la velocidad del tren que se aproximaba, y el propio Huskisson murió bajo las ruedas de la locomotora. Para los horrorizados espectadores, el cohete a vapor de George Stephenson era monstruoso, una extraña, eructante y aterradora mezcla de modernidad y maquinaria.

Sin embargo, también fue una sensación, más rápida que nada parecido experimentado hasta entonces. El crecimiento fue vertiginoso. Se habían previsto doscientos cincuenta pasajeros al día, pero un mes más tarde lo utilizaban diariamente mil doscientas personas.[38] Cientos de toneladas de algodón podían transportarse de los muelles de Liverpool a las fábricas de Mánchester en un tiempo récord y con el mínimo esfuerzo. Cinco años después, el ferrocarril generaba un dividendo del 10 por ciento, lo que presagiaba un miniboom en la construcción de trenes en la década de 1830.[39] El Gobierno vio la oportunidad de sacar más provecho. En 1844, un joven diputado llamado William Gladstone presentó la Ley de Ferrocarriles para impulsar la inversión. En 1845 las empresas presentaron cientos de solicitudes para construir nuevos trenes en solo unos meses. Mientras el resto del mercado bursátil se estancaba, las compañías ferroviarias se dispararon. Los inversores acudieron en masa. En su punto álgido, las acciones en este ámbito representaban más de dos tercios del valor bursátil total.[40]

Al cabo de un año comenzó el desplome. El mercado tocó fondo en 1850, a un 66 por ciento por debajo de su máximo. El dinero fácil, no por primera ni por última vez, había vuelto avariciosa e insensata a la gente. Miles de personas lo perdieron todo. Sin embargo, con el boom había llegado una nueva era. Con la locomotora, un mundo antiguo y bucólico quedó hecho trizas al ser bombardeado con viaductos y túneles, atajos y grandes estaciones, humo de carbón y silbidos. A partir de unas pocas líneas dispersas, la locura inversora creó los contornos de una red nacional integrada. El país empequeñeció. En la década de 1830, un viaje entre Londres y Edimburgo era cuestión de días en un incómodo carruaje. En la década de 1850, un tren tardaba menos de doce horas. La conexión con el resto del país supuso el auge de pueblos, ciudades y regiones, y el turismo, el comercio y la vida familiar se transformaron. Entre otros muchos impactos, creó la necesidad de una hora nacional estandarizada para dar sentido a los horarios. Y todo se hizo gracias a una implacable sed de beneficios.

El boom ferroviario de la década de 1840 fue «posiblemente la mayor burbuja de la historia».[41] Pero en los anales de la tecnología, es más norma que excepción. La llegada del ferrocarril no tuvo nada de inevitable, pero sí la oportunidad de ganar dinero. Carlota Pérez considera que una «fase de frenesí» equivalente forma parte de todos los grandes despliegues tecnológicos de al menos los últimos doscientos años, desde los primeros cables telefónicos hasta el internet de banda ancha contemporáneo.[42] El boom nunca permanece, pero el impulso especulativo en estado puro produce un cambio duradero, un nuevo sustrato tecnológico.

Lo cierto es que la curiosidad de los investigadores académicos o la voluntad de algunos gobiernos son insuficientes para propulsar nuevos avances hasta las manos de miles de millones de consumidores. La ciencia tiene que convertirse en productos útiles y deseables para que realmente se extienda a lo largo y a lo ancho.[43] En pocas palabras, la mayor parte de la tecnología se hace para ganar dinero.

Este es quizá el incentivo más persistente, arraigado y disperso de todos. El beneficio impulsa al empresario chino a desarrollar molduras para un teléfono rediseñado de forma radical; empuja al agricultor holandés a hallar nuevas tecnologías robóticas y de invernadero para cultivar tomates todo el año en el clima fresco del mar del Norte; lleva a los afables inversores de Sand Hill Road, en Palo Alto, California, a invertir millones de dólares en jóvenes emprendedores con poca experiencia. Aunque las motivaciones de cada uno de sus contribuyentes pueden variar, Google construye inteligencia artificial y Amazon construye robots porque, como empresas con accionistas a los que complacer, ven en ello una forma de obtener beneficios.

Y esto, el potencial de beneficios, se basa en algo aún más duradero y sólido, como es la demanda bruta. La gente quiere y necesita los frutos de la tecnología. La gente necesita alimentos, refrigeración o telecomunicaciones para vivir; puede que quiera aparatos de aire acondicionado, un innovador tipo de calzado que requiera una nueva técnica de fabricación o un novedoso y revolucionario método de coloración para cupcakes, entre los innumerables fines cotidianos para los que se utiliza la tecnología. En cualquier caso, la tecnología ayuda a proveer, y sus creadores se llevan su parte. La gran variedad de necesidades y deseos humanos y las incontables oportunidades de sacar provecho de ellos forman parte de la historia de la tecnología, y lo seguirán haciendo en el futuro.

Y eso no es algo malo. Si retrocedemos unos pocos siglos, el crecimiento económico era casi inexistente. El nivel de vida se estancó durante siglos en niveles insondablemente peores que los actuales. En los últimos doscientos años, la producción económica ha aumentado más de trescientas veces. El PIB per cápita se ha multiplicado al menos por trece en el mismo periodo, y en las zonas más ricas del mundo se ha multiplicado por cien.[44] A principios del siglo xix, casi todo el mundo vivía en la pobreza extrema. Ahora, a nivel global, esa cifra se sitúa en torno al 9 por ciento.[45] Las mejoras exponenciales de la condición humana, antaño imposibles, son ahora rutinarias.

En el fondo, esta es la historia de la aplicación sistemática de la ciencia y la tecnología en nombre del beneficio. Esto, a su vez, impulsó enormes saltos en la producción y el nivel de vida. En el siglo xix, inventos como la agavilladora de Cyrus McCormick permitieron aumentar en un 500 por ciento la producción de trigo por hora.[46] La máquina de Isaac Singer hizo que coser una camisa pasara de llevar catorce horas a solo una.[47] En las economías desarrolladas, la gente trabaja mucho menos que antes a cambio de una recompensa mucho mayor. En Alemania, por ejemplo, las horas de trabajo anuales han disminuido casi en un 60 por ciento desde 1870.[48]

La tecnología entró en un círculo virtuoso de creación de riqueza que podía invertirse a su vez en un mayor desarrollo tecnológico, todo lo cual impulsó el nivel de vida. Pero ninguno de estos objetivos a largo plazo era realmente la meta principal de un solo individuo. En el capítulo 1 he dicho que casi todo lo que nos rodea es producto de la inteligencia humana. He aquí un ligero matiz: gran parte de lo que vemos a nuestro alrededor está impulsado por la inteligencia humana en busca directa de beneficios monetarios.

Este motor ha creado una economía mundial de ochenta y cinco billones de dólares, y sigue subiendo. Desde los pioneros de la Revolución Industrial hasta los empresarios actuales de Silicon Valley, la tecnología tiene un incentivo magnético en forma de importantes recompensas económicas. La ola que viene representa el mayor premio económico de la historia; se trata de una cornucopia de consumidores y un centro de beneficios potenciales sin parangón. Cualquiera que pretenda contenerla debe explicar cómo se puede persuadir a un sistema capitalista distribuido, global y con un poder desenfrenado para que modere su aceleración, por no hablar de convencerlo para que la deje sobre la mesa.

Cuando una corporación automatiza las reclamaciones de seguros o adopta una nueva técnica de fabricación, genera ahorros de eficiencia o mejora el producto, lo que aumenta los beneficios y atrae a nuevos clientes. Cuando una innovación aporta una ventaja competitiva de ese tipo, todo el mundo debe adoptarla, adelantarse a ella, cambiar de enfoque, o perderá cuota de mercado y acabará en quiebra. La actitud en torno a esta dinámica en las empresas tecnológicas en particular es simple y despiadada: construir la próxima generación de tecnología o ser destruidas.

No es de extrañar, por tanto, que las empresas desempeñen un papel tan importante en la ola que viene. La tecnología es, con diferencia, la categoría más importante del índice S&P 500, del que constituye el 26 por ciento.[49] Los principales grupos tecnológicos disponen de una liquidez equivalente al PIB de un país como Taiwán o Polonia. Los gastos de capital, al igual que los de investigación y desarrollo, son enormes y superan a los de las grandes petroleras, que antes eran las que más gastaban. Cualquiera que haya seguido el sector recientemente habrá sido testigo de una carrera comercial cada vez más intensa en torno a la inteligencia artificial, en la que empresas como Google, Microsoft y OpenAI compiten semana a semana por lanzar nuevos productos.

Se invierten cientos de miles de millones de dólares de capital riesgo y capital privado en innumerables startups.[50] Solo la inversión en tecnologías del campo de la inteligencia artificial ha alcanzado los cien mil millones de dólares anuales.[51] Estas grandes cifras tienen una importancia relevante. Enormes cantidades de capital de inversión, gasto en investigación y desarrollo, capital riesgo e inversión en capital privado, sin parangón en ningún otro sector o Gobierno fuera de China y Estados Unidos, son el combustible en bruto que impulsa la ola que viene. Todo este dinero exige un rendimiento, y la tecnología que crea es el medio de conseguirlo.

Al igual que con la revolución industrial, las recompensas económicas potenciales son enormes. Las estimaciones son difíciles de intuir. La empresa de consultoría PwC prevé que la inteligencia artificial llegará a añadir hasta 15,7 billones de dólares a la economía mundial en 2030,[52] mientras que la compañía McKinsey, por su lado, estima que la biotecnología aporte cuatro billones de dólares en el mismo periodo.[53] Aumentar las instalaciones mundiales de robots un 30 por ciento por encima de una previsión de referencia podría desencadenar un dividendo de cinco billones de dólares, una suma mayor que toda la producción de Alemania.[54] Estos son fuertes incentivos, sobre todo cuando otras fuentes de crecimiento son cada vez más escasas. Con unos beneficios tan elevados, interrumpir la fiebre del oro será sin duda todo un reto.

¿Están justificadas estas predicciones? Es cierto que las cifras son desorbitadas. Es muy fácil hablar de las ingentes sumas del futuro sobre el papel, pero en un plazo algo más largo, no son del todo descabelladas. Al igual que en la Primera y la Segunda Revolución Industrial, el mercado total al que nos dirigimos se acaba por extender a toda la economía mundial. Alguien a finales del siglo XVIII se habría mostrado incrédulo ante la idea de que el PIB per cápita aumentara cien veces, y siquiera contemplar esa posibilidad habría parecido ridículo. Sin embargo, ocurrió. Teniendo en cuenta todas esas previsiones y los ámbitos fundamentales que aborda la ola que viene, incluso un impulso del 10 o del 15 por ciento de la economía mundial en la próxima década podría ser una previsión conservadora. A largo plazo, es probable que sea mucho mayor que eso.

Cabe tener en cuenta que la economía mundial creció seis veces en la segunda mitad del siglo XX.[55] Incluso si el crecimiento se ralentizara a solo un tercio de ese nivel durante los próximos cincuenta años, aún se desbloquearían alrededor de cien billones de dólares de PIB adicional.

Del mismo modo, pensemos en el impacto que tendrá la nueva ola de sistemas de inteligencia artificial. Los grandes modelos de lenguaje permiten mantener una conversación útil con una inteligencia artificial sobre cualquier tema en un lenguaje fluido y natural. En los próximos dos años, sea donde sea que trabajes, podrás consultar a un experto a la carta, preguntarle sobre la última campaña publicitaria que has lanzado, sobre el diseño de un producto o sobre los pormenores de un dilema jurídico. También se le podrá pedir que aísle los elementos más eficaces de un discurso, que resuelva una espinosa cuestión logística o que obtenga una segunda opinión sobre un diagnóstico y, si se sigue indagando y probando, obtener respuestas cada vez más detalladas basadas en la vanguardia del conocimiento y proporcionadas con un matiz excepcional. Todo el conocimiento del mundo, las mejores prácticas, los precedentes y el poder computacional estarán disponibles y se adaptarán a tus necesidades y circunstancias específicas, de forma instantánea y sin esfuerzo, lo que constituirá un salto en el potencial cognitivo al menos tan grande como la introducción de internet. Y eso antes incluso de entrar en las implicaciones que puedan tener fenómenos como la inteligencia artificial capaz o el test de Turing moderno.

En última instancia, hay pocas cosas más valiosas que la inteligencia, pues es el manantial y el director, el arquitecto y el facilitador de la economía mundial. Cuanto más ampliemos la gama y la naturaleza de las inteligencias disponibles, más crecimiento debería ser posible. Con la inteligencia artificial general, los escenarios económicos plausibles sugieren que podría conducir no solo a un impulso del crecimiento, sino a una aceleración permanente de su propia tasa.[56] En términos económicos, esta tecnología podría ser, a largo plazo, la más valiosa hasta la fecha, sobre todo si se combina con el potencial de la biología sintética o la robótica, entre otras.

Esas inversiones no son pasivas, sino que desempeñarán un papel importante para que lo sean, otra profecía autocumplida. Esos billones representan un enorme valor añadido y una gran oportunidad para la sociedad, ya que mejorarán el nivel de vida de miles de millones de personas y generarán inmensos beneficios para los intereses privados. En cualquier caso, esto crea un incentivo arraigado para seguir encontrando y desarrollando nuevas tecnologías.

RETOS GLOBALES

Durante la mayor parte de la historia, alimentarse a uno mismo y a su familia fue el principal reto de la vida humana. Ser agricultor siempre ha sido una tarea dura e incierta, pero, sobre todo antes de las mejoras del siglo XX, era mucho mucho más difícil. Cualquier variación en las condiciones meteorológicas, como que hiciera demasiado frío o calor, hubiera sequía o humedad, podía ser catastrófica. Casi todo se hacía a mano o, si tenías suerte, quizá con la ayuda de algunos bueyes. En ciertas épocas del año había poco que hacer; en otras, había semanas de trabajo físico incesante y agotador.

Los cultivos podían quedar arruinados a causa de enfermedades o plagas, echarse a perder tras la cosecha o ser robados por ejércitos invasores. La mayoría de los campesinos vivían al día, a menudo trabajando como siervos y renunciando a gran parte de su escasa cosecha.

Incluso en las zonas más productivas del mundo, los rendimientos eran bajos y frágiles. La vida era dura, se vivía al borde del desastre. Cuando Thomas Malthus argumentó en 1798 que una población en rápido crecimiento agotaría con rapidez la capacidad de carga de la agricultura y provocaría un colapso, no se equivocaba; los rendimientos estáticos acabarían siguiendo frecuentemente esta regla.

Lo que Malthus no había tenido en cuenta era la magnitud del ingenio humano. Si se daban condiciones climáticas favorables y se utilizaban las técnicas más modernas, en el siglo XIII cada hectárea de trigo en Inglaterra rendía alrededor de media tonelada, y así permaneció durante siglos.[57] Poco a poco, la llegada de nuevas técnicas y tecnologías lo cambió todo; desde la rotación de cultivos hasta la mejora selectiva, pasando por los arados mecanizados, los fertilizantes sintéticos, los pesticidas, las modificaciones genéticas y ahora incluso la siembra y escarda optimizadas por la inteligencia artificial. En el siglo XXI, el rendimiento es de unas ocho toneladas por hectárea.[58] La misma pequeña parcela de tierra, el mismo territorio y el terreno que se cosechaba a mano en la década de 1200, ahora puede tener una producción dieciséis veces mayor. El rendimiento del maíz por hectárea en Estados Unidos se ha triplicado en los últimos cincuenta años,[59] mientras que la mano de obra necesaria para producir un kilo de grano se ha reducido un 98 por ciento desde principios del siglo XIX.[60]

En 1945, alrededor del 50 por ciento de la población mundial padecía un alto nivel de desnutrición.[61] Hoy, a pesar de que la población es más de tres veces mayor, esa cifra se ha reducido al 10 por ciento, aunque esto representa más de seiscientos millones de personas, una cifra desmesurada. Sin embargo, al ritmo de 1945 serían cuatro mil millones, aunque en realidad esas personas no podrían haberse mantenido con vida. Es fácil pasar por alto lo lejos que hemos llegado y lo extraordinario que es el poder de la innovación. ¿Qué no habría dado el campesino de la Edad Media por las enormes cosechadoras y los excepcionales sistemas de riego del agricultor moderno? Para ellos, una mejora de dieciséis veces sería nada menos que un milagro. Y lo es.

Alimentar al mundo sigue siendo un reto inmenso. No obstante, esta necesidad ha impulsado la tecnología y ha dado lugar a una abundancia que en épocas anteriores hubiera sido inimaginable, como es tener alimentos suficientes, si bien no distribuidos como es debido, para los ocho mil millones de habitantes del planeta, una cifra que sigue creciendo.

La tecnología, como en el caso del suministro de alimentos, es una parte vital para abordar los retos a los que se enfrenta la humanidad hoy y a los que se enfrentará mañana. Perseguimos nuevas tecnologías, entre ellas las de la ola que viene, no solo porque las queremos, sino porque, a un nivel fundamental, las necesitamos.

Es probable que el mundo se encamine hacia un calentamiento climático de 2 °C o más. Cada segundo de cada día se traspasan los límites de la biosfera, desde el uso del agua dulce hasta la pérdida de biodiversidad. Incluso los países más resilientes, templados y ricos sufrirán en las próximas décadas olas de calor y sequías desastrosas, tormentas y estrés hídrico. Los cultivos fracasarán, los incendios forestales serán arrasadores. El derretimiento del permafrost liberará grandes cantidades de metano, con la consiguiente amenaza de un bucle de retroalimentación de calentamiento extremo. Las enfermedades se extenderán más allá de sus áreas de distribución habituales. Los refugiados climáticos y los conflictos asolarán el mundo a medida que el nivel del mar suba inexorablemente, y se pondrá en peligro a los principales centros de población. Por su parte, los ecosistemas marinos y terrestres se enfrentarán al colapso.

A pesar de los discursos bien justificados sobre una transición hacia energías limpias, la distancia que queda por recorrer es inmensa. La densidad energética de los hidrocarburos es increíblemente difícil de reproducir para tareas como propulsar aviones o buques portacontenedores. Aunque la generación de electricidad limpia está creciendo a gran velocidad, la electricidad solo representa alrededor del 25 por ciento de la producción mundial de energía.[62] Lo complicado es transformar el 75 por ciento restante. Desde el comienzo del siglo XXI, el consumo mundial de energía ha aumentado un 45 por ciento, pero la proporción de combustibles fósiles solo ha descendido del 87 al 84 por ciento, lo que significa que su consumo ha aumentado mucho a pesar de todos los avances hacia la electricidad limpia como fuente de energía.[63]

Vaclav Smil, científico experto en energía, considera el amoniaco, el cemento, los plásticos y el acero los cuatro pilares de la civilización moderna; son la base material que sustenta la sociedad, cuya producción es enormemente intensiva en carbono, además de carecer de sustitutos obvios. Sin estos materiales, la vida moderna se interrumpe, y sin los combustibles fósiles, esos materiales se interrumpen. En los últimos treinta años se han vertido en nuestra sociedad setecientos mil millones de toneladas de hormigón que emiten carbono. ¿Cómo sustituirlo? Puede que los vehículos eléctricos no emitan carbono al circular, pero no por ello dejan de consumir recursos; por ejemplo, los materiales para un solo vehículo eléctrico requieren extraer unas 225 toneladas de materias primas finitas, cuya demanda ya está aumentando de forma insostenible.

La producción de alimentos, como hemos visto, es uno de los mayores éxitos de la tecnología. Pero desde los tractores en los campos hasta los fertilizantes sintéticos, pasando por los invernaderos de plástico, está saturada de combustibles fósiles. Imaginemos un tomate promedio empapado en cinco cucharadas soperas de petróleo.[64] Eso es lo que se necesita para cultivarlo. Es más: para satisfacer la demanda mundial, la agricultura tendrá que producir casi un 50 por ciento más de alimentos desde ahora a 2050, justo cuando la producción disminuya a causa del cambio climático.[65]

Si queremos tener alguna posibilidad de mantener el calentamiento global por debajo de los 2 °C, los científicos del mundo que trabajan en el Grupo Intergubernamental de Expertos sobre el Cambio Climático de la ONU han sido claros: la captura y el almacenamiento de carbono es una tecnología esencial. Sin embargo, todavía no se ha acabado de inventar o no se ha implantado a gran escala.[66] Para hacer frente a este reto global, tendremos que rediseñar nuestros sistemas agrícolas, manufactureros, de transporte y energéticos desde cero con nuevas tecnologías neutras en carbono o, de hecho, incluso negativas en carbono. Se trata de ámbitos nada desdeñables. En la práctica, significa reconstruir toda la infraestructura de la sociedad moderna y, con suerte, mejorar la calidad de vida de miles de millones de personas.

La humanidad no tiene más remedio que afrontar retos como este, o muchos otros como el de prestar una asistencia sanitaria cada vez más cara a poblaciones envejecidas y acosadas por enfermedades crónicas intratables. He aquí, pues, otro poderoso incentivo, una parte vital de cómo prosperamos ante tareas abrumadoras que parecen superarnos. Las nuevas tecnologías tienen un sólido fundamento moral que va más allá de los beneficios o las ventajas.

La tecnología puede mejorar vidas y resolver problemas, y lo hará. Pensemos en un mundo poblado por árboles más longevos y que absorben cantidades mucho mayores de CO_2, un mundo en el que el fitoplancton ayuda a los océanos a convertirse en un mayor y más sostenible sumidero de carbono. La inteligencia artificial ha ayudado a diseñar una enzima capaz de descomponer el plástico que obstruye nuestros océanos, y también será una parte importante en cómo predecimos lo que está por venir, desde adivinar dónde podría un incendio forestal afectar a los suburbios hasta rastrear la deforestación a través de conjuntos de datos públicos.[67] Este sería también un mundo de medicamentos baratos y personalizados, diagnósticos rápidos y precisos, y sustitutos generados por la inteligencia artificial para los fertilizantes de alto consumo energético.

Las baterías sostenibles y escalables necesitan nuevas tecnologías radicales. Los ordenadores cuánticos combinados con la inteligencia artificial, con su capacidad de modelizar hasta el nivel molecular, podrían desempeñar un papel fundamental en la búsqueda de sustitutos para las baterías de litio convencionales que sean más ligeros, baratos, limpios, fáciles de producir y reciclar y más abundantes. Lo mismo ocurre con el trabajo con materiales fotovoltaicos, o en el descubrimiento de fármacos, que permite realizar simulaciones a nivel molecular para identificar nuevos compuestos, mucho más precisos y potentes que las lentas técnicas experimentales usadas en el pasado. Esta es la hiperevolución en acción, y promete ahorrar miles de millones en investigación y desarrollo al tiempo que ir mucho más allá del paradigma de investigación actual.

Una escuela de tecnosolucionismo ingenuo ve en la tecnología la respuesta a todos los problemas del mundo, aunque por sí sola no lo es. La forma en que se crea, se utiliza, se posee y se gestiona marca la diferencia. Nadie debería pretender que la tecnología sea una respuesta casi mágica a algo tan polifacético e inmenso como el cambio climático. Pero, del mismo modo, la idea de que podemos hacer frente a los retos definitorios del siglo sin nuevas tecnologías es completamente fantasiosa. También merece la pena recordar que las tecnologías de la ola harán la vida más fácil, saludable, productiva y agradable a miles de millones de personas. Ahorrarán tiempo, costes, molestias y salvarán millones de vidas. Su importancia no debe trivializarse ni olvidarse entre tanta incertidumbre.

La ola que viene llega en parte porque sin ella no hay salida. Este tipo de fuerzas sistémicas a gran escala impulsan la tecnología. Pero hay otra fuerza, más personal, que, según mi experiencia, está siempre presente y se subestima en gran medida: el ego.

El ego

Los científicos y tecnólogos son demasiado humanos. Ansían el estatus, el éxito y dejar un legado. Quieren ser los primeros y los mejores, y que se los reconozca como tales. Son competitivos e inteligentes y tienen una idea muy arraigada de su lugar en el mundo y en la historia. Les encanta sobrepasar los límites, lo que a veces viene motivado por el dinero, pero a menudo por la gloria o simplemente porque sí. Los científicos e ingenieros de inteligencia artificial se encuentran entre las personas mejor pagadas del mundo y, sin embargo, lo que en realidad los hace levantarse de la cama es la perspectiva de ser los primeros en lograr un gran avance o ver su nombre en un artículo de referencia. Los amemos o los odiemos, percibimos a los magnates y los empresarios de la tecnología como estandartes únicos del poder, la riqueza, la visión y la voluntad. Críticos y admiradores los consideran expresiones del ego, destacados en hacer que las cosas sucedan.

Los ingenieros suelen tener una mentalidad particular. El director del Laboratorio Nacional Los Álamos, en Nuevo México, el físico J. Robert Oppenheimer, era un hombre de principios. Pero, por encima de todo, era un solucionador de problemas impulsado por la curiosidad; a su manera, de un modo escalofriante, como en su famosa referencia al texto hinduista *Bhagavad-gītā*, pues al ver la primera prueba nuclear recordó la cita «Ahora me he convertido en la muerte, la destructora de mundos». Consideremos estas otras palabras del físico: «Cuando ves algo que es técnicamente dulce, sigues adelante y lo llevas a cabo, y discutes sobre qué hacer al respecto solo después de haber conseguido el éxito técnico».[68] Era una actitud compartida por su colega en el proyecto Manhattan, el brillante y polímata húngaro-estadounidense John von Neumann. «Lo que estamos creando ahora —dijo— es un monstruo cuya influencia va a cambiar la his-

toria, siempre que quede algo de historia, y sin embargo sería imposible no llevarlo a cabo, no solo por razones militares, sino también
porque sería poco ético desde el punto de vista de los científicos no
hacer lo que saben que es factible, sin importar las terribles consecuencias que pueda tener».[69]

Si se pasa suficiente tiempo en entornos técnicos y, a pesar de
toda la palabrería sobre ética y responsabilidad social, se llegará a reconocer la prevalencia de ese punto de vista, incluso frente a tecnologías de potencia extrema. Lo he visto muchas veces, y probablemente mentiría si dijera que yo mismo no he sucumbido también a
él en ocasiones.

Hacer historia, hacer algo que importa, ayudar o vencer a los
demás, impresionar a un posible socio, a un jefe, a los compañeros o
a los rivales; todo está ahí, todo forma parte del impulso siempre
presente de asumir riesgos, de explorar los límites, de adentrarse en
lo desconocido. De construir algo nuevo. De cambiar las reglas del
juego. De llegar a la cima de la montaña.

Ya sea noble y altruista o amargo y de suma cero, cuando se trabaja en el sector tecnológico suele ser este aspecto el que motiva el progreso, incluso más que las necesidades de los estados o los imperativos
de accionistas lejanos. Si buscamos a un científico o un tecnólogo de
éxito, en algún lugar encontraremos a alguien movido por un ego en
estado puro, alguien espoleado por impulsos emotivos que pueden sonar básicos o incluso poco éticos, pero que son, sin embargo, una parte
poco reconocida de por qué conseguimos las tecnologías que conseguimos. El mito de Silicon Valley del heroico fundador de una startup
que construye su imperio sin ayuda de nadie frente a un mundo hostil
e ignorante persiste por una razón. Con demasiada frecuencia, los tecnólogos siguen aspirando a tener una imagen de sí mismos, un arquetipo
al que emular, una fantasía que sigue impulsando las nuevas tecnologías.

Nacionalismo, capitalismo y ciencia son, a estas alturas, rasgos intrínsecos del mundo. No es posible eliminarlos de la escena en un plazo
considerable. El altruismo y la curiosidad, la arrogancia y la competencia, el deseo de ganar la carrera, de obtener reconocimiento, de salvar
al pueblo, de ayudar al mundo, lo que sea; todo ello es lo que impulsa
la ola, y no puede eliminarse ni eludirse.

Además, estos diferentes incentivos y elementos de la ola se combinan. Las carreras armamentísticas nacionales encajan con las rivalidades empresariales, mientras que los laboratorios y los investigadores se alientan entre ellos. En otras palabras, una serie anidada de subcarreras da lugar a una dinámica compleja que se refuerza a sí misma. La tecnología surge de innumerables contribuciones independientes que se superponen unas a otras, una maraña de ideas en expansión que se enredan impulsadas por incentivos profundamente arraigados y dispersos.

Sin herramientas para difundir la información a la velocidad de la luz, en el pasado la gente podía estar felizmente frente a nuevas tecnologías, a veces durante décadas, antes de darse cuenta de todas sus implicaciones. E, incluso cuando lo hacían, se necesitaba mucho tiempo y, en última instancia, imaginación, para percatarse de sus amplias ramificaciones. Hoy en día, el mundo observa cómo reaccionan los demás en tiempo real.

Todo se filtra. Todo se copia, se itera, se mejora. Y como todo el mundo observa y aprende de todo el mundo, con tanta gente investigando en las mismas áreas, es inevitable que alguien descubra el próximo gran avance. Y ese alguien no tendrá ninguna esperanza de contenerlo, porque incluso si lo hace, llegarán otros detrás y descubrirán la misma idea o encontrarán una forma adyacente de hacer lo mismo. Verán el potencial estratégico, el beneficio o el prestigio e irán a por ello.

Por eso no diremos que no. Por ese motivo, la ola que viene está al caer y contenerla es todo un reto. La tecnología es ahora un megasistema indispensable que impregna todos los aspectos de la vida cotidiana, de la sociedad y de la economía. Nadie puede prescindir de ella. Existen fuertes incentivos para que aumente y que lo haga de manera radical. Nadie controla lo que hace ni adónde irá después. No se trata de un concepto filosófico descabellado, ni de un escenario determinista extremo, ni de un exaltado tecnocentrismo californiano, sino que es una descripción básica del mundo que todos habitamos. De hecho, el mundo que llevamos habitando desde hace bastante tiempo.

En este sentido, da la sensación de que la tecnología es, por utilizar una imagen implacable, un gran molde de limo que rueda poco a poco hacia un futuro inevitable, con miles de millones de diminutas contribuciones realizadas por cada académico o empresario individual sin ninguna coordinación ni capacidad de resistencia. Poderosos polos de atracción tiran de él hacia delante. Donde aparecen bloqueos, se abren huecos en otros lugares y el conjunto rueda sin detenerse. Frenar estas tecnologías es antitético para los intereses nacionales, corporativos y de investigación.

Este es el último problema de la acción colectiva. La idea de que el método CRISPR o la inteligencia artificial pueden mantenerse guardados en un cajón no es creíble. Hasta que alguien logre crear un camino plausible para desmantelar estos incentivos entrelazados, la opción de no construir, de decir no o, incluso, de simplemente ralentizar o tomar un camino diferente no existe.

Contener la tecnología significa cortocircuitar todas estas dinámicas que se refuerzan entre ellas. Resulta difícil imaginar cómo hacerlo en un plazo que pueda influir en la ola que viene. Solo hay una entidad que podría, quizá, proporcionar la solución, una que anclase nuestro sistema político y asumiese la responsabilidad final de las tecnologías que produce la sociedad. Ese organismo es el Estado nación.

Sin embargo, hay un problema. Los estados ya se enfrentan a una inmensa tensión, y parece que la ola que viene complicará mucho más las cosas. Las consecuencias de esta colisión moldearán el resto del siglo.

TERCERA PARTE

Estados del fracaso

9

El gran pacto

LA PROMESA DEL ESTADO

En el fondo, el Estado nación, la unidad central del orden político mundial actual, propone a sus ciudadanos el trato sencillo y muy persuasivo de que la centralización del poder en el Estado soberano y territorial no solo es posible, sino que sus beneficios superan los riesgos con creces.[1] La historia sugiere que el monopolio de la violencia, es decir, confiar al Estado un amplio margen de maniobra para hacer cumplir las leyes y desarrollar sus poderes militares, es la forma más segura de garantizar la paz y la prosperidad; y que, además, un país bien administrado es un fundamento clave del crecimiento económico, la seguridad y el bienestar. Durante los últimos quinientos años, centralizar el poder en una autoridad única ha sido esencial para mantener la paz, liberar el talento creativo de miles de millones de personas para que trabajen duro, adquieran una educación, inventen, comercien y, de este modo, impulsen el progreso.

Incluso a medida que se hacía más poderoso y se enredaba en la vida cotidiana, el gran pacto del Estado nación, por tanto, es que no solo el poder centralizado permite la paz y la prosperidad, sino que ese poder puede contenerse utilizando una serie de controles, equilibrios, redistribuciones y formas institucionales. A menudo damos por sentado el delicado equilibrio que debe alcanzarse entre los extremos para mantener esto. Por un lado, hay que evitar los excesos más distópicos del poder centralizado y, por el otro, debemos aceptar la intervención regular para mantener el orden. En la actualidad, más que en ningún otro momento de la historia, las tecnologías de la ola que viene amenazan con desestabilizar este frágil equilibrio. En pocas palabras, el gran pacto se está fracturando, y la tecnología es un motor fundamental de esta transformación histórica.

Dado que los Estados nación son los encargados de gestionar y regular el impacto de la tecnología en beneficio de sus poblaciones, ¿hasta qué punto están preparados para lo que está por venir? Si el Estado es incapaz de coordinar la contención de esta ola, incapaz de garantizar que resulte beneficiosa para su ciudadanía, ¿qué opciones deja eso a la humanidad a medio y a largo plazo?

En las dos primeras secciones del libro hemos visto que una ola de poderosas tecnologías está a punto de romper frente a nosotros. Ahora es el momento de considerar lo que eso significa y vislumbrar un mundo después del diluvio.

En esta tercera parte, nos enfrentamos a las profundas consecuencias de estas tecnologías para el Estado nación y, sobre todo, para el Estado nación democrático liberal. Ya se están formando grietas. El orden político que fomentó el aumento de la riqueza, la mejora del nivel de vida, el crecimiento de la educación, de la ciencia y de la tecnología, un mundo que tendía hacia la paz, se encuentra ahora bajo una inmensa presión, en parte desestabilizado por las mismas fuerzas que él mismo ayudó a engendrar. Todas las implicaciones son amplias y difíciles de comprender, pero para mí indican un futuro en el que el reto de la contención es más difícil que nunca; un futuro en el que el gran dilema del siglo se vuelve inevitable.

LECCIONES DE COPENHAGUE: LA POLÍTICA ES PERSONAL

Siempre he creído apasionadamente en el poder del Estado para mejorar las vidas. Antes de dedicarme a la inteligencia artificial, trabajé en la Administración y en el sector no lucrativo. Cuando tenía diecinueve años ayudé a poner en marcha un servicio benéfico de asesoramiento telefónico, trabajé para el alcalde de Londres y cofundé una empresa de resolución de conflictos centrada en la negociación multilateral. Trabajar con funcionarios públicos, agotados y cansados, pero siempre solicitados y haciendo un trabajo heroico por quienes lo necesitan, fue suficiente para tomar conciencia del desastre que se desataría si el Estado fallara. Sin embargo, mi experiencia con los gobiernos locales, las negociaciones de la ONU y las organizaciones sin ánimo de lucro también me permitió conocer de primera mano sus limitaciones. Están por lo general mal gestionados, sobrecargados y actúan con lentitud. Un proyecto que organicé en 2009 en las negociaciones de Copenhague sobre el clima consistió en convocar a cientos de ONG y expertos científicos para que armonizaran su posición negociadora, con la idea de presentar una posición coherente en los debates de la cumbre principal que reúne a ciento noventa y dos países.

Pero no conseguimos acordar nada. Para empezar, nadie se ponía de acuerdo sobre la ciencia o la realidad de lo que ocurría sobre el terreno. Las prioridades estaban dispersas, y no había consenso sobre lo que sería eficaz, asequible o incluso práctico. ¿Podrían recaudarse diez mil millones de dólares para convertir el Amazonas en un parque nacional que absorbiera CO_2? ¿Cómo lidiar con las milicias y los sobornos? ¿O tal vez la respuesta fuera reforestar Noruega y no Brasil, o construir enormes granjas de algas? En cuanto se verbalizaban las propuestas, alguien las criticaba; cada sugerencia era un problema. Acabamos por discrepar al máximo en todo lo posible. En otras palabras, pasó lo que siempre pasa en política.

Además, en la conversación participaban personas que estaban, en teoría, en el mismo bando. Ni siquiera habíamos llegado al elemento principal, al verdadero tira y afloja. En la Cumbre de Copenhague, cada uno de los Estados tenía sus propias posiciones enfrentadas. Y a esto se sumaron las emociones. Los negociadores intentaban tomar decisiones con cientos de personas en la sala discutiendo, gritando y dividiéndose en grupos, todo ello mientras el tiempo corría, tanto para la cumbre como para el planeta. Yo estaba allí intentando facilitar el proceso, quizá de la negociación multipartita más compleja y con mayores riesgos de la historia de la humanidad, pero desde el principio parecía casi imposible. El calendario era demasiado apretado y los problemas, demasiado complejos. Nuestras instituciones para abordar los grandes problemas mundiales no estaban a la altura.

Algo parecido me ocurrió cuando trabajaba para el alcalde de Londres a los veintipocos años. Mi labor consistía en auditar el impacto de la legislación sobre derechos humanos en las comunidades londinenses. Entrevisté a todo el mundo, desde bangladesíes británicos hasta grupos judíos locales, jóvenes y mayores, de todos los credos y orígenes, una experiencia que me mostró cómo la legislación sobre derechos humanos podía ayudar a mejorar la vida de una forma muy práctica. A diferencia de Estados Unidos, el Reino Unido carece de una Constitución escrita que proteja los derechos fundamentales de las personas. Ahora las agrupaciones locales podían plantear los problemas a las autoridades locales e indicarles que tenían la obligación legal de proteger a los más vulnerables, y no podían hacer oídos sordos. Por un lado, fue inspirador. Me dio esperanza el hecho de que las instituciones pudieran tener un conjunto codificado de normas sobre justicia. El sistema podía ser beneficioso.

No obstante, por supuesto, la realidad de la política londinense era muy distinta. En la práctica, todo se convertía en excusas, en echarse unos a otros las culpas. Incluso cuando había una clara responsabilidad legal, los departamentos o los ayuntamientos no respondían, sino que la esquivaban, la eludían y la retrasaban. El inmovilismo ante los retos reales era endémico.

Cuando entré en el Ayuntamiento de Londres acababa de cumplir veintiún años. Era 2005 y yo era un optimista ingenuo. Creía en los gobiernos locales y, de hecho, en la ONU; para una persona ajena a ellas, parecían instituciones grandiosas y eficaces en las que era posible trabajar de manera conjunta para abordar las grandes cuestiones. Pensaba, como muchos en aquella época, que el globalismo y la democracia liberal eran valores por defecto, que eran el bienvenido final de la historia. El contacto con la realidad bastaba para mostrar el abismo entre los ideales desesperanzados y la verdadera situación sobre el terreno.

Por aquel entonces, también empecé a prestar atención a otra cosa que empezaba a tomar forma. Facebook estaba creciendo a una velocidad sin precedentes. De alguna manera, incluso cuando todo, desde el Gobierno local hasta la ONU, parecía funcionar con una lentitud pasmosa, esa pequeña startup había crecido hasta superar los cien millones de usuarios mensuales en tan solo unos años. Ese simple hecho cambió el curso de mi vida. Tenía muy claro que algunas organizaciones seguían siendo capaces de llevar a cabo acciones altamente eficaces a gran escala y que operaban en nuevos espacios, como las plataformas online.

La idea de que la tecnología por sí misma es capaz de resolver los problemas sociales y políticos es un engaño peligroso, pero tampoco es acertada la noción de que pueden resolverse sin ella. Conocer de cerca las frustraciones de los funcionarios públicos me hizo querer encontrar otras formas eficaces de hacer las cosas a gran escala, de trabajar no contra el Estado, sino en concierto con él para crear sociedades más productivas, más justas y, en última instancia, más amables.

Así pues, los avances tecnológicos nos ayudarán a superar los retos que mencionábamos páginas atrás, como cultivar alimentos bajo temperaturas insostenibles, detectar inundaciones, terremotos e incendios con antelación y mejorar el nivel de vida de todos. En un momento en el que los costes están disparándose y los servicios deteriorándose, considero que la inteligencia artificial y la biología sintética son palancas fundamentales para ayudar a acelerar el progreso. Harán que la asistencia sanitaria sea de mayor calidad y más asequible, y nos ayudará a inventar herramientas para lograr la transición a las energías renovables y combatir el cambio climático en un punto en el que la política esté estancada. Asimismo, asistirá al profesorado, y contribuirá a aumentar la eficacia de unos sistemas educativos que carecen de financiación suficiente. Este es el verdadero potencial de la ola que viene.

Por ello me embarqué en una carrera tecnológica creyendo que una nueva generación de herramientas podría amplificar nuestra capacidad de actuar a escala, de operar con mucha mayor rapidez que las políticas tradicionales. Utilizarlas para «inventar el futuro» me pareció la mejor manera de pasar los años más productivos de mi vida.

Voy a recurrir a mi vena idealista para situar los capítulos siguientes en su contexto y para dejar claro que considero el panorama a menudo desolador que se pinta como un fracaso titánico de la tecnología y de la gente que, como yo, la construye.

A pesar de que la tecnología sigue siendo la vía más poderosa para abordar los retos del siglo XXI, no podemos pasar por alto los inconvenientes que presenta. Sin dejar de reconocer sus muchas ventajas, también es necesario superar la aversión al pesimismo y analizar con frialdad los nuevos riesgos que pueden derivarse de las tecnologías omnicanales. Con el tiempo, la naturaleza de esos riesgos y la magnitud de lo que está en juego no han hecho más que aclararse. La tecnología no es solo una herramienta para apoyar el pacto que hemos hecho con el Estado nación; también representa una auténtica amenaza para él.

Una minoría influyente de la industria tecnológica no solo cree que las nuevas tecnologías suponen una amenaza para nuestro ordenado mundo de estados nación, sino que celebra su desaparición con entusiasmo. Estos críticos creen que el Estado es sobre todo un estorbo y que lo mejor sería deshacerse de él, pues consideran que está tan deteriorado que no puede rescatarse, una afirmación con la que no estoy de acuerdo en absoluto. Esa realidad sería un desastre.

Soy británico, y nací y me crie en Londres, pero una parte de mi familia es siria. Mis familiares se han visto atrapados en la terrible guerra que ha sufrido el país en los últimos años, por lo que sé bien qué ocurre cuando los estados fracasan y, hablando claro, es de una gravedad inimaginable. Es espantoso, y quien piense que lo sucedido en Siria nunca podría pasarnos a «nosotros» se está engañando; las personas son personas, estén donde estén. Nuestro sistema de estados nación no es perfecto, ni mucho menos, pero debemos hacer todo lo posible por reforzarlo y protegerlo. Este libro es, en parte, mi intento de defenderlo.

No va a haber nada —ninguna bala de plata— que llegue a tiempo para salvarnos, para absorber la fuerza desestabilizadora de la ola. Y es que no hay otra opción a medio plazo. Incluso, en el mejor de los casos, la ola que viene supondrá una inmensa conmoción para los sistemas que rigen las sociedades. Antes de explorar los peligros que conlleve, merece la pena preguntarse por la situación general de los estados nación. ¿Están en condiciones de afrontar los retos que se avecinan?

ESTADOS FRÁGILES

Desde una perspectiva objetiva, las condiciones de vida en el mundo son mejores hoy que en cualquier otro momento del pasado. Damos por sentado que tenemos agua corriente y abundancia de alimentos. La mayoría de la gente disfruta de calor y cobijo durante todo el año. Las tasas de alfabetización, la esperanza de vida y la igualdad de género se sitúan en máximos históricos.[2] La suma de miles de años de erudición e investigación humana está disponible con solo pulsar un botón. Para la mayoría de los habitantes de los países desarrollados, la vida está marcada por una facilidad y una abundancia que habrían parecido realmente increíbles en épocas pasadas. Y, sin embargo, a todo ello subyace una sensación persistente de que algo no va del todo bien.

Las sociedades occidentales, en particular, están sumidas en una profunda ansiedad; son «estados nerviosos», impulsivas y díscolas.[3] Este malestar persistente es, por un lado, el resultado de sacudidas anteriores, entre las que se cuentan múltiples crisis financieras, la pandemia, la violencia (desde el 11-S hasta la guerra de Ucrania) y, por el otro, los efectos de presiones crecientes y a largo plazo, como la disminución de la confianza pública, el aumento de la desigualdad y el calentamiento del planeta. De cara a la ola que viene, muchas naciones se ven acosadas por una serie de grandes retos que afectan a su eficacia, que las debilitan, las dividen y las hacen más propensas a tomar decisiones lentas y erróneas. La próxima ola desembarcará en un entorno inflamable, incompetente y sobreexplotado, lo que conlleva que el reto de la contención, el de controlar y dirigir las tecnologías para que sean un beneficio neto para la humanidad, sea aún más desalentador.

Las democracias se basan en la confianza. La gente necesita confiar en que los funcionarios del Gobierno, los militares y otras élites no abusarán de sus posiciones dominantes. Todo el mundo confía en que se paguen los impuestos, se respeten las normas y se antepongan los intereses del conjunto a los individuales. Sin confianza, desde las urnas hasta la declaración de la renta, desde el ayuntamiento hasta el poder judicial, las sociedades corren peligro.

La confianza en el Gobierno se ha derrumbado, sobre todo en Estados Unidos.[4] Las administraciones presidenciales de posguerra como las de Eisenhower y Johnson contaban con la confianza de más del 70 por ciento de los estadounidenses para hacer «lo correcto», según una encuesta del Centro de Investigaciones Pew. En el caso de presidentes recientes como Obama, Trump y Biden, ese nivel de confianza se ha desmoronado y ha caído por debajo del 20 por ciento.[5] Resulta bastante sorprendente que un estudio de 2018 sobre la democracia en Estados Unidos descubriera que hasta una de cada cinco personas cree que el militarismo es una buena idea.[6] Nada menos que el 85 por ciento de los estadounidenses cree que el país «va en la dirección equivocada».[7] La desconfianza se extiende a las instituciones no gubernamentales, con niveles crecientes de descrédito en los medios de comunicación, en el *establishment* científico y en la idea de sabiduría en general.[8]

El problema no se limita a Estados Unidos. Otra encuesta del Centro de Investigaciones Pew reveló que, en veintisiete países, una mayoría no estaba satisfecha con su democracia. Un estudio del Índice de Percepción de la Democracia, por su parte, puso de manifiesto que, en cincuenta países, dos tercios de los encuestados consideraban que el Gobierno rara vez o nunca actuaba en favor del interés público.[9] El hecho de que tantas personas sientan profundamente que la sociedad está fallando es en sí mismo un problema, ya que la desconfianza genera negatividad y apatía y, en última instancia, la gente se niega a votar.

Desde 2010, han sido más los países que han retrocedido en las mediciones de la democracia que los que han progresado, un proceso que da la impresión de acelerarse.[10] El aumento del nacionalismo y el autoritarismo parecen endémicos, desde Polonia y China hasta Rusia, Hungría, Filipinas y Turquía. Los movimientos populistas van desde lo bizarro, como QAnon, hasta lo sin rumbo (los chalecos amarillos de Francia), pero desde Bolsonaro en Brasil hasta el Brexit en el Reino Unido, ha sido imposible pasar por alto su protagonismo en la escena mundial.

Detrás del nuevo impulso autoritario y la inestabilidad política se oculta un creciente poso de resentimiento social. La desigualdad, un catalizador clave de la inestabilidad y el resentimiento social, se ha disparado en todas las naciones occidentales en las últimas décadas, pero sobre todo en Estados Unidos.[11] Entre 1980 y 2021, la proporción de la renta nacional obtenida por el 1 por ciento más rico casi se ha duplicado y ahora se sitúa justo por debajo del 50 por ciento.[12] La riqueza está cada vez más concentrada en una minúscula camarilla.[13] La política gubernamental, la disminución de la población en edad de trabajar, el estancamiento de los niveles educativos y la desaceleración del crecimiento a largo plazo han contribuido a que las sociedades sean cada vez más desiguales.[14] Cuarenta millones de personas viven en la pobreza en Estados Unidos, y más de cinco millones viven en condiciones tercermundistas, todo ello dentro de la economía más rica del mundo.[15]

Se trata de tendencias especialmente preocupantes si se tienen en cuenta las relaciones persistentes entre la inmovilidad social, el aumento de la desigualdad y la violencia política.[16] De los datos de más de cien países se desprende que cuanto menor es la movilidad social de un país, mayor es el número de disturbios, huelgas, asesinatos, campañas revolucionarias y guerras civiles. Cuando la gente se siente anquilosada, o cree que otros acaparan injustamente los beneficios, se enfada.

No hace tanto tiempo, el mundo estaba destinado a ser plano, un terreno sin fricciones de fácil comercio y creciente prosperidad. De hecho, a medida que avanza el siglo XXI, las crisis de la cadena de suministro y las financieras siguen siendo características indelebles de la economía. Aquellos países que se inclinan por el nacionalismo están experimentando, en parte, un alejamiento de la brillante promesa del siglo XX de que una mayor interconexión aceleraría la difusión de la riqueza y la democracia.

Deslocalización, seguridad nacional, cadenas de suministro resistentes, autosuficiencia: el lenguaje comercial actual vuelve a ser el de las fronteras, las barreras y los aranceles. Al mismo tiempo, los alimentos, la energía, las materias primas y los bienes de todo tipo se han encarecido. En esencia, todo el orden económico y de seguridad de la posguerra se enfrenta a una tensión sin precedentes.

Los desafíos mundiales están alcanzando un punto crítico. Inflación galopante. Escasez de energía. Estancamiento de los ingresos. Ruptura de la confianza. Olas de populismo. Ninguna de las viejas visiones, ni de la izquierda ni de la derecha, parece ofrecer respuestas convincentes, aunque del mismo modo da la impresión de que las opciones mejores escasean. Haría falta ser muy valiente, o sin duda iluso, para sostener que todo va bien, que no hay fuerzas populistas, airadas y disfuncionales causando estragos en las sociedades, a pesar de que los niveles de vida actuales son los más altos que el mundo haya visto jamás.[17]

Esto complica mucho más la contención. La formación de un consenso nacional e internacional y el establecimiento de nuevas normas en torno a unas tecnologías que evolucionan a gran velocidad constituyen ya un enorme desafío. ¿Cómo podemos esperar hacerlo cuando nuestro modo de referencia parece ser la inestabilidad?

LA TECNOLOGÍA ES POLÍTICA. EL DESAFÍO DE LA OLA A LOS ESTADOS

Todas las olas tecnológicas anteriores han tenido profundas implicaciones políticas, por lo que cabría esperar lo mismo de las futuras. La última ola, que constituyó la llegada de los ordenadores centrales, los computadores de sobremesa y el software de escritorio, internet y el smartphone, aportó inmensos beneficios a la sociedad, estableció las nuevas herramientas de la economía moderna, impulsó el crecimiento y transformó el acceso al conocimiento, al entretenimiento y a otras personas. En medio de la actual polémica sobre los efectos negativos de las redes sociales, es fácil pasar por alto estos innumerables aspectos positivos. Sin embargo, a lo largo de la última década, un consenso cada vez mayor sugiere que estas tecnologías también han hecho algo más: han creado las condiciones para alimentar y amplificar esta polarización política subyacente y la fragilidad institucional.

No es ninguna novedad que las plataformas de redes sociales pueden desencadenar respuestas emocionales viscerales, sacudidas de adrenalina que con tanta eficacia provocan las amenazas percibidas. Las redes sociales se nutren de las emociones exacerbadas y, a menudo, de la indignación. Un metaanálisis publicado en la revista *Nature* revisó los resultados de casi quinientos estudios, y concluyó que existe una clara correlación entre el creciente uso de los medios digitales y el aumento de la desconfianza en la política, de los movimientos populistas, del odio y de la polarización. Puede que este vínculo no sea causalidad, pero esta revisión sistemática arroja, sin embargo, «pruebas claras de graves amenazas a la democracia» procedentes de las nuevas tecnologías.[18]

La tecnología ya ha erosionado las fronteras estables y soberanas de los Estados nación, creando o apoyando de forma innata flujos globales de personas, información, ideas, conocimientos técnicos, materias primas, bienes acabados, capital y riqueza. Es, como hemos visto, un componente significativo de la estrategia geopolítica. Afecta a casi todos los aspectos de la vida de las personas. Incluso antes del impacto de la ola que viene, la tecnología ya es un motor en la escena mundial, un factor importante en el deterioro de la salud de los Estados nación de todo el mundo. La tecnología moderna, demasiado rápida en su desarrollo, demasiado global, demasiado proteica y tentadora para cualquier modelo simple de contención, así como estra-

tégicamente crítica y de confianza para miles de millones de personas, es en sí misma un actor principal, una fuerza monumental que
las naciones luchan por gestionar. La inteligencia artificial, la biología
sintética y todas las demás tecnologías se están introduciendo en sociedades disfuncionales que ya están siendo sacudidas por olas tecnológicas de inmenso poder. Este no es un mundo preparado para la ola
que viene, sino que es un mundo que se hunde bajo la presión actual.

A menudo he oído decir que los valores de la tecnología son «neutrales» y que su política surge del uso que se hace de ella, una afirmación
que es tan reduccionista y simplista que casi carece de sentido. La
tecnología no causó ni creó directamente el Estado moderno (ni, de
hecho, ninguna estructura política), como tampoco es neutral el potencial que desata en esa historia.

En palabras del historiador de la tecnología Langdon Winner, «la
tecnología en sus diversas manifestaciones es una parte significativa
del mundo humano. Sus estructuras, procesos y alteraciones entran y
se convierten en parte de las estructuras, procesos y alteraciones de la
conciencia humana, de la sociedad y de la política».[19] Dicho de otro
modo: la tecnología es política. Se trata de un hecho radicalmente
poco reconocido, no solo por nuestros dirigentes, sino incluso por
quienes crean la propia tecnología. A veces, esta politización sutil
pero omnipresente es casi invisible, y no debería serlo. Las redes sociales no son más que el recordatorio más reciente de que la tecnología y la organización política no pueden disociarse. Los Estados y
las tecnologías están íntimamente ligados, lo cual tiene importantes
ramificaciones para lo que está por venir.

Aunque la tecnología no empuja de forma simplista a la gente
en una dirección predeterminada, no es una ingenuidad tecnodeter-
minista reconocer su tendencia a permitir ciertas capacidades o ver
cómo impulsa algunos resultados sobre otros. En este sentido, la tecnología es uno de los principales determinantes de la historia, pero
nunca por sí sola ni de forma mecánica e inherentemente predecible.
No es la causa superficial de ciertos comportamientos o resultados,
pero las oportunidades que ofrece orientan o limitan las posibilidades.

En esencia, la guerra, la paz, el comercio, el orden político y la
cultura siempre han estado interrelacionados entre ellos y, además,

con la tecnología. Las tecnologías son ideas que se manifiestan en productos y servicios que tienen consecuencias profundas y duraderas para las personas, para las estructuras sociales, para el medioambiente y para todo lo demás.

La tecnología moderna y el Estado evolucionan en simbiosis, en diálogo constante. Pensemos en cómo la tecnología facilitó su funcionamiento al ayudar en la construcción de los cimientos de la identidad y de la administración nacionales. La escritura se inventó como herramienta administrativa y contable para llevar la cuenta de deudas, herencias, leyes, impuestos, contratos y registros de propiedad. El reloj fijó la hora, primero en espacios limitados, como los monasterios; luego, de forma mecánica en las ciudades mercantiles de finales de la Edad Media y, con el tiempo, en las naciones, lo que dio lugar a unidades sociales comunes y cada vez mayores.[20] La imprenta ayudó a estandarizar las lenguas nacionales a partir de un caos de dialectos y contribuyó así a producir una «comunidad imaginada» nacional, el pueblo unitario que hay detrás de un Estado nación.[21] La palabra impresa sustituyó a las tradiciones orales, más fluidas; fijó la geografía, el conocimiento y la historia, y promulgó así códigos legales e ideologías fijas. Por su parte, la radio y la televisión aceleraron este proceso y crearon momentos de comunalidad nacional e incluso internacional vividos de manera simultánea, como la serie radiofónica de charlas junto al fuego de Franklin D. Roosevelt o la Copa del Mundo.

Asimismo, las armas también son tecnologías fundamentales para el poder de las naciones. De hecho, los teóricos del Estado suelen sugerir que la propia guerra fue esencial para su creación (en palabras del politólogo Charles Tilly, «la guerra hizo el Estado y el Estado hizo la guerra»), del mismo modo que el conflicto siempre ha sido un incentivo para las nuevas tecnologías, desde los carros de combate y las armaduras metálicas hasta el radar y los avanzados chips que guían las municiones de precisión. La pólvora, que se introdujo en Europa en el siglo XIII, rompió el viejo esquema defensivo de los castillos medievales. Los asentamientos fortificados se convirtieron en blanco fácil de los bombardeos. En la guerra de los Cien Años entre Inglaterra y Francia, las capacidades ofensivas daban ventaja a quienes podían permitirse comprar, construir, mantener, trasladar y desplegar cañones de capital intensivo. A lo largo de los años, el Estado concentró cada vez más poder letal en sus propias manos, y reivindicó de ese modo el monopolio del uso legítimo de la fuerza.

Así pues, en resumidas cuentas la tecnología y el orden político están íntimamente relacionados, ya que la introducción de nuevas tecnologías tiene importantes consecuencias políticas. Al igual que los cañones y la imprenta transformaron la sociedad, cabe esperar lo mismo de tecnologías como la inteligencia artificial, la robótica y la biología sintética.

Detengámonos un momento e imaginemos un mundo en el que los robots con la destreza de los seres humanos que pueden «programarse» en lenguaje sencillo están disponibles al precio de un microondas. ¿Te imaginas todos los usos que se darán a una tecnología tan valiosa o la difusión que tendrán estas herramientas? ¿Quién o, más bien, qué cuidará de tu madre anciana en una residencia? ¿Cómo pedirás la comida en un restaurante, y quién te la llevará a la mesa? ¿Cómo actuarán las fuerzas del orden en una situación de rehenes? ¿Quién se ocupará de los huertos en época de cosecha? ¿Cómo reaccionarán los planificadores militares y paramilitares cuando no sea necesario enviar seres humanos al combate? ¿Cómo serán los recintos donde los niños entrenen al fútbol? ¿Cómo serán los limpiadores de cristales? ¿Quién es el propietario de todo este hardware y propiedad intelectual, quién lo controla y qué salvaguardas existen por si falla? Porque fallará.

Imagina todo esto, que implica una economía política muy diferente de la actual.

El Estado nación moderno, liberal, democrático e industrializado ha sido la fuerza global dominante desde principios del siglo xx, el claro vencedor del gran enfrentamiento político del siglo pasado. Llegó con funciones definitorias que ahora se dan por sentadas, como la provisión de seguridad. Las grandes concentraciones de poder legítimo en el centro, capaces de dominar por completo dentro de sus jurisdicciones, pero también controles sensatos, equilibrios y separaciones sobre y entre todas las formas de poder. Un bienestar adecuado a través de la redistribución y una buena gestión económica. Marcos estables de innovación tecnológica y regulación, junto con toda una arquitectura socioeconómico-jurídica de la globalización. En los próximos capítulos veremos cómo la ola que viene pone todo esto en grave peligro.

Lo que ocurra tenderá, en mi opinión, en dos direcciones entre las que se abrirá un abanico de resultados. En una trayectoria, algunos países democráticos liberales seguirán erosionándose desde dentro, convirtiéndose en una especie de Gobierno zombi.[22] Los rasgos de la democracia liberal y del Estado nación tradicional permanecerán, pero funcionalmente se verán vaciados, los servicios básicos estarán cada vez más desgastados y el sistema de gobierno será inestable y caótico. Al avanzar a trompicones en ausencia de cualquier otra cosa, se vuelven cada vez más degradados y disfuncionales. Por otro lado, la adopción irreflexiva de algunos aspectos de la ola que viene abre vías para el control estatal dominante, lo que creará leviatanes supercargados cuyo poder irá más allá incluso de los gobiernos totalitarios más extremos de la historia. Los regímenes autoritarios también pueden tender hacia un estado zombi, pero igualmente pueden duplicarse, potenciarse; en definitiva, convertirse en una tecnodictadura en toda regla. En cualquiera de los dos casos, el delicado equilibrio que mantiene unidas a las naciones se verá abocado al caos.

Tanto los Estados fallidos como los regímenes autoritarios son resultados desastrosos, no solo por sí mismos, sino también para el gobierno de la tecnología; ni las burocracias agitadas, ni los oportunistas populistas, ni los dictadores todopoderosos son agentes a los que uno querría como responsables esenciales del control de las nuevas y poderosas tecnologías. Ninguna de las dos direcciones puede contener o contendrá la ola que viene.

Por tanto, el peligro está en cualquiera de los dos bandos, ya que la gestión de la próxima ola requiere Estados seguros de sí mismos, ágiles y coherentes, que rindan cuentas a los ciudadanos, estén llenos de experiencia, equilibren intereses e incentivos, sean capaces de reaccionar con rapidez y decisión con medidas legislativas y, sobre todo, con una estrecha coordinación internacional. Los líderes tendrán que emprender acciones audaces sin precedentes, de cambiar el beneficio a corto plazo por uno a largo plazo. Responder con eficacia a uno de los acontecimientos de mayor alcance y transformación de la historia exigirá gobiernos maduros, estables y, ante todo, de confianza, que den lo mejor de sí mismos. Estados que funcionen muy muy bien. Eso es lo que hará falta para garantizar que la ola que viene aporte los grandes beneficios que promete, pero sin duda es una tarea sumamente difícil.

Los robots baratos y omnipresentes, como los que se han esbozados con anterioridad, junto con la serie de otras tecnologías transformadoras que hemos visto en la segunda parte, son del todo inevitables en un plazo de veinte años, y es posible que mucho antes. En este contexto, cabe esperar profundos cambios en la economía, en el Estado nación y en todo lo que ello conlleva. El gran pacto ya está en apuros. Cuando comience el diluvio, una serie de nuevos factores de tensión sacudirán sus cimientos.

10

Amplificadores de la fragilidad

EMERGENCIA NACIONAL 2.0. LA ASIMETRÍA INCONTENIDA EN ACCIÓN

En la mañana del 12 de mayo de 2017, el Servicio Nacional de Salud británico (NHS, por sus siglas en inglés) se paralizó. En miles de sus instalaciones en todo el país los sistemas informáticos se congelaron de repente. En los hospitales, el personal se quedó sin acceso a equipos médicos cruciales, como los escáneres de resonancia magnética, y sin poder consultar los historiales de los pacientes. Hubo que cancelar miles de procedimientos programados, desde citas en el departamento de oncología hasta operaciones previstas. Los equipos asistenciales, presas del pánico, recurrieron a las paradas manuales, con la ayuda de notas en papel y teléfonos personales. El Hospital Real de Londres cerró su servicio de urgencias y los pacientes quedaron tendidos en camillas fuera de los quirófanos.

El NHS había sufrido un cibersecuestro.[1] El programa se llamaba WannaCry y fue de una escala inmensa. Este tipo de ataques funcionan comprometiendo un sistema para cifrarlo y bloquear así el acceso a archivos y a funciones clave. Los ciberatacantes suelen pedir un rescate a cambio de liberar el sistema que tienen cautivo.

La entidad sanitaria británica no fue el único objetivo del ataque, sino que, valiéndose de una vulnerabilidad en sistemas antiguos de Microsoft, los hackers habían encontrado la forma de paralizar amplios sectores del mundo digital, entre ellos instituciones como Deutsche Bahn, Telefónica, FedEx, Hitachi e incluso la oficina de seguridad pública de China. WannaCry engañó a algunos usuarios para que abrieran un correo electrónico, acción que liberó un «gusano», que se replicó y transportó y acabó infectando a un cuarto de millón de ordenadores en ciento cincuenta países en solo un día.[2] Durante unas horas después del ataque, gran parte del mundo digital se tambaleó al verse secuestrado por un agresor lejano y sin rostro. Los daños resultantes costaron hasta ocho mil millones de dólares, pero las implicaciones fueron aún mayores.[3] El ataque puso de manifiesto lo vulnerables que son ante sofisticados ciberataques algunas instituciones cuyo funcionamiento damos por sentado.

Al final, el NHS —y el mundo— tuvieron un golpe de suerte. Marcus Hutchins, un hacker británico de veintidós años, dio con un interruptor de corte. Al revisar el código del programa maligno, vio un nombre de dominio de aspecto extraño. Supuso que podría formar parte de la estructura de mando y control del gusano, y al ver que el dominio no estaba registrado, Hutchins lo compró por 10,69 dólares, lo que le permitió tomar el control del virus mientras Microsoft publicaba actualizaciones que cerraban la vulnerabilidad.

Quizá lo más extraordinario de WannaCry es de dónde llegó. El virus informático se construyó a partir de una tecnología creada por la Agencia de Seguridad Nacional de Estados Unidos (NSA, por sus siglas en inglés), una unidad de élite de la cual la Oficina de Acceso a Operaciones a Medida había desarrollado un ciberataque de vulnerabilidad de seguridad llamado EternalBlue. En palabras de un empleado de la NSA, se trataba de «las llaves del reino», herramientas diseñadas para «socavar la seguridad de muchas de las principales redes gubernamentales y corporativas, tanto [en Estados Unidos] como en el extranjero».[4]

¿Cómo había conseguido un grupo de hackers esta tecnología formidable, en teoría desarrollada por una de las organizaciones más sofisticadas del planeta? Como señaló Microsoft en su momento, «una situación equivalente con armas convencionales sería que al ejército estadounidense le robaran algunos de sus misiles Tomahawk».[5] A diferencia de dichos misiles, sin embargo, las armas digitales de la NSA podrían introducirse con discreción en una memoria USB. Los hackers que robaron la tecnología, un grupo conocido como Shadow Brokers, pusieron EternalBlue a la venta. Pasó con rapidez a manos de piratas informáticos norcoreanos, probablemente de la unidad cibernética Bureau 121, patrocinada por el Estado. Y de ahí lo lanzaron al mundo.

A pesar de los rápidos ajustes, las consecuencias de la filtración del EternalBlue no habían terminado. En junio de 2017 surgió una nueva versión del arma, esta vez diseñada específicamente para atacar la infraestructura nacional ucraniana en un ataque que rápido se atribuyó a la inteligencia militar rusa. El ciberataque NotPetya estuvo a punto de doblegar al país. Los sistemas de control de la radiación en Chernóbil se quedaron sin energía, los cajeros automáticos dejaron de dispensar dinero y los teléfonos móviles perdieron la conexión. El 10 por ciento de los ordenadores del país estaban infectados y las infraestructuras básicas, desde la red eléctrica hasta la Caja de Ahorros Estatal de Ucrania, cayeron. Además, hubo daños colaterales, entre los cuales importantes multinacionales como el gigante naviero Maersk quedaron inmovilizadas.

He aquí la parábola de la tecnología del siglo XXI. El software creado por los servicios de seguridad del Estado más sofisticado del mundo en materia tecnológica se filtra o es robado. De ahí, pasa a manos de terroristas digitales que trabajan para uno de los países más fallidos del mundo y una de las potencias nucleares más caprichosas. A continuación, se convierte en un arma contra el tejido básico del Estado contemporáneo, como son los servicios sanitarios, las infraestructuras de transporte y energía, las empresas esenciales de las comunicaciones y la logística mundiales. Dicho de otro modo: a causa de un fallo básico de contención una superpotencia mundial se convirtió en víctima de su propia tecnología, poderosa y, supuestamente, segura.

Esto es la asimetría incontenida en acción.

Por suerte, los cibersecuestros descritos aquí se basaron en ciberarmas convencionales. Y digo «por suerte» en la medida en que no partían de las características de la ola que viene. Tenían un poder y un potencial limitados. El Estado nación resultó arañado y magullado, pero no fue socavado en lo fundamental. Sin embargo, la cuestión no es si se producirá el próximo ataque, sino cuándo, y puede que entonces no tengamos tanta suerte.

Dada la velocidad a la que los sistemas críticos se recuperaron de ataques como WannaCry, es tentador argumentar que los ciberataques son mucho menos eficaces de lo que podríamos haber imaginado. Con la ola que viene, esa suposición es un grave error. Ataques como este demuestran que hay quienes utilizarían tecnologías de vanguardia para degradar e inhabilitar funciones clave del Estado, así como que las instituciones básicas de la vida moderna son vulnerables. Un individuo solitario y una empresa privada (Microsoft) parchearon la debilidad sistémica. Este ataque no respetó las fronteras nacionales, por lo que el papel del Gobierno en la gestión de la crisis fue limitado.

Ahora imagínate que, en lugar de dejar abierta una brecha por accidente, los hackers responsables de WannaCry hubieran diseñado el programa para aprender sistemáticamente sobre sus propias vulnerabilidades y parchearlas una vez tras otra. Imagina que, a medida que ataca, el programa evoluciona para explotar nuevas debilidades, y que entonces empieza a moverse por cada hospital, cada oficina, cada hogar, a la vez que no deja de mutar, de aprender. Podría atacar los sistemas de soporte vital, las infraestructuras militares, la señalización de transportes, la red energética o las bases de datos financieras. A medida que se propaga, imagina que el programa aprende a detectar y a detener nuevos intentos de inhabilitarlo. Un arma como esta está en el horizonte, si es que no está ya en desarrollo.

WannaCry y NotPetya tienen sus limitaciones en comparación con el tipo de agentes de aprendizaje de uso cada vez más general que conformarán la próxima generación de ciberarmas, que amenazan con provocar la emergencia nacional 2.0. Los ciberataques de hoy no son la amenaza real; son el aviso, como los canarios en las minas de carbón, de una nueva era de vulnerabilidad e inestabilidad que diezma el papel del Estado nación como único árbitro de la seguridad.

He aquí una aplicación concreta y a corto plazo de la tecnología de nueva generación que está desgarrando el tejido estatal. En este capítulo analizaremos cómo este y otros factores de tensión erosionan el propio edificio responsable del gobierno de la tecnología. Estos amplificadores de la fragilidad, las sacudidas del sistema, las emergencias 2.0 exacerbarán en gran medida los retos existentes, agitarán los cimientos del Estado y alterarán nuestro ya precario equilibrio social. Esta es, en parte, una historia de quién puede hacer qué; una historia de poder, y de dónde reside.

La caída en picado del coste del poder

El poder es «la habilidad o capacidad para hacer algo o actuar de una manera determinada; [...] para dirigir o influir en el comportamiento de otros o en el curso de los acontecimientos».[6] Es la energía mecánica o eléctrica que sustenta la civilización. La base y el principio central del Estado. El poder, de una forma u otra, lo determina todo. Y también está a punto de transformarse.

En última instancia, la tecnología es política porque es una forma de poder. Y tal vez la característica principal de la ola que viene sea que democratizará el acceso al poder. Como vimos en la segunda parte, permitirá a la gente hacer cosas en el mundo real. Yo lo veo así: al igual que en la era de internet el coste de procesar y transmitir información cayó en picado para el consumidor, con la nueva ola también lo hará el coste del hacer, de pasar a la acción, de proyectar el poder. El conocimiento está muy bien, pero la capacidad de actuación es mucho más impactante.

En lugar de limitarse a consumir contenidos, cualquiera puede producir vídeos, imágenes y textos de calidad profesional. La inteligencia artificial no solo te ayuda a encontrar información para dar el mejor discurso en una boda, sino que también lo escribe. Y todo a una escala nunca vista. Los robots fabricarán coches y organizarán las plantas de los almacenes, pero también estarán al alcance de cualquier manitas que disponga de algo de tiempo y tenga un poco de imaginación. La ola anterior nos permitió secuenciar, o leer, el ADN; la ola que viene hará que la síntesis del ADN esté disponible para todos.

Cualquiera que sea el nivel de poder que tenemos hoy en día, se amplificará. Cualquiera que tenga objetivos (es decir, todo el mundo) dispondrá de una enorme ayuda para realizarlos. Revisar una estrategia empresarial, organizar actos sociales para una comunidad local o hacerse con territorio enemigo resulta más fácil. Construir una aerolínea o dejar en tierra una flota son también tareas factibles. Ya sean comerciales, religiosas, culturales o militares, democráticas o autoritarias, todas las posibles motivaciones que se te ocurran pueden verse espectacularmente potenciadas al tener un poder más barato al alcance de la mano.

Hoy en día, no importa lo rico que seas, pues no vas a poder comprar un smartphone más potente que el que está disponible para miles de millones de personas. Este fenomenal logro de la civilización se pasa por alto con demasiada frecuencia. En la próxima década, el acceso a las inteligencias artificiales seguirá la misma tendencia. Esos mismos miles de millones de personas pronto tendrán un acceso ampliamente igualitario a los mejores abogados, médicos, estrategas, diseñadores, entrenadores, asistentes ejecutivos, negociadores, etcétera. Todo el mundo tendrá a su lado a un equipo de talla mundial.

De esta manera, ese será el mayor y acelerador más rápido de la riqueza y la prosperidad en la historia de la humanidad, pero también uno de los más caóticos. Si todo el mundo tiene acceso a más capacidades, está claro que eso incluye también a quienes buscan causar daño. La disponibilidad de una tecnología que evoluciona más rápido que las medidas defensivas no es sino un tentador incentivo para delincuentes, desde los cárteles de la droga mexicanos hasta los piratas informáticos norcoreanos. Democratizar el acceso implica, a su vez, democratizar el riesgo.

Estamos a punto de cruzar un umbral crítico en la historia de nuestra especie; a esto es a lo que el Estado nación deberá enfrentarse en la próxima década. En este capítulo repasaremos algunos de los principales ejemplos de amplificación de la fragilidad derivados de la ola que viene. En primer lugar, sin embargo, analicemos con más detenimiento el riesgo a corto plazo: cómo los malhechores podrán lanzar nuevas operaciones ofensivas. Estos asaltos serían letales, de fácil acceso y una oportunidad para que alguien ataque a gran escala con impunidad.

Robots con armas: la primacía de la ofensiva

En noviembre de 2020, Mohsen Fajrizadeh era el científico jefe y el baluarte del largo esfuerzo iraní por conseguir armas nucleares. Patriótico, entregado y muy experimentado, era uno de los objetivos prioritarios para los adversarios de Irán. Consciente de los riesgos, mantuvo su paradero y sus movimientos en secreto con ayuda de los servicios de seguridad de su país.

Mientras Fajrizadeh se dirigía a su casa de campo cerca del mar Caspio en un convoy fuertemente custodiado, este se detuvo de repente. El vehículo en el que viajaba el científico fue alcanzado por una ráfaga de balas. Herido, Fajrizadeh salió a trompicones de su coche, pero entonces una segunda oleada de disparos de ametralladora acabó con su vida. Sus guardaespaldas, que eran miembros de la Guardia Revolucionaria iraní, intentaron comprender lo que estaba ocurriendo. ¿Dónde estaba el tirador? Unos instantes después, se produjo una explosión y una camioneta cercana estalló en llamas.

Sin embargo, la camioneta estaba vacía, salvo por un arma. Aquel día no había habido asesinos sobre el terreno. En palabras de una investigación del *New York Times*, se trataba de la «primera prueba de un francotirador informatizado de alta tecnología, dotado de inteligencia artificial y múltiples cámaras, operado vía satélite y capaz de disparar seiscientas veces por minuto».[7] Era una especie de arma robot montada por agentes israelíes, construida en una camioneta de aspecto inofensivo estratégicamente aparcada y equipada con cámaras. Una persona autorizó el ataque, pero fue la inteligencia artificial la que ajustó de manera automática la trayectoria de las balas. Solo se dispararon quince, y en menos de un minuto había muerto una de las personas más destacadas y vigiladas de Irán. La explosión no fue más que un intento fallido de ocultar las pruebas.

El asesinato de Fajrizadeh es un presagio de lo que está por venir. Robots armados más sofisticados reducirán aún más las barreras de la violencia. Es fácil encontrar en internet vídeos de la última generación de robots, que tienen nombres como Atlas o BigDog, en los que se ve a humanoides fornidos y de aspecto extraño y a pequeños robots con aspecto de perro correteando por carreras de obstáculos. Aunque parecen curiosamente inestables, nunca se caen. Recorren caminos complejos con una movilidad asombrosa y sus pesadas estructuras jamás se tambalean. Dan volteretas, saltan, giran y hacen piruetas. Si se les empuja, se levantan siempre con calma, y están listos para hacerlo una y otra vez. Es espeluznante.

Ahora imagina robots equipados con reconocimiento facial, secuenciación de ADN y armas automáticas. Puede que los robots del futuro no adopten la forma de perros que corretean. Seguirán reduciendo su tamaño, hasta que tengan el de un pájaro o una abeja, estarán armados con una pequeña pistola o un frasco de ántrax y pronto podrían hallarse al alcance de todo aquel que los quiera. Así es como se ve el empoderamiento de los delincuentes.

El coste de los drones de grado militar ha caído en tres órdenes de magnitud en los últimos diez años.[8] En 2028 se gastarán veintiséis mil millones de dólares al año en estos dispositivos, y para entonces es probable que muchos sean autónomos por completo.[9]

Los despliegues en directo de drones autónomos son cada día más plausibles. En mayo de 2021, por ejemplo, se utilizó un enjambre de drones con inteligencia artificial en Gaza para encontrar, identificar y atacar a militantes de la organización palestina Hamás.[10] Startups como Anduril, Shield AI y Rebellion Defense han recaudado cientos de millones de dólares para crear redes de drones autónomos y otras aplicaciones militares de la inteligencia artificial.[11] Tecnologías complementarias como la impresión en 3D y las comunicaciones móviles avanzadas reducirán el coste de los drones tácticos a unos pocos miles de dólares, lo que los pondrá al alcance de cualquiera, desde aficionados entusiastas hasta paramilitares o psicópatas solitarios.

Además de ser de fácil acceso, las armas mejoradas con inteligencia artificial también se mejorarán a sí mismas en tiempo real. El impacto de WannaCry acabó siendo mucho más limitado del que este tipo de armas podrían haber tenido. Una vez aplicado el parche de software, el problema inmediato quedó resuelto. En cambio, la inteligencia artificial transforma este tipo de ataques; las ciberarmas de inteligencia artificial sondearán las redes continuamente, y se adaptarán de forma autónoma para encontrar y explotar puntos débiles, mientras que los gusanos informáticos existentes se replican a sí mismos a partir de un conjunto fijo de heurísticas preprogramadas.

Pero ¿y si tuviéramos un gusano que se mejorara a sí mismo utilizando el aprendizaje por refuerzo, que actualiza su código de forma experimental con cada interacción de red y encuentra cada vez maneras más eficientes de aprovechar las vulnerabilidades cibernéticas? Al igual que sistemas como AlphaGo aprenden estrategias inesperadas a partir de millones de partidas jugadas, lo mismo pasará con los ciberataques basados en inteligencia artificial. Por mucho que se simule cualquier eventualidad, es inevitable que haya una pequeña vulnerabilidad que una inteligencia artificial persistente pueda descubrir.

Todo, desde los coches y los aviones hasta los frigoríficos y los centros de datos, depende de enormes bases de código. La ola de inteligencias artificiales que viene hace que identificar y explotar los puntos débiles sea más fácil que nunca. Podrían encontrar incluso medios legales o financieros para dañar corporaciones u otras instituciones, o puntos de fallo ocultos en la regulación bancaria o en los protocolos técnicos de seguridad. Como ha señalado el experto en ciberseguridad Bruce Schneier, estas tecnologías podrían digerir leyes y normativas mundiales para encontrar vulnerabilidades de seguridad y arbitrar legalidades.[12] Imaginemos que se filtra un enorme alijo de documentos de una empresa. Una inteligencia artificial jurídica podría cotejarlo con múltiples sistemas jurídicos, averiguar todas las infracciones posibles y, a continuación, presentar a esa empresa múltiples demandas paralizantes en todo el mundo al mismo tiempo. Podrían desarrollar estrategias comerciales automatizadas diseñadas para destruir las posiciones de la competencia o crear campañas de desinformación (tema en el que indagaremos más adelante) para provocar una retirada masiva de fondos de un banco o el boicot de un producto, lo que permitiría a un competidor lanzarse en picado a comprarlos o, simplemente, ver cómo se hunden.

La inteligencia artificial capaz de explotar no solo los sistemas financieros, legales o de comunicaciones, sino también la psicología humana, nuestras debilidades y prejuicios está en camino. Los investigadores de Meta crearon un programa llamado CICERO, que se volvió experto en el complejo juego de mesa *Diplomacy*, en el que es fundamental planificar estrategias largas y complejas basadas en el engaño y la traición.[13] Esta herramienta muestra cómo las inteligencias artificiales podrían ayudarnos a planificar y a colaborar, pero también insinúa cómo podrían desarrollar trucos psicológicos para ganar confianza e influencia, así como leer y manipular nuestras emociones y comportamientos con un nivel de profundidad aterrador, una habilidad que sería útil, por ejemplo, para ganar al *Diplomacy* o en las elecciones o para generar un movimiento político.

El espacio para posibles ataques contra las funciones clave del Estado crece a medida que la misma premisa que hace que esta tecnología sea tan poderosa y emocionante, como es su capacidad de aprender y adaptarse, potencia a los malhechores.

Durante siglos, las capacidades ofensivas de vanguardia, como la artillería masiva, los buques de guerra, los tanques, los portaaviones o los misiles balísticos intercontinentales, han sido en un principio tan costosas que han permanecido en el ámbito del Estado nación. Ahora, evolucionan tan deprisa que proliferan con rapidez en manos de laboratorios de investigación, startups y manitas. Del mismo modo que el efecto de difusión de uno a muchos de las redes sociales significó que una sola persona podía de repente transmitir a todo el mundo, la capacidad de una acción de gran envergadura está extendiéndose al alcance de todos.

Esta nueva dinámica en la que los delincuentes se sienten envalentonados para pasar a la ofensiva abre nuevos vectores de ataque gracias a la naturaleza interconectada y vulnerable de los sistemas modernos, pues no solo puede ser atacado un hospital, sino todo un sistema sanitario; no solo un almacén, sino toda una cadena de suministro. Con las armas autónomas letales, los costes tanto materiales como, sobre todo, humanos de entrar en guerra, de atacar, son más bajos que nunca. Al mismo tiempo, todo esto introduce mayores niveles de negación y ambigüedad, lo que merma la lógica de la disuasión. Si nadie puede estar seguro de quién ha iniciado un asalto, o de qué ha ocurrido exactamente, ¿por qué no seguir adelante?

Al empoderar de este modo a los agentes dañinos y no estatales, se socava una de las propuestas centrales del Estado: la apariencia de un escudo de seguridad para la ciudadanía queda dañada en profundidad.[14] Garantizar la seguridad y la protección son pilares fundamentales del sistema del Estado nación, no añadidos agradables. En general, los gobiernos saben cómo responder a cuestiones de orden público o a ataques directos de países hostiles. Sin embargo, esto es mucho más turbio, amorfo y asimétrico, ya que borra las líneas de territorialidad y fácil atribución.

¿Cómo puede un Estado mantener la confianza de sus ciudadanos, conservar ese gran pacto, si no ofrece la promesa básica de la seguridad? ¿Cómo puede garantizar que los hospitales sigan funcionando, que las escuelas permanezcan abiertas, que las luces continúen —literalmente— encendidas en el mundo? Si no puede protegerte a ti y a tu familia, ¿qué sentido tienen el acatamiento y la pertenencia? Si sentimos que lo fundamental, como la electricidad que hace funcionar nuestras casas, los sistemas de transporte con los que nos desplazamos, las redes energéticas que nos mantienen calientes o nuestra seguridad personal cotidiana, se cae a pedazos y no hay nada que ni nosotros ni el Gobierno podamos hacer, se resquebrajan los cimientos del sistema. Si el Estado comenzó con nuevas formas de guerra, quizá termine de la misma manera.

A lo largo de la historia, la tecnología ha producido una delicada danza de ventajas ofensivas y defensivas; un péndulo oscila entre ambas, pero el equilibrio se mantiene a duras penas: por cada nuevo proyectil o arma cibernética ha surgido rápidamente una potente contramedida. Los cañones pueden derribar las murallas de un castillo, pero también destrozar un ejército invasor. Ahora es seguro que poderosas tecnologías asimétricas y omnipotentes llegarán a manos de quienes quieran dañar al Estado. Aunque con el tiempo las operaciones defensivas se reforzarán, la naturaleza de los cuatro rasgos favorece al ataque; esta proliferación de poder es demasiado amplia, rápida y abierta. Un algoritmo de importancia mundial puede almacenarse en un ordenador portátil, y pronto ni siquiera requerirá el tipo de infraestructura vasta y regulable de la última ola y de internet. A diferencia de una flecha o incluso de un misil hipersónico, la inteligencia artificial y los agentes biológicos evolucionarán de forma más barata, más rápida y más autónoma que cualquier otra tecnología que hayamos visto jamás. En consecuencia, sin un conjunto de intervenciones drásticas que alteren el curso actual, en pocos años millones de personas tendrán acceso a estas capacidades.

Mantener una ventaja estratégica decisiva e indefinida en un espectro tan amplio de tecnologías de uso general simplemente no es posible. Con el tiempo podría restablecerse el equilibrio, pero no antes de que se desate una ola de fuerza de inmensa desestabilización. Y, como hemos visto, la naturaleza de la amenaza es mucho más amplia que las formas contundentes de agresión física.

La información y la comunicación en conjunto son su propio vector de riesgo creciente; son otro amplificador de fragilidad emergente que requiere atención.

Bienvenidos a la era de las ultrafalsificaciones.

LA MÁQUINA DE LA INFORMACIÓN ERRÓNEA

En las elecciones locales de 2020 en la India, el presidente del partido Bharatiya Janata Party (BJP) en Nueva Delhi, Manoj Tiwari, fue filmado mientras pronunciaba un discurso de campaña, tanto en inglés como en un dialecto local del hindi. Ambos parecían y sonaban reales y de lo más convincente.[15] En el vídeo arremete contra el jefe de un partido rival, al que acusa de haberlos «engañado». Sin embargo, la versión en el dialecto local era un ultrafalso, un nuevo tipo de medio sintético basado en inteligencia artificial. Ese discurso, que había sido producido por una empresa de comunicación política, expuso al candidato a nuevos electorados de difícil acceso. Al no estar familiarizados con el discurso de los medios falsos, muchos asumieron que era real. La empresa responsable del ultrafalso argumentó que se trataba de un uso «positivo» de la tecnología, pero para cualquier observador sensato este incidente anunciaba una nueva y peligrosa era en la comunicación política. En otro incidente muy publicitado, se reeditó un vídeo de la política estadounidense Nancy Pelosi para que pareciera indispuesta y ebria, y luego circuló de forma masiva por las redes sociales.[16]

Considera lo siguiente: ¿qué ocurre cuando cualquiera tiene el poder de crear y difundir material con increíbles niveles de realismo? Estos ejemplos se produjeron antes de que los medios para generar ultrafalsos casi perfectos, ya sean texto, imágenes, vídeos o audios, fueran tan sencillos de crear como escribir una consulta en Google. Como hemos visto en el capítulo 3, los grandes modelos de lenguaje muestran ahora resultados asombrosos en la generación de medios sintéticos. Llegará un mundo de ultrafalsos indistinguibles de los medios convencionales; estas falsificaciones serán tan buenas que a nuestras mentes racionales les costará aceptar que no son reales.

Los ultrafalsos se extienden a una velocidad de vértigo. Si quieres ver una convincente versión falsa de Tom Cruise cuando se prepara para luchar con un caimán, puedes hacerlo.[17] Cada vez se imitará a más gente corriente a medida que los datos de entrenamiento necesarios se reduzcan a un puñado de ejemplos. Ya está ocurriendo. Un banco de Hong Kong transfirió millones de dólares a estafadores en 2021, después de que un ultrafalso suplantara a uno de sus usuarios.[18] Hablando de manera idéntica al cliente real, los timadores llamaron por teléfono al director de su banco y le explicaron que la empresa necesitaba mover dinero para una adquisición. Todos los documentos parecían estar en orden, la voz y la personalidad le eran conocidas, así que el director inició la transferencia.[19]

Cualquiera que desee sembrar la inestabilidad lo tiene ahora más fácil. Supongamos que tres días antes de las elecciones se filma al presidente con una cámara al proferir un insulto racista. La oficina de prensa de la campaña lo niega enérgicamente, pero todo el mundo sabe lo que ha visto. La indignación se extiende por todo el país y las encuestas caen en picado. Los indecisos se decantan de repente por el adversario que, contra todo pronóstico, gana, y una nueva Administración toma las riendas. Sin embargo, el vídeo es un ultrafalso, tan sofisticado que escapa incluso a las mejores redes neuronales de detección de falsificaciones.

La amenaza no reside tanto en los casos extremos, sino en la exageración y la distorsión de escenarios sutiles, llenos de matices y de lo más plausibles. No se trata de que el presidente irrumpa en una escuela gritando tonterías mientras lanza granadas, sino de que, resignado, diga que no tienen otra opción que instituir una serie de leyes de emergencia o reintroducir el servicio militar obligatorio.[20] No son los fuegos artificiales de Hollywood; son las supuestas imágenes de las cámaras de vigilancia de un grupo de policías blancos grabados mientras golpean a un hombre negro hasta la muerte.[21]

Los sermones del predicador radical Anwar al-Awlaki inspiraron a los terroristas que pusieron bombas en el maratón de Boston, a los atacantes de la revista *Charlie Hebdo* en París y al hombre armado que mató a cuarenta y nueve personas en un club nocturno de Orlando. Sin embargo, Al-Awlaki murió en 2011, antes de que ocurriera ninguno de estos acontecimientos, y fue el primer ciudadano estadounidense en ser abatido por un ataque de dron de Estados Unidos. Aun así, sus mensajes radicalizadores estuvieron disponibles en YouTube hasta 2017.[22] Pongámonos en el caso de que pudieran salir a la luz nuevos vídeos de Al-Awlaki mediante ultrafalsos, cada uno de los cuales ordenara nuevos ataques selectivos con una retórica perfeccionada con precisión. No todo el mundo se lo creería, pero a los que quisieran creer les parecería de lo más convincente.

Pronto estos vídeos serán del todo interactivos y creíbles.[23] Podrás hablar con él directamente. Te conocerá y se adaptará a tu dialecto y estilo, se aprovechará de tu historia, de tus quejas personales, del acoso que sufriste en la escuela, de tus terribles e inmorales padres occidentalizados. No se tratará de desinformación como bombardeo de área, sino como ataque quirúrgico.

Ataques de suplantación de identidad contra políticos o empresarios, desinformación destinada a perturbar o manipular los mercados bursátiles y financieros, medios de comunicación diseñados para envenenar líneas de fractura clave como las divisiones sectarias o raciales, incluso estafas de bajo nivel; todas ellas son acciones que hacen que la confianza se vea dañada y que la fragilidad se amplifique de nuevo.

Con el tiempo, será fácil generar historias sintéticas completas y ricas de acontecimientos que parezcan del mundo real. Los ciudadanos no tendrán tiempo ni herramientas para verificar una fracción del contenido que les llegue, por lo que las falsificaciones burlarán, sin ninguna dificultad, verificaciones sofisticadas, por no hablar de controles de dos segundos.

ATAQUES A LA INFORMACIÓN PATROCINADOS POR EL ESTADO

En la década de 1980, la Unión Soviética financió campañas de desinformación que sugerían que el VIH era el resultado de un programa estadounidense de armas biológicas. Años después, algunas comunidades seguían lidiando con la desconfianza y las secuelas que eso les causó. Mientras tanto, las campañas no han parado. Según Facebook, agentes rusos crearon nada menos que ochenta mil piezas de contenido orgánico que llegaron a ciento veintiséis millones de estadounidenses a través de sus plataformas durante las elecciones de 2016.[24]

Las herramientas digitales mejoradas con inteligencia artificial exacerbarán operaciones de información como estas y podrán inmiscuirse en las elecciones, explotar las divisiones sociales y crear elaboradas campañas de falsos movimientos de base para sembrar el caos. Por desgracia, no se trata solo de Rusia,[25] sino que se ha descubierto que más de setenta países llevan a cabo campañas de desinformación.[26] China se está poniendo rápidamente a la altura de Rusia, y otros, desde Turquía hasta Irán, están expandiendo sus habilidades. Por su parte, la CIA tampoco es ajena a las operaciones de información.[27]

Al principio de la pandemia de COVID-19, una avalancha de desinformación tuvo consecuencias mortales. Un estudio de la Universidad Carnegie Mellon analizó más de doscientos millones de tuits en los que se hablaba de la COVID-19 en el momento álgido del primer confinamiento. El 82 por ciento de los usuarios influyentes que abogaban por la «reapertura de Estados Unidos» eran bots; se trataba de una «máquina de propaganda» selectiva, con toda probabilidad rusa, que se había diseñado para intensificar la peor crisis de salud pública de toda una generación.[28]

Los ultrafalsos automatizan estos asaltos informativos. Hasta ahora, las campañas de desinformación eficaces han requerido mucho trabajo. Aunque los bots y las falsificaciones no son difíciles de crear, la mayoría son de baja calidad, se identifican con facilidad y son poco eficaces para cambiar realmente el comportamiento de los objetivos.

Sin embargo, los medios sintéticos de alta calidad cambian esta ecuación. En la actualidad, no todos los países disponen de los fondos necesarios para crear enormes programas de desinformación, con oficinas especializadas y legiones de personal cualificado, pero tal obstáculo disminuye cuando se puede generar material de alta fidelidad con solo pulsar un botón. Gran parte del caos que se avecina no será accidental, sino que se producirá a medida que las campañas de desinformación existentes se aceleren, se amplíen y se deleguen en un amplio grupo de actores motivados.

El auge de los medios sintéticos a gran escala y con un coste mínimo amplifica tanto la desinformación (información maliciosa y engañosa a propósito) como la información errónea (una contaminación más amplia y no intencionada del espacio informativo). Se avecina una «infocalipsis», el momento en que la sociedad ya no pueda gestionar un torrente de material impreciso y se desmorone el ecosistema informativo que sustenta el conocimiento, la confianza y la cohesión social, el pegamento que mantiene unida a la sociedad.[29] En palabras de un informe de la Institución Brookings, unos medios sintéticos omnipresentes y perfectos suponen «distorsionar el discurso democrático, manipular las elecciones, erosionar la confianza en las instituciones, debilitar el periodismo, exacerbar las divisiones sociales, socavar la seguridad pública e infligir daños difíciles de reparar a la reputación de personas destacadas, entre los que se cuentan cargos electos y candidatos a cargos públicos».[30]

No obstante, no todos los factores de tensión y daños proceden de agentes dañinos. Algunos proceden de la mejor de las intenciones. La amplificación de la fragilidad es tanto accidental como deliberada.

Laboratorios con fugas e inestabilidad involuntaria

En uno de los laboratorios más seguros del mundo, un grupo de investigadores experimentaba con un patógeno mortal. Nadie sabe a ciencia cierta qué ocurrió después. Incluso en retrospectiva, la información sobre la investigación es escasa, pero lo que se sabe a ciencia cierta es que, en un país famoso por el secretismo y el control gubernamental, empezó a aparecer una nueva y extraña enfermedad.

Pronto se detectó en todo el mundo, en el Reino Unido, en Estados Unidos y otros países. Era curioso que no pareciera una cepa de la enfermedad del todo natural. Ciertas características alarmaron a la comunidad científica y sugirieron que algo en el laboratorio había salido terriblemente mal, que no se trataba de un acontecimiento natural. Rápidamente el número de muertos empezó a aumentar. Después de todo, aquel laboratorio hiperseguro ya no parecía serlo tanto.

Aunque esto te resulte familiar, lo más probable es que no se trate de la historia en la que estás pensando. Era 1977 y una epidemia de gripe conocida como la gripe rusa. Se descubrió por primera vez en China y, poco después, se detectó en la Unión Soviética, desde donde se propagó y se cobró la vida de hasta setecientas mil personas.[31] Lo inusual de la cepa de gripe H1N1 fue lo mucho que se parecía a una que circulaba en los años cincuenta.[32] La enfermedad afectó sobre todo a los jóvenes, lo que implicaba que tenían una inmunidad más débil que la de los jóvenes de décadas anteriores.

Las teorías sobre lo ocurrido son abundantes. ¿Se escapó algo del permafrost? ¿Formaba parte del extenso y oscuro programa ruso de armas biológicas? Hasta la fecha, la mejor explicación es que se trató de una fuga de laboratorio. Es probable que una versión del virus anterior se escapara durante los experimentos que se estaban realizando para obtener una vacuna.[33] La causa de esa epidemia fue una investigación bienintencionada destinada a prevenir epidemias futuras.

Los laboratorios biológicos están sujetos a normas mundiales que deberían impedir los accidentes. Los más seguros se conocen como laboratorios de bioseguridad de nivel cuatro (BSL-4, por sus siglas en inglés). Cuentan con las normas más estrictas de contención para trabajar con los materiales patógenos más peligrosos. Las instalaciones están completamente selladas, y se accede a ellos por esclusas. Todo lo que entra y sale se revisa con minuciosidad, todos llevan trajes presurizados, todo el que sale debe ducharse y todos los materiales se eliminan siguiendo los protocolos más estrictos. Están prohibidos los bordes afilados de cualquier tipo, por ser capaces de perforar guantes o trajes. Los investigadores de estos laboratorios han recibido la formación adecuada para crear los entornos más bioseguros que la humanidad haya visto jamás.

Y sin embargo, siguen produciéndose accidentes y fugas.[34] La gripe rusa de 1977 es apenas un ejemplo. Solo dos años más tarde, esporas de carbunco fueron liberadas por accidente de una instalación secreta soviética de armas biológicas, lo que dejó un rastro de cincuenta kilómetros de enfermedad que mató al menos a sesenta y seis personas.[35]

En 2007, una fuga en una tubería del Instituto Pirbright del Reino Unido, en el que hay laboratorios BSL-4, provocó un brote de fiebre aftosa que costó ciento cuarenta y siete millones de libras.[36] En 2021, un investigador de una empresa farmacéutica cerca de Filadelfia dejó viales de viruela en un congelador sin marcar ni asegurar.[37] Afortunadamente, alguien que limpiaba el congelador los encontró. La persona tuvo suerte de llevar mascarilla y guantes. Si se hubiera liberado, las consecuencias habrían sido catastróficas. Antes de erradicarse, la viruela mató a entre trescientos y quinientos millones de personas solo en el siglo XX, con una tasa de reproducción equivalente a la de cepas más contagiosas del coronavirus, pero con una mortalidad treinta veces superior a la de la COVID-19.[38]

Se supone que el SARS debe mantenerse en condiciones BSL-3, pero se escapó de laboratorios de virología de Singapur, Taiwán y China. Por increíble que parezca, la fuga se produjo hasta en cuatro ocasiones, y en el mismo laboratorio de Pekín.[39] Los errores fueron demasiado humanos y mundanos. El caso de Singapur se debió a un estudiante de posgrado que desconocía la presencia del virus. En Taiwán, un científico manipuló mal los residuos biológicos y, en Pekín, las filtraciones se atribuyeron a una mala desactivación del virus y a su manipulación en laboratorios no bioseguros. Y todo eso sin llegar a mencionar la ciudad china de Wuhan, sede del mayor laboratorio BSL-4 del mundo y centro de investigación de coronavirus.

Aunque el número de laboratorios BSL-4 está en auge, solo una cuarta parte de ellos obtiene una puntuación alta en seguridad según el Índice Mundial de Seguridad Sanitaria.[40] Entre 1975 y 2016, los investigadores catalogaron al menos setenta y una exposiciones deliberadas o accidentales a patógenos altamente infecciosos y tóxicos.[41] La mayoría fueron pequeños accidentes que es probable que incluso el ser humano más capacitado cometa alguna vez, como un resbalón con una aguja, un vial derramado o un experimento preparado con un leve error. Es casi seguro que nuestra visión es incompleta. Pocos investigadores informan de los accidentes de forma pública o con prontitud. Una encuesta realizada a responsables de bioseguridad reveló que la mayoría nunca informaba de los accidentes más allá de su institución,[42] mientras que una evaluación de riesgos estadounidense de 2014 estimó que, a lo largo de una década, la probabilidad de que se produjera «una fuga importante en un laboratorio» en diez de estos centros era del 91 por ciento, mientras que el riesgo de una pandemia resultante era del 27 por ciento.[43]

Nada en absoluto debería escaparse. Sin embargo, los patógenos lo hacen, una y otra vez. A pesar de ser algunos de los más estrictos que existen, los protocolos, las tecnologías y las regulaciones de contención fallan. Una pipeta temblorosa, un trozo de plástico perforado o una gota de solución derramada en un zapato; se trata de fallos tangibles de la contención. Son accidentales. Imprevistos. Ocurren con una regularidad sombría e inevitable. Con todo, en la era de la vida sintética eso introduce la posibilidad de accidentes que podrían representar tanto un enorme factor de tensión como algo que veremos más adelante en esta tercera parte: una catástrofe.

Pocas áreas de la biología son tan controvertidas como la investigación sobre la ganancia de función (GOF, por sus siglas en inglés).[44] En pocas palabras, estos experimentos diseñan patógenos para que sean más letales, infecciosos o ambas cosas de forma deliberada. En la naturaleza, los virus suelen intercambiar letalidad por transmisibilidad; cuanto más transmisible es un virus, menos letal suele ser. Pero no hay ninguna razón absoluta para que esto sea así. Una forma de entender cómo los virus pueden llegar a ser más letales y transmisibles al mismo tiempo, y cómo podemos combatirlo es, sin ir más lejos, hacer que ocurra. Y es ahí donde entra en juego la investigación sobre GOF. Los investigadores estudian los tiempos de incubación de las enfermedades, el modo en el que evaden la resistencia a las vacunas o la manera en la que pueden propagarse de forma asintomática en una población. Se han realizado trabajos de este tipo sobre enfermedades como el ébola, gripes como la H1N1 y el sarampión.

Estos esfuerzos de investigación suelen ser creíbles y bienintencionados. El trabajo con una gripe aviar en Holanda y Estados Unidos hace alrededor de una década es un buen ejemplo.[45] La enfermedad tenía unas tasas de mortalidad escandalosamente altas, pero por suerte era muy difícil de contraer. Los investigadores buscaban entender cómo podría cambiar esa situación, cómo esta enfermedad podría transformarse en un patógeno más transmisible, y utilizaron hurones para ver qué sucedía. En otras palabras, hicieron que una enfermedad mortal fuera, en principio, más fácil de contraer.

Sin embargo, no es necesario ser muy imaginativo para comprender cómo puede salir mal una investigación de este tipo. Para algunos, entre los que me incluyo, diseñar o hacer evolucionar virus de esta manera era igual que jugar con un detonador nuclear.

Basta decir que la investigación sobre GOF es controvertida. Durante un tiempo, los organismos de financiación estadounidenses le impusieron una moratoria.[46] En un clásico fallo de contención, estos trabajos se reanudaron en 2019. Hay al menos indicios de que la COVID-19 ha sido alterada genéticamente y un creciente conjunto de pruebas (circunstanciales), desde el historial del Instituto Wuhan hasta la biología molecular del propio virus, que sugieren que una fuga de laboratorio podría haber sido el origen de la pandemia.[47]

Tanto el FBI como el Departamento de Energía de Estados Unidos así lo creen, mientras que la CIA se muestra indecisa.[48] A diferencia de brotes anteriores, tampoco hay pruebas concluyentes de transmisión zoonótica. Es muy probable que la investigación biológica ya haya matado a millones de personas, paralizado la sociedad mundial y costado billones de dólares. A finales de 2022, un estudio del Instituto Nacional de Salud de la Universidad de Boston combinó la cepa original más mortífera del coronavirus con la proteína de la espiga de la variante ómicron, más transmisible.[49] Muchos consideraron que la investigación no debería haber seguido adelante, pero continuó, y además financiada con dinero público.[50]

No se trata de que agentes dañinos utilicen la tecnología como arma, sino de las consecuencias no deseadas que provocan buenas personas que quieren mejorar los resultados sanitarios. Se trata de lo que sale mal cuando proliferan las herramientas potentes, de los errores que se cometen, de los «efectos de venganza» que se despliegan, de los desastres aleatorios e imprevistos que resultan de la colisión de la tecnología con la realidad. Fuera de los esquemas, lejos de la teoría, ese problema central de la tecnología incontenida sigue presente incluso si se tiene la mejor de las intenciones.

La investigación sobre GOF pretende mantener a las personas a salvo. Sin embargo e inevitablemente, se desarrolla en un mundo imperfecto, en el que los laboratorios tienen filtraciones y se producen pandemias. Al margen de lo que ocurriera en Wuhan, sigue siendo tristemente plausible que se estuvieran llevando a cabo investigaciones sobre coronavirus y que se filtraran. El historial de fugas de laboratorios es difícil de pasar por alto.

La investigación sobre GOF y las filtraciones de laboratorio son solo dos ejemplos especialmente ilustrativos de cómo la ola que viene introduce una plétora de efectos de venganza y modos de fallo inadvertidos. Si un laboratorio con ciertas competencias o incluso un hacker biológico cualquiera pueden embarcarse en esta investigación, la tragedia no podrá posponerse de forma indefinida. Este tipo de escenario fue el que se me planteó en aquel seminario que he mencionado en el capítulo 1.

A medida que crecen la potencia y la difusión de cualquier tecnología, aumentan también sus modos de fallo. Si un avión se estrella, es una tragedia terrible, pero si se estrella toda una flota de aviones, es algo mucho más aterrador. Cabe reiterar que estos riesgos no tienen que ver con un daño malintencionado, sino que se derivan del simple hecho de operar en la vanguardia de las tecnologías más capaces de la historia, que están ampliamente integradas en los sistemas sociales básicos. Una fuga de laboratorio es solo una de las consecuencias involuntarias, del núcleo del problema de la contención, y un factor de tensión, una ola que viene que equivale a la fusión de reactores o la pérdida de cabezas nucleares. Accidentes como ese crean otro factor de tensión impredecible, otra grieta astillada en el sistema.

Sin embargo, los factores de tensión también podrían ser no un acontecimiento puntual, un determinado ataque robot, una fuga de laboratorio o un vídeo ultrafalso, sino más bien un proceso lento y difuso que socava los cimientos. Tengamos en cuenta que a lo largo de la historia se han diseñado herramientas y tecnologías para ayudarnos a hacer más con menos. Cada caso individual no cuenta casi nada. Pero ¿qué pasa si el efecto secundario final de estas eficiencias compuestas es que los humanos no son necesarios para llevar a cabo gran parte del trabajo?

EL DEBATE SOBRE LA AUTOMATIZACIÓN

En los años transcurridos desde que cofundé DeepMind, ningún debate sobre la política de la inteligencia artificial ha tenido más eco que el del futuro del trabajo, hasta el punto de saturarlo.

La tesis original era la siguiente. En el pasado, las nuevas tecnologías dejaban a la gente sin trabajo, y produjeron lo que el economista John Maynard Keynes llamó «desempleo tecnológico». En opinión de Keynes, se trataba de algo bueno, ya que el aumento de la productividad liberaba tiempo para seguir innovando y para el ocio. Los ejemplos de desplazamientos relacionados con la tecnología son innumerables. La introducción de los telares mecánicos sustituyó a los antiguos tejedores, los coches de motor hicieron que los fabricantes de carruajes y caballerizas no fueran necesarios, y las fábricas de bombillas no paraban de crecer mientras los fabricantes de velas quebraban.

En términos generales, cuando la tecnología perjudicó a antiguos empleos e industrias, también produjo otros nuevos. Con el tiempo, estos nuevos empleos se orientaron hacia el sector de los servicios y los puestos administrativos de base cognitiva. Mientras las fábricas cerraban en el Cinturón de Óxido estadounidense, la demanda de abogados, de diseñadores y de *influencers* de las redes sociales se disparó. Hasta ahora, en todo caso, en términos económicos las nuevas tecnologías no han sustituido a la mano de obra, sino que en general la han complementado.

Pero ¿y si los nuevos sistemas de sustitución de puestos de trabajo ascienden la propia jerarquía de la capacidad cognitiva humana y no dejan ningún lugar nuevo al que pueda recurrir la mano de obra?

Si la ola que viene es realmente tan general y amplia como parece, ¿cómo podrán hacerle frente los seres humanos? ¿Y si la inteligencia artificial puede realizar una gran mayoría de las tareas administrativas con más eficiencia? En pocos ámbitos las personas seguirán siendo «mejores» que las máquinas. Hace tiempo que sostengo que este es el escenario más probable y, con la llegada de la última generación de grandes modelos de lenguaje, estoy más convencido que nunca de que así será.

Estas herramientas solo aumentarán la inteligencia humana de manera provisional. Nos harán más inteligentes y eficientes durante un tiempo y desbloquearán enormes cantidades de crecimiento económico, pero, en el fondo, acabarán sustituyendo el trabajo. Con el tiempo, realizarán el trabajo cognitivo de forma más eficiente y barata que muchas personas que trabajan en la Administración, la introducción de datos, la atención al cliente (incluida la realización y recepción de llamadas telefónicas), la redacción de correos electrónicos y de resúmenes, la traducción de documentos, la creación de contenidos, la redacción de textos, etcétera. Ante sistemas equivalentes de ínfimo coste, este tipo de trabajo manual cognitivo tiene los días contados.

Apenas estamos empezando a ver qué impacto va a tener esta nueva ola. Los primeros análisis de ChatGPT sugieren que aumenta la productividad en muchas tareas de los profesionales universitarios de nivel medio en un 40 por ciento.[51] Esto, a su vez, podría influir en las decisiones de contratación; un estudio de McKinsey estimó que, en los próximos siete años, las máquinas podrían automatizar una gran cantidad tareas de más de la mitad de los puestos de trabajo, mientras que en 2030 cincuenta y dos millones de estadounidenses trabajarán en puestos con una «exposición media a la automatización».[52]

Los economistas Daron Acemoğlu y Pascual Restrepo creen que los robots provocan una caída de los salarios de los trabajadores locales.[53] Con cada robot adicional por cada mil trabajadores se produce una disminución de la relación empleo-población y, en consecuencia, una caída de la remuneración. Hoy en día, los algoritmos realizan la gran mayoría de las operaciones de renta variable y actúan cada vez más en las instituciones financieras y, sin embargo, aunque Wall Street esté en pleno auge, eliminan puestos de trabajo a medida que la tecnología se apodera cada vez de más tareas.[54]

Aun así, muchos siguen sin estar convencidos. Economistas como David Autor sostienen que la nueva tecnología aumenta los ingresos de manera sistemática y crea demanda de nuevos trabajadores.[55] La tecnología hace que las empresas sean más productivas y genera más dinero que, a su vez, vuelve a fluir en la economía. Dicho de otro modo: la demanda es insaciable y, al avivarse con la riqueza que la tecnología genera, da lugar a nuevos puestos de trabajo que requieren mano de obra humana. Los escépticos afirman que, al fin y al cabo, diez años de éxito del aprendizaje profundo no han desencadenado un colapso de la automatización del empleo. Según algunos, creer en ese temor no es más que repetir la vieja falacia de la masa de trabajo, que afirma de manera equivocada que solo hay una cantidad determinada de trabajo para todos.[56] En lugar de eso, el futuro se parece más a miles de millones de personas trabajando en empleos de alto nivel que apenas se conciben.

Creo que esta visión de color de rosa no es plausible durante las próximas dos décadas; la automatización es sin duda otro amplificador de la fragilidad. Como hemos visto en el capítulo 3, el ritmo de mejora de la inteligencia artificial va mucho más allá de lo exponencial, y no parece haber ningún límite obvio a la vista. Las máquinas están imitando con rapidez todo tipo de capacidades humanas, desde la visión hasta el habla y el lenguaje. Incluso sin avances fundamentales hacia lo que se conoce como comprensión profunda, los nuevos modelos de lenguaje pueden leer, sintetizar y generar textos de una precisión asombrosa y de gran utilidad. Hay literalmente cientos de funciones en las que, por sí misma, esta habilidad es el requisito básico y, sin embargo, la inteligencia artificial puede dar mucho más de sí.

Por supuesto, es casi seguro que se crearán muchas categorías laborales nuevas. ¿Quién hubiera pensado que ser *influencer* se convertiría en un puesto muy solicitado, o que en 2023 habría personas que trabajarían como ingenieros de instrucciones, programadores no técnicos de grandes modelos de lenguaje que se convierten en expertos en obtener respuestas específicas? La demanda de masajistas, violonchelistas y lanzadores de béisbol no desaparecerá, pero creo que los nuevos empleos no llegarán en la cantidad ni en el plazo necesarios para ser del todo útiles. El número de personas que pueden obtener un doctorado en aprendizaje automático seguirá siendo muy reducido en comparación con la magnitud de los despidos. Y, claro, la nueva demanda creará un nuevo trabajo, pero eso no significa que se necesiten personas para hacerlo todo.

Los mercados laborales también presentan inmensas fricciones en términos de competencias, geografía e identidad.[57] Pensemos que en la última fase de desindustrialización era difícil que el obrero del acero de Pittsburgh o el fabricante de automóviles de Detroit cambiara de trabajo, se reciclara a mitad de su carrera laboral y consiguiera un empleo como operador de derivados en Nueva York, consultor de marcas en Seattle o profesor escolar en Miami. Que Silicon Valley o el distrito financiero londinense creen muchos puestos de trabajo nuevos no ayuda a la gente del otro lado del país si esta no dispone de las cualificaciones adecuadas o no puede trasladarse. Si tu sentido de la identidad está ligado a un tipo de trabajo concreto, de poco sirve que sientas que tu nuevo empleo merma tu dignidad. Trabajar con un contrato de cero horas en un centro de distribución no genera el sentimiento de orgullo o de solidaridad social que se tenía cuando se formaba parte de la plantilla de una floreciente empresa automovilística de Detroit en la década de 1960. El Índice de Calidad del Empleo en el Sector Privado, que mide cuántos puestos de trabajo proporcionan ingresos superiores a la media, ha caído en picado desde 1990, y sugiere que los empleos bien remunerados como proporción del total ya han empezado a disminuir.[58]

Países como la India y Filipinas han experimentado un enorme auge en la externalización de procesos empresariales y han creado puestos de trabajo comparativamente bien remunerados en lugares como los centros de llamadas. Es este tipo de trabajo el que será el objetivo de la automatización. Puede que a largo plazo se creen nuevos puestos, pero para millones de personas no llegarán lo bastante rápido ni en el lugar adecuado.

Al mismo tiempo, una recesión del empleo hará añicos los ingresos fiscales, lo que a su vez perjudicará a los servicios públicos y pondrá en tela de juicio los programas de bienestar justo cuando más se necesiten. Incluso antes de que el empleo se vea diezmado, los gobiernos ya están al límite de sus posibilidades y luchan por cumplir todos sus compromisos, financiarse de forma sostenible y prestar los servicios que la ciudadanía espera. Además, todos estos trastornos se producirán a escala mundial, en múltiples dimensiones, y afectarán a todos los peldaños de la escala de desarrollo, desde las economías de base agrícola hasta los sectores avanzados basados en los servicios. De Lagos a Los Ángeles, los caminos hacia el empleo sostenible estarán sujetos a dislocaciones inmensas, impredecibles y en rápida evolución.

Incluso quienes no prevén las consecuencias más graves de la automatización aceptan que está en vías de causar importantes trastornos a medio plazo.[59] Sea cual sea el lado del debate sobre el empleo en el que nos situemos, es difícil negar que las ramificaciones serán de lo más desestabilizadoras para cientos de millones de personas que, como mínimo, tendrán que reciclarse y pasar a nuevos tipos de trabajo. Los escenarios optimistas siguen implicando consecuencias políticas preocupantes, desde finanzas públicas quebradas hasta poblaciones subempleadas, inseguras y airadas.

Este tema augura problemas; se trata, pues, de otro factor de tensión más en un mundo bajo presión.

Las perturbaciones del mercado laboral son, como las redes sociales, amplificadores de la fragilidad, pues dañan y socavan el Estado nación. Los primeros indicios de esto están apareciendo, pero al igual que ocurrió con las redes sociales a finales de la primera década del siglo XXI, no está muy claro cuál será la forma y el alcance exactos de las consecuencias. En cualquier caso, el hecho de que las consecuencias aún no sean evidentes no significa que puedan ignorarse.

Los factores de tensión esbozados en este capítulo (en absoluto exhaustivos), como las nuevas formas de ataque y vulnerabilidad, la industrialización de la información errónea, las armas autónomas letales, los accidentes como fugas de laboratorio y las consecuencias de la automatización, resultan familiares para la gente de los círculos de la tecnología, la política y la seguridad. Sin embargo, con demasiada frecuencia se consideran por separado. Lo que se pierde en el análisis es que todas estas nuevas presiones sobre nuestras instituciones proceden de la misma revolución subyacente de uso general y que llegarán a la vez, como factores de tensión simultáneos que se entrecruzan, refuerzan y potencian entre ellos. La amplificación total de la fragilidad se pasa por alto porque a menudo parece como si los impactos ocurrieran de forma gradual y en cómodos silos. Pero no es así. Se derivan de un único fenómeno coherente e interrelacionado que se manifiesta de diferentes maneras. La realidad está mucho más enredada, entrelazada, enaltecida y caótica de lo que cualquier presentación secuencial pueda transmitir. La fragilidad, amplificada, y el Estado nación, debilitado.

Este ya ha sufrido episodios de inestabilidad en el pasado. En cambio, lo que ocurre ahora es que una revolución de uso general no se limita a nichos específicos, a problemas concretos, a sectores delimitados con claridad, sino que, por definición, está en todas partes. La caída de los costes del poder, de la acción, no tiene que ver solo con agentes perjudiciales sin escrúpulos o ágiles startups, o con aplicaciones enclaustradas y limitadas.

Al contrario, el poder se redistribuye y se refuerza en toda la suma y extensión de la sociedad. La naturaleza totalmente omnicanal de la ola que viene significa que estará en todos los niveles, en todos los sectores, empresas, subculturas, grupos o burocracias, en todos los rincones del mundo. Produce billones de dólares en nuevo valor económico, al tiempo que destruye ciertas fuentes de riqueza existentes. Algunos individuos salen ganando, otros van a perderlo todo. Desde el punto de vista militar, esta tecnología refuerza tanto a los estados nación como a las milicias. No se trata, pues, de amplificar puntos de fragilidad concretos, sino, en un plazo algo más largo, de una transformación de los propios pilares sobre los que está construida la sociedad. Y en esta gran redistribución del poder, el Estado, que ya es frágil y cada vez lo es más, se verá sacudido hasta la médula, y el gran pacto quedará hecho trizas y en una situación precaria.

11

El futuro de las naciones

El estribo

A primera vista, puede que los estribos no parezcan tan revolucionarios.[1] Al fin y al cabo, son triángulos de metal bastante rudimentarios sujetos a correas de cuero y a la silla del caballo. Si lo analizamos con más detalle, surge otra imagen.

Antes del estribo, el impacto de la caballería en el campo de batalla era sorprendentemente limitado. Por lo general, un escudo defensivo bien organizado podía resistir una carga a caballo. Como los jinetes no estaban sujetos a sus monturas, eran vulnerables. Los soldados armados con largas lanzas y grandes escudos posicionados en filas bien alineadas lograban desarmar incluso la caballería más pesada. En consecuencia, la función principal del caballo consistía en transportar a los soldados al campo de batalla.

Sin embargo, el estribo supuso una revolución. Fijaba la lanza y el jinete al animal que iba al ataque, y de ese modo los convertía en una sola unidad. Toda la fuerza de la lanza aunaba ahora el poder tanto del caballo como del caballero. Golpear un escudo ya no significaba caerse, sino destrozar ese escudo y a la persona que lo sujetaba. De repente, con los jinetes sujetos al équido, con las lanzas en ristre y galopando a toda velocidad, una carga de caballería pesada era una táctica de choque abrumadora; era incluso capaz de romper la más firme de las líneas de infantería.

Esta pequeña innovación inclinó la balanza a favor de la ofensiva. Poco después de la introducción del estribo en Europa, Carlos Martel, jefe de los francos, le vio el potencial. Utilizándolo con un efecto devastador, derrotó y expulsó a los sarracenos de Francia. No obstante, el empleo de estas unidades de caballería pesada exigió inmensos cambios de apoyo en la sociedad franca. Los caballos estaban hambrientos y eran caros. La caballería pesada requería largos años de entrenamiento. Frente a ello, Martel y sus herederos expropiaron tierras de la Iglesia y las utilizaron para formar una élite guerrera. Su nueva riqueza les permitió mantener a los caballos, les dio libertad para entrenarse, los vinculó al reino y, más tarde, les proporcionó fondos para comprar armaduras. A cambio de su nuevo patrimonio y estatus, esa élite prometió conservar las armas y luchar por el rey y, así, se llegó a otro gran acuerdo.

Con el tiempo, ese acuerdo improvisado se convirtió en un elaborado sistema de feudalismo, con redes de obligaciones para con los señores feudales y un inmenso estrato de subalternos en régimen de servidumbre. Ese era un mundo de haciendas y títulos, de torneos de justas y aprendices, de herreros y artesanos, de armaduras y castillos; era una cultura autoconsciente de imágenes heráldicas e historias románticas sobre el valor caballeresco. Esta organización se convirtió en la forma política dominante de todo el periodo medieval.

Así pues, el estribo fue una innovación al parecer sencilla, pero con él llegó una revolución social que cambió cientos de millones de vidas. Un sistema político, económico, bélico y cultural que estructuró la vida europea durante casi mil años se apoyó, en parte, en esos pequeños triángulos metálicos. La historia de los estribos y el feudalismo pone de relieve una verdad importante: que las nuevas tecnologías ayudan a crear nuevos centros de poder con nuevas infraestructuras sociales que los posibilitan y los sustentan. En el último capítulo hemos visto cómo este proceso se suma hoy a una serie de retos inmediatos a los que se enfrenta el Estado nación. A largo plazo, no obstante, las implicaciones de la caída en picado de los costes del poder son tectónicas, son terremotos tecnopolíticos que sacuden el suelo sobre el que se construye el Estado.

Aunque los pequeños cambios en la tecnología pueden alterar a nivel fundamental el equilibrio del poder, intentar predecir con exactitud cómo lo harán dentro de algunas décadas es de lo más difícil. Las tecnologías exponenciales amplifican todo y a todos, y eso crea tendencias que pueden parecer contradictorias. El poder se concentra y se dispersa; quienes lo detentan se fortalecen y se debilitan. Los Estados nación son más frágiles y corren más el riesgo de caer en abusos de autoridad incontrolados.

Recordemos que el creciente acceso al poder significa que el que ostentan todos se amplificará. En las próximas décadas, los patrones históricos volverán a reproducirse, se formarán nuevos centros, se desarrollarán nuevas infraestructuras, surgirán nuevas formas de gobierno y de organización social. Al mismo tiempo, centros de poder existentes crecerán de forma impredecible. A veces, al leer sobre tecnología se tiene la embriagadora sensación de que arrasará con todo lo anterior, de que ninguna empresa o institución antigua sobrevivirá al torbellino. No creo que eso sea cierto; algunos desaparecerán, pero muchos aumentarán. La televisión puede difundir la revolución, pero también contribuir a eliminarla. A pesar de que las tecnologías pueden reforzar las estructuras sociales, las jerarquías y los regímenes de control, también pueden trastocarlos.

En la agitación resultante, si no se produce un cambio importante de enfoque, muchos países democráticos abiertos se enfrentan a una decadencia constante de sus cimientos institucionales, a un marchitamiento de la legitimidad y de la autoridad. Se trata de una dinámica circular en la que la tecnología se extiende, el poder se desplaza, se socavan los cimientos, se reduce la capacidad de frenarla y, de este modo, se extiende aún más. Los gobiernos autoritarios disponen asimismo de un nuevo y potente arsenal represivo.

El Estado nación se ve sometido a fuerzas centrífugas y centrípetas masivas, a la centralización y a la fragmentación, lo que constituye una vía rápida hacia el caos y cuestiona quién toma las decisiones y cómo; de qué modo se ejecutan esas decisiones, quién lo hace, cuándo y dónde, y se presionan así esos delicados equilibrios y ajustes hasta el punto de ruptura. Esta receta para la agitación creará nuevas concentraciones y dispersiones épicas de poder, y fragmentará el Estado desde arriba y desde abajo. En última instancia, pondrá en tela de juicio la viabilidad de algunas naciones.

Este ingobernable mundo «postsoberano», en palabras de la politóloga Wendy Brown, va mucho más allá de una sensación de fragilidad a corto plazo; se trata, en cambio, de una macrotendencia a largo plazo hacia una profunda inestabilidad que se irá desgastando durante décadas, y cuya primera consecuencia serán nuevas concentraciones masivas de poder y riqueza que reorganicen la sociedad.[2]

CONCENTRACIONES. LOS RENDIMIENTOS ACUMULADOS DE LA INTELIGENCIA

Desde los mongoles hasta los mogoles, durante más de mil años la fuerza más poderosa de Asia había sido un imperio tradicional. En 1800, sin embargo, eso ya había cambiado: pasó a serlo una empresa privada propiedad de un número relativamente pequeño de accionistas y dirigida por un puñado de contables y administradores carcamales que operaban desde un edificio de solo cinco ventanas de ancho en una ciudad a miles de kilómetros de distancia.

A finales del siglo XIX, la Compañía Británica de las Indias Orientales controlaba enormes extensiones del subcontinente indio, gobernaba tierras y personas que superaban a toda Europa, recaudaba impuestos y establecía leyes. Dirigía un ejército bien entrenado de doscientos mil hombres, el doble que el propio ejército británico, y operaba la mayor flota mercante del mundo. Su potencia de fuego colectiva era superior a la de cualquier Estado de Asia. Sus relaciones comerciales globales fueron fundamentales en todo lo que va desde la fundación de Hong Kong hasta el motín del té de Boston. Sus aduanas, aranceles y dividendos eran esenciales para la economía británica; nada menos que la mitad del comercio exterior de Gran Bretaña en aquella época pasaba por la Compañía.[3]

Está claro que no se trataba de una corporación ordinaria, sino que en realidad era una especie de imperio. Es difícil concebir una empresa como esta en términos modernos. No estamos abocados a una Compañía de las Indias Orientales neocolonial de segunda generación, pero creo que debemos enfrentarnos a la enorme escala e influencia que algunos consejos de administración tienen no solo sobre los sutiles empujones y las arquitecturas de elección que dan forma a la cultura y a la política hoy en día, sino, y lo que es más importante, sobre dónde podría llevarnos esto en las próximas décadas. Son un tipo de imperios, y, con la ola que viene, su escala, influencia y capacidad se expandirán de manera radical.

A menudo a la gente le gusta medir el progreso de la inteligencia artificial comparándolo con la capacidad de un ser humano para realizar una determinada tarea. Los investigadores hablan de alcanzar un rendimiento sobrehumano en la traducción de idiomas o en tareas del día a día como conducir. Pero lo que eso pasa por alto es que las fuerzas más poderosas del mundo son en realidad grupos de individuos que se coordinan para alcanzar objetivos comunes. Las organizaciones también son un tipo de inteligencia.[4] Las empresas, los ejércitos, las burocracias e incluso los mercados son inteligencias artificiales que agregan y procesan enormes cantidades de datos, se organizan en torno a objetivos concretos y crean mecanismos para volverse cada vez mejor en alcanzarlos. De hecho, la inteligencia artificial se parece mucho más a una burocracia masiva que a una mente humana. Cuando hablamos de que algo como la inteligencia artificial ejerce un enorme impacto en el mundo, merece la pena tener en cuenta el alcance de estas inteligencias artificiales anticuadas.

¿Qué ocurrirá cuando las máquinas puedan realizar de forma más eficiente muchas, quizá la mayoría, de las tareas necesarias para el funcionamiento de una empresa o de un departamento gubernamental? ¿Quién se beneficiará primero de esta dinámica y qué es lo más probable que haga con ese nuevo poder?

Ya estamos en una era en la que las megacorporaciones tienen valoraciones de billones de dólares y más activos que países enteros en todos los sentidos. Veamos el ejemplo de Apple. Esta empresa ha fabricado uno de los productos más bellos, influyentes y de uso más generalizado de la historia de nuestra especie. El iPhone es una genialidad. Más de mil doscientos millones de personas en todo el mundo utilizan los productos de la compañía, la cual ha obtenido merecidas recompensas por su éxito: en 2022, Apple estaba valorada en más que todas las empresas que cotizan en el índice FTSE 100 del Reino Unido juntas. Con cerca de doscientos mil millones de dólares en efectivo e inversiones en el banco y un consumidor en su mayoría cautivo en su ecosistema, Apple parece estar bien situada para aprovechar esta nueva ola.

Del mismo modo, un amplio abanico de servicios, de sectores muy diferentes y en grandes partes del planeta se han fusionado en una sola compañía: Google. Entre lo que ofrece se cuentan mapas y localización, reseñas y listados de empresas, publicidad, transmisión de vídeos, herramientas ofimáticas, calendarios, correo electrónico, almacenamiento de fotos, videoconferencias, etcétera. Las grandes empresas tecnológicas brindan herramientas para todo, desde organizar un cumpleaños hasta dirigir compañías multimillonarias. Las únicas organizaciones equivalentes, que afectan con tal profundidad a las vidas de tantas personas, son los gobiernos nacionales. Es lo que se denomina «googlización»: una serie de servicios gratuitos o de bajo coste que dan lugar a entidades únicas que permiten el funcionamiento de sectores masivos de la economía y de la experiencia humana.

Para hacernos una idea de estas concentraciones, consideremos que los ingresos combinados de las empresas de la lista Global 500 de la revista *Fortune* representan ya el 44 por ciento del PIB mundial.[5] Sus beneficios totales superan el PIB anual de todos los países excepto los seis primeros. Estas corporaciones ya controlan los mayores grupos de procesadores de inteligencia artificial, los mejores modelos, los ordenadores cuánticos más avanzados y la inmensa mayoría de la capacidad robótica y la propiedad intelectual.[6] A diferencia de lo que ocurrió con los cohetes, los satélites e internet, la vanguardia de esta ola se encuentra en estas compañías, no en las organizaciones gubernamentales ni en los laboratorios académicos. Si se acelera este proceso con la próxima generación de tecnología, un futuro de concentración corporativa no parece tan extraordinario.

Ya existe un pronunciado efecto «superestrella» que se está acelerando, en el que los principales actores se llevan una porción cada vez mayor del pastel.[7] Las cincuenta principales ciudades del mundo concentran la mayor parte de la riqueza y el poder empresarial (el 45 por ciento de las sedes de grandes compañías; el 21 por ciento del PIB mundial), a pesar de tener solo el 8 por ciento de la población de todo el planeta. El 10 por ciento de las principales corporaciones mundiales se lleva el 80 por ciento de los beneficios totales. Es de esperar que la ola que viene se sume a este panorama y produzca superestrellas cada vez más ricas y exitosas, ya sean regiones, ya sean sectores de actividad, empresas o grupos de investigación.

Creo que veremos crecer a un grupo de organizaciones privadas más allá del tamaño y el alcance de muchos Estados nación. Pensemos en el enorme impacto de un imperio empresarial en expansión como el Grupo Samsung en Corea del Sur. Se fundó como una tienda de fideos hace casi un siglo y se convirtió en un gran conglomerado tras la guerra de Corea. Cuando el crecimiento coreano se aceleró en las décadas de 1960 y 1970, Samsung ocupó un lugar central, no solo como potencia manufacturera diversificada, sino también como uno de los principales agentes en los sectores de la banca y los seguros. El milagro económico coreano fue un milagro impulsado por Samsung. En ese momento, la empresa era el principal *chaebol*, nombre con el que se conoce a un pequeño grupo de grandes empresas que dominan el país.

Los smartphones, los semiconductores y los televisores son especialidades de Samsung, pero también lo son los seguros de vida, los operadores de transbordadores y los parques temáticos. Se valoran mucho las carreras profesionales de la empresa, cuyos ingresos representan hasta el 20 por ciento de la economía coreana. Actualmente, Samsung es para los coreanos casi como un Gobierno paralelo, una presencia constante en la vida de la gente. Dada la densa red de intereses y los continuos escándalos empresariales y gubernamentales, el equilibrio de poder entre el Estado y la empresa es precario y difuso.

Samsung y Corea son casos atípicos, pero quizá no por mucho tiempo. En vista del abanico de capacidades concentradas, esta nueva generación de empresas podría encargarse de cosas que hoy suelen ser competencia de los gobiernos, como la educación y la defensa, e incluso la divisa o el cumplimiento de la ley. Por ejemplo, el sistema de resolución de disputas de las empresas eBay y PayPal ya gestiona unos sesenta millones de desacuerdos al año, lo que representa tres veces todo el sistema judicial estadounidense. El 90 por ciento de estas disputas se resuelven utilizando tan solo la tecnología, y más está por venir.[8]

La tecnología ya ha creado una especie de imperios modernos. La ola que viene acelera esta tendencia con rapidez al poner un inmenso poder y riquezas en manos de aquellos que la crean y la controlan. Nuevos intereses privados ocuparán los espacios que los gobiernos, al estar sobrecargados y tensos, dejen vacantes. Este proceso, al igual que la Compañía de las Indias Orientales, no se impondrá a golpe de mosquete, sino que creará empresas privadas con la escala, el alcance y el poder de los gobiernos, exactamente igual que la Compañía. Las empresas que dispongan del dinero, los conocimientos y la distribución necesarios para aprovechar la próxima ola, para aumentar a un nivel considerable su inteligencia y, al mismo tiempo, ampliar su alcance, obtendrán beneficios colosales.

En la última ola, las cosas se han desmaterializado; los bienes se convirtieron en servicios. Ya no se compra software ni música en CD, sino que se escucha a través de plataformas de *streaming*. Damos por sentado que los antivirus y el software de seguridad vienen incorporados con los productos de Google o Apple. Los dispositivos se rompen, se quedan obsoletos; los servicios, en menor medida, pues son fluidos y fáciles de usar. Por su parte, las compañías están deseando que te suscribas a su ecosistema de software; los pagos periódicos resultan atractivos. Todas las grandes plataformas tecnológicas son sobre todo empresas de servicios o tienen grandes empresas de servicios. Apple tiene la App Store, a pesar de vender principalmente dispositivos, y Amazon, aunque opera como el mayor minorista de productos físicos del mundo, también ofrece servicios de comercio electrónico a comerciantes, televisión en *streaming* a particulares y aloja una buena parte de internet en su oferta en la nube, Amazon Web Services.

Se mire por donde se mire, la tecnología acelera esta desmaterialización y reduce así la complejidad para el consumidor final al ofrecer servicios de consumo continuo en lugar de los tradicionales productos de una sola compra. Se trate de servicios como Uber, DoorDash o Airbnb, o de plataformas de publicación abierta como Instagram y TikTok, la tendencia de las megaempresas es no participar en el mercado, sino ser el propio mercado; no fabricar el producto, sino operar el servicio. La pregunta ahora es: ¿qué más podría convertirse en servicio, integrarse en el conjunto existente de otra megaempresa?

Mi predicción para dentro de unas décadas es que la mayoría de los productos físicos se parecerán a servicios, lo que será posible gracias a la producción y distribución a coste marginal cero.[9] La migración a la nube lo abarcará todo, y la tendencia se verá espoleada por el auge del software de bajo código y sin código, el apogeo de la biomanufactura y el boom de la impresión en 3D. Cuando se combinan todas las facetas de la ola que viene, desde las capacidades de diseño, gestión y logística de la inteligencia artificial hasta el modelado de reacciones químicas que permite la computación cuántica, pasando por las capacidades de ensamblaje de precisión de la robótica, se obtiene una revolución total en la naturaleza de la producción.

Los alimentos, los medicamentos, los productos para el hogar y casi cualquier cosa podría imprimirse en 3D, producirse biológicamente o fabricarse con precisión atómica cerca del lugar de uso o en él, y estar gobernada por sofisticadas inteligencias artificiales que trabajen con fluidez con los clientes utilizando el lenguaje natural. Basta con comprar el código de ejecución y dejar que una inteligencia artificial o un robot realice la tarea o cree el producto. Sí, esto oculta una enorme complejidad material, y sí, nos queda mucho camino por recorrer. Pero, si miramos a lo lejos, este escenario es de lo más plausible. Incluso si no te crees todo el argumento, parece imposible que estas fuerzas no creen cambios importantes y nuevas concentraciones de valor a lo largo de la cadena de suministro de la economía mundial.

Dado que satisfacer la demanda de servicios baratos y sin fisuras suele requerir ampliar la escala (una inversión inicial masiva en chips, en personal, en seguridad y en innovación), esto favorece y acelera la centralización. En este escenario, solo habrá unos pocos superagentes cuya escala y poder empezarán a rivalizar con los países tradicionales. Es más, los propietarios de los mejores sistemas podrán afianzar una inmensa ventaja competitiva.[10] Así, lo más probable es que esas enormes compañías centralizadas de la ola que viene que acabamos de mencionar acaben siendo más grandes, más ricas y más arraigadas que las empresas del pasado.

Cuanto más se generalicen con éxito los sistemas sector tras sector, más poder y más riqueza se concentrarán en los que las poseen. Aquellos que dispongan de los recursos para inventar o adoptar nuevas tecnologías con la mayor rapidez, como por ejemplo los que puedan superar mi test de Turing moderno, disfrutarán rápidamente de rendimientos acumulados. Sus sistemas tienen más datos y «experiencia de despliegue en el mundo real», por lo que funcionan mejor, se expanden con más velocidad y afianzan la ventaja, y eso atrae al mejor talento para construirlos. Se hace plausible una «brecha de inteligencia» insalvable. Si una organización se adelanta lo suficiente, puede convertirse en un generador de ingresos y, en última instancia, en un centro de poder sin parangón. Si ese proceso se extiende a algo como la inteligencia artificial general total o la supremacía cuántica, podría poner las cosas muy difíciles a los nuevos participantes o incluso a los gobiernos.

Sea cual sea el punto final, nos dirigimos a un escenario en el que poderes y habilidades sin precedentes están ahí fuera en manos de agentes ya poderosos que, sin duda, los utilizarán para amplificar su alcance y promover sus propios planes.

Tales concentraciones permitirán a las grandes megacorporaciones automatizadas transferir valor del capital humano, es decir, del trabajo, al capital bruto. Si juntamos todas las desigualdades resultantes de la concentración, nos encontramos ante otra gran aceleración y profundización estructural de una fractura ya existente. No es de extrañar, por tanto, que se hable de neofeudalismo o tecnofeudalismo, un desafío directo al orden social, esta vez construido sobre algo que va más allá incluso de los estribos.[11]

En resumidas cuentas, el rendimiento de la inteligencia se multiplicará de manera exponencial. Unas pocas inteligencias artificiales selectas, a las que solíamos llamar organizaciones, se beneficiarán masivamente de una nueva concentración de capacidad, es probable que de la mayor concentración de este tipo que se haya visto jamás. Recrear la esencia de lo que ha hecho que nuestra especie tenga tanto éxito en herramientas que puedan reutilizarse y aplicarse una y otra vez en una miríada de entornos diferentes es un premio poderoso que corporaciones y burocracias de todo tipo perseguirán. Cómo se gobiernan estas entidades, cómo se enfrentarán, se apoderarán y rediseñarán el Estado es una cuestión abierta, mientras que la idea de que lo desafiarán parece segura.

Aun así, las consecuencias de una mayor concentración de poder no acaban con las empresas.

VIGILANCIA: COMBUSTIBLE DE COHETES PARA EL AUTORITARISMO

Cuando se los compara con las grandes corporaciones, los gobiernos parecen lentos, sobrecargados y desconectados. Resulta tentador descartarlos como si estuvieran destinados al basurero de la historia. Sin embargo, otra reacción inevitable de los Estados nación será utilizar las herramientas de la ola que viene a fin de reforzar el control que tienen sobre el poder y aprovecharlas al máximo para afianzar su dominio.

En el siglo xx, los regímenes totalitarios querían economías planificadas, poblaciones obedientes y ecosistemas de información controlados; querían la hegemonía total. Gestionaban todos los aspectos de la vida. Los planes quinquenales lo dictaban todo, desde el número y el contenido de las películas hasta las fanegas de trigo que se esperaban de un campo determinado. Los planificadores modernos esperaban crear ciudades de orden y fluidez inmaculados. Un aparato de seguridad vigilante y despiadado lo mantenía todo en marcha. El poder se concentraba en las manos de un único líder supremo, capaz de observar todo el panorama y actuar con decisión. Pensemos en la colectivización soviética, en los planes quinquenales de Stalin, la China de Mao o la Stasi de la Alemania Oriental. Se trata del Gobierno como pesadilla distópica.

Y, al menos hasta ahora, siempre ha salido terriblemente mal. A pesar de los esfuerzos de revolucionarios y burócratas por igual, la sociedad no ha podido moldearse, nunca ha sido totalmente «legible» para el Estado, sino una realidad desordenada e ingobernable que no se ajustaba a los sueños puristas del centro.[12] La humanidad es demasiado multifacética, demasiado impulsiva para ser encajonada de ese modo. En el pasado, las herramientas de que disponían los gobiernos totalitarios simplemente no estaban a la altura de la tarea, así que esas dictaduras fracasaron, no consiguieron mejorar la calidad de vida, o acabaron por derrumbarse o reformarse. La concentración extrema no solo era de lo más indeseable, sino que en realidad era imposible.

La ola que viene presenta la inquietante posibilidad de que esto deje de ser cierto. En su lugar, podría iniciar una inyección de poder y control centralizados que transformara las funciones del Estado en distorsiones represivas de su propósito original, y ser una suerte de combustible para cohetes tanto para los autoritarios como para la competencia de las grandes potencias. La capacidad de capturar y aprovechar datos a una escala y con una precisión extraordinarias, de crear sistemas de vigilancia y control que abarquen todo el territorio y reaccionen en tiempo real, de poner, en otras palabras, el conjunto de tecnologías más poderoso de la historia bajo el mando de un solo organismo reescribiría los límites del poder estatal de forma tan exhaustiva que produciría una especie de entidad totalmente nueva.

Tu altavoz inteligente te despierta. De inmediato, coges el móvil y compruebas el correo electrónico. Tu reloj de muñeca inteligente te dice que has tenido un sueño normal y que tu ritmo cardiaco está en la media de la mañana. Una organización lejana ya sabe, en teoría, a qué hora estás despierto, cómo te sientes y qué estás mirando. Sales de casa y te diriges a la oficina, y tu móvil te sigue los movimientos, registra las pulsaciones de tus mensajes de texto y del pódcast que vas escuchando. Por el camino y a lo largo del día, las cámaras de seguridad te graban cientos de veces, pues, al fin y al cabo, en la ciudad hay al menos una cámara por cada diez personas, quizá muchas más.[13] Al entrar en la oficina, el sistema registra la hora de entrada. Un software instalado en el ordenador controla la productividad, incluso hasta los movimientos de los ojos.

De camino a casa, paras a comprar algo para cenar. El programa de fidelización del supermercado registra lo que compras. Antes de irte a dormir, te tragas una temporada entera de una serie de televisión en una plataforma de *streaming* y tus hábitos quedan guardados. Cada mirada, cada mensaje apresurado, cada pensamiento a medias inscrito en un navegador abierto o una búsqueda fugaz, cada paso por las bulliciosas calles de la ciudad, cada latido del corazón, cada noche que has dormido mal y cada compra realizada o rechazada: todo se captura, se observa, se anota. Y esto es solo una ínfima parte de los posibles datos que se recogen cada día, no solo en el trabajo o por teléfono, sino también en la consulta del médico o en el gimnasio. Casi todos los detalles de la vida quedan registrados, en algún lugar, por quienes poseen la sofisticación necesaria para procesar los datos que recogen y actuar en consecuencia. No se trata de una distopía lejana; acabo de describir la realidad cotidiana de millones de personas en una ciudad como Londres.

El único paso que queda es reunir estas bases de datos dispares en un sistema único e integrado, lo que se convertirá en un perfecto aparato de vigilancia del siglo XXI. El ejemplo preeminente sin duda es China. Este hecho no es ninguna novedad, pero lo que ha quedado claro es lo avanzado y ambicioso que es ya el programa del PCCh, por no hablar de dónde podría acabar dentro de veinte o treinta años.

En comparación con Occidente, la investigación china en inteligencia artificial se concentra en áreas de vigilancia como el seguimiento de objetos, la comprensión de escenas y el reconocimiento de voces o acciones.[14] Las tecnologías de vigilancia están muy extendidas y son cada vez más detallistas en su capacidad de penetrar en todos los aspectos de la vida de los ciudadanos. Combinan el reconocimiento visual de rostros, pasos y matrículas con la recopilación de datos a gran escala, entre ellos los biodatos. Servicios centralizados como WeChat agrupan todo, desde la mensajería privada hasta las compras y las operaciones bancarias, en un único lugar que es fácil localizar. Al conducir por las autopistas chinas se ven cientos de cámaras de reconocimiento automático de matrículas que rastrean vehículos, dispositivos que también hay en la mayoría de las grandes zonas urbanas del mundo occidental. Durante las cuarentenas por COVID-19, los perros robot y los drones llevaban altavoces con mensajes que advertían a la gente de que se quedara en casa.

El software de reconocimiento facial se basa en los avances en visión por ordenador que hemos visto en la segunda parte, e identifica rostros individuales con una precisión exquisita. Mi teléfono se inicia de manera automática cuando me «ve» la cara, un sistema que supone una comodidad pequeña pero que es útil, y, sin embargo, tiene implicaciones obvias y profundas. Aunque en un principio el sistema fue desarrollado por investigadores empresariales y académicos de Estados Unidos, China fue el país que más adoptó y perfeccionó esta tecnología.

El presidente Mao había dicho que «las masas tienen ojos agudos» cuando observan a sus vecinos en busca de infracciones contra la ortodoxia comunista. En 2015, esto sirvió de inspiración para «Ojos Agudos», un programa masivo de reconocimiento facial que, en última instancia, aspiraba a extenderlo a nada menos que el cien por cien del espacio público.[15] Un equipo de destacados investigadores de la Universidad china de Hong Kong fundó SenseTime, una de las mayores empresas de reconocimiento facial del mundo, que cuenta con una base de datos de más de dos mil millones de rostros.[16] China es ahora líder en este tipo de tecnología, donde empresas gigantes como Megvii y CloudWalk compiten con SenseTime por la cuota de mercado. La policía china dispone incluso de gafas de sol con tecnología de reconocimiento facial incorporada, capaces de rastrear a sospechosos entre la multitud.[17]

Alrededor de la mitad de los mil millones de cámaras de vigilancia del mundo están en China.[18] Muchas llevan incorporado el reconocimiento facial y están cuidadosamente colocadas para recabar la máxima información, a menudo en espacios casi privados, como edificios residenciales, hoteles e incluso salas de karaoke. Una investigación del *New York Times* reveló que solo la policía de la provincia de Fujian tenía una base de datos de dos mil quinientos millones de imágenes faciales. También fueron sinceros sobre su finalidad, que describieron como «controlar y gestionar a las personas». Las autoridades buscan asimismo recopilar datos de audio —la policía de la ciudad de Zhongshan quería cámaras que pudieran grabar sonido en un radio de unos noventa metros—, y la estrecha vigilancia y almacenamiento de biodatos se convirtió en rutina en la era de la COVID-19.

El Ministerio de Seguridad Pública tiene clara la siguiente prioridad: unir estas bases de datos y servicios dispersos en un todo coherente, desde matrículas hasta ADN, cuentas de WeChat o tarjetas de crédito. Este sistema basado en la inteligencia artificial podría detectar en tiempo real amenazas emergentes para el Partido Comunista chino, como disidentes y protestas, y permitir así una respuesta gubernamental aplastante y sin fisuras a todo lo que percibiera como indeseable.[19] En ningún otro lugar se conjuga todo esto con un potencial más espeluznante que en la región autónoma de Sinkiang.

Esta escarpada y remota zona del noroeste de China ha sido testigo de la represión y la limpieza étnica sistemáticas y potenciadas por la tecnología de su pueblo autóctono, los uigures. Aquí se reúnen todos estos sistemas de vigilancia y control. Las ciudades están cubiertas por cámaras de vigilancia con reconocimiento facial y seguimiento por inteligencia artificial. Puntos de control y campos de «reeducación» rigen los movimientos y las libertades. Un sistema de calificación social basado en numerosas bases de datos vigiladas controla a la población, y las autoridades han creado una base de datos de escáneres de iris con capacidad para treinta millones de muestras, más que la población de la región.[20]

Las sociedades de vigilancia y control desmesurados ya están aquí, y ahora todo esto va a escalar en gran medida hacia un nuevo nivel de concentración de poder en el centro. Sin embargo, sería un error considerarlo solo un problema chino o autoritario. Para empezar, esta tecnología se está exportando al por mayor de Venezuela a Zimbabue, de Ecuador a Etiopía, e incluso a Estados Unidos. En 2019, el Gobierno estadounidense prohibió a las agencias federales y a sus contratistas comprar equipos de telecomunicaciones y vigilancia a

223

varios proveedores chinos, entre ellos Huawei, ZTE y Hikvision.[21] Aun así, solo un año después se descubrió que tres agencias federales habían comprado esos equipos a proveedores prohibidos.[22] Más de cien ciudades estadounidenses han adquirido incluso tecnología desarrollada para su uso contra los uigures de Sinkiang.[23] Un fracaso de la contención de manual.

Las empresas y los gobiernos occidentales también están a la vanguardia de la creación y el despliegue de esta tecnología. La mención de Londres no es casual, pues compite con ciudades como Shenzhen por ser la más vigilada del mundo. No es ningún secreto que las autoridades supervisan y controlan a su propia población, pero estas tendencias se extienden también a las empresas occidentales. En los almacenes inteligentes se rastrea cada micromovimiento de cada trabajador, incluso hasta la temperatura corporal y las pausas para ir al baño.[24] Compañías como Vigilant Solutions recopilan datos de movimientos basados en el seguimiento de matrículas que luego venden a jurisdicciones como gobiernos estatales o municipales.[25] Hasta la pizza que pides a domicilio está bajo vigilancia; el restaurante Domino's utiliza cámaras con inteligencia artificial para controlar sus alimentos.[26] Al igual que quienes viven en China, los habitantes de Occidente dejan un enorme rastro de datos cada día de su vida y, del mismo modo que en el gigante asiático, se recogen, se procesan, se operacionalizan y se venden.

Antes de la ola que viene, la noción de un «panóptico de alta tecnología» global era propio de novelas distópicas, como *Nosotros*, de Yevgeny Zamyatin, o *1984*, de George Orwell.[27] El panóptico se está haciendo realidad. Miles de millones de dispositivos y billones de puntos de datos podrían funcionar y controlarse a la vez, en tiempo real, y utilizarse no solo para la vigilancia, sino también para la predicción. No pronosticarán únicamente los resultados sociales con precisión y granularidad, sino que es posible que los dirijan o coaccionen tanto con sutileza como de forma manifiesta, desde los grandes macroprocesos como los resultados electorales hasta los comportamientos individuales de los consumidores.

Esto plantea la perspectiva de un totalitarismo en un nuevo plano. No ocurrirá en todas partes, ni de golpe, pero si la inteligencia artificial, la biotecnología, la tecnología cuántica, la robótica y todo lo demás se centralizan en manos de un Estado represivo, la entidad resultante sería palpablemente diferente a cualquiera vista hasta ahora. En el próximo capítulo volveremos sobre esta posibilidad. Sin embargo, antes de eso surge otra tendencia. Una del todo opuesta a la centralización, aunque resulte paradójico.

FRAGMENTACIONES. EL PODER AL PUEBLO

Al oír la palabra *hezbolá*, a la mayoría de la gente no le vienen a la mente parlamentos, escuelas y hospitales. Al fin y al cabo, se trata de una organización militante nacida de la larga tragedia de la guerra civil libanesa, con un historial de violencia, clasificada oficialmente como terrorista por el Gobierno estadounidense y que a menudo funciona como apoderada de los intereses iraníes. Pero aquí ocurren muchas más cosas y se vislumbra una dirección alternativa para el poder y el Estado.

En su territorio libanés, Hezbolá actúa como un «Estado dentro del Estado» chií. Cuenta con un ala militar considerable y notoria, y puede que sea el agente no estatal mejor armado del mundo con, en palabras de un analista, «un arsenal de artillería mayor que el de la mayoría de las naciones».[28] Cuenta con drones, tanques, cohetes de largo alcance y muchos miles de soldados de infantería que han luchado junto al régimen de Bashar al-Assad en la guerra civil siria y se han enfrentado con regularidad a Israel.

Quizá para sorpresa de algunos, esta organización también es una importante fuerza política dominante, un partido convencional en el psicodrama en curso que es el Gobierno libanés. Hezbolá es, en muchos sentidos, una parte más del sistema político, que establece alianzas, redacta leyes y trabaja con los instrumentos convencionales del Estado. Sus miembros forman parte de los consejos municipales, del Parlamento y de los gabinetes ministeriales. En las grandes extensiones del territorio libanés que controla, Hezbolá gestiona escuelas, hospitales, centros de salud, infraestructuras, proyectos hídricos e iniciativas de concesión de microcréditos. De hecho, algunos de estos programas cuentan incluso con el apoyo de suníes y cristianos. En esencia, Hezbolá se ocupa de la administración de distritos enteros a la manera de un Estado, así como de diversas actividades comerciales, tanto de carácter legal como más delictivo, incluido el contrabando de petróleo.[29]

Entonces ¿qué es Hezbolá? ¿Es un Estado o no? ¿Un grupo extremista o una potencia convencional basada en el territorio? Es más bien una extraña entidad híbrida que funciona tanto dentro como fuera de las instituciones gubernamentales.[30] Es como un Estado y, aun así, no lo es, pues tiene la capacidad de seleccionar responsabilidades y actividades en beneficio de sus propios intereses, a menudo con consecuencias nefastas para el país y la región en su conjunto. No hay demasiadas organizaciones como Hezbolá, que ha evolucionado en medio de las singulares tensiones regionales.

Sin embargo, la ola que viene podría hacer mucho más plausibles toda una serie de pequeñas entidades de tipo estatal.[31] De manera contraria a la centralización, podría en realidad estimular una especie de «hezbolahización», un mundo fragmentado y de tribalismo, donde todo el mundo tiene acceso a las últimas tecnologías, todo el mundo puede mantenerse a sí mismo en sus propios términos, donde es mucho más posible para cualquiera mantener el nivel de vida sin las grandes superestructuras de la organización del Estado nación.

Consideremos que una combinación de inteligencia artificial, robótica barata y biotecnología avanzada junto con fuentes de energía limpia podría hacer posible, por primera vez en la modernidad, que una vida «fuera de la red» sea casi equivalente a estar conectado. Recordemos que, solo en la última década, el coste de la energía solar fotovoltaica ha caído en más de un 82 por ciento y se reducirá mucho más, lo que pondrá al alcance de las pequeñas comunidades la autosuficiencia energética.[32] A medida que la electrificación de las infraestructuras y las alternativas a los combustibles fósiles se extiendan, más partes del mundo podrían llegar a ser autosuficientes, pero ahora equipadas con una infraestructura de inteligencia artificial, biotecnología, robótica y demás tecnologías, que les permitirá la generación de información y la fabricación de manera local.

Campos como la educación y la medicina dependen en la actualidad de enormes infraestructuras sociales y financieras. Es muy posible imaginar que esto se reduzca y localice; sistemas educativos adaptativos e inteligentes, por ejemplo, que lleven a un estudiante a través de todo un viaje de aprendizaje y le construyan un plan de estudios a medida; inteligencias artificiales capaces de crear todos los materiales, como los juegos interactivos adaptados al niño a la perfección que tengan sistemas de calificación automatizados, entre muchas otras posibilidades.

Es posible que no haya un paraguas de seguridad colectiva, como lo hay en un sistema de Estado nación, sino que se contraten diferentes formas de protección física y cibernética *ad hoc*. Los hackers de inteligencia artificial y los drones autónomos también estarán a disposición de grupos de seguridad privados. Hemos visto cómo la capacidad para la ofensiva se está extendiendo a cualquiera que la quiera; la contrapartida es que la misma distribución ocurrirá, con el tiempo, con la defensa. Cuando cualquiera tiene acceso a la tecnología puntera, no son solo los Estados nación los que pueden montar formidables defensas físicas y virtuales.

En resumen, partes clave de la sociedad moderna y de la organización social que hoy dependen de la escala y la centralización podrían verse radicalmente involucionadas por las capacidades que la ola que viene desbloquea. La rebelión masiva, el secesionismo y la formación de cualquier tipo de Estado tienen un aspecto muy diferente en un mundo así. Redistribuir el poder real significa que comunidades de todo tipo pueden vivir como quieran, ya sea ISIS, las Fuerzas Armadas Revolucionarias de Colombia, Anonymous o separatistas desde Biafra hasta Cataluña, ya sea una gran corporación que construye parques temáticos de lujo en una isla remota del Pacífico.

Algunos aspectos de la ola que viene apuntan hacia el incremento de la centralización del poder. El entrenamiento de los mayores modelos de inteligencia artificial costará cientos de millones de dólares y, en consecuencia, pocos serán los que se los puedan permitir. Paradójicamente, sin embargo, se producirá una tendencia contraria en paralelo. Los avances de la inteligencia artificial ya están llegando a los repositorios de código de fuente abierta pocos días después de su publicación en revistas de libre acceso, lo que facilita que cualquiera acceda a los mejores modelos, experimente con ellos, los construya y a su vez los modifique. Los modelos se publican, se filtran y se roban.

Empresas como Stability AI o Hugging Face aceleran formas distribuidas y descentralizadas de inteligencia artificial. Técnicas como

CRISPR facilitan la experimentación biológica, lo que significa que los hackers biológicos pueden experimentar en la vanguardia absoluta de la ciencia desde su garaje. En última instancia, compartir o copiar el ADN o el código de un gran modelo de lenguaje es trivial. La apertura es la norma, las imitaciones son endémicas, las curvas de coste bajan sin cesar y las barreras de acceso se desmoronan. Las capacidades exponenciales se ponen en manos de cualquiera que las desee.

Esto anuncia una colosal redistribución del poder alejada de los centros existentes. Imaginemos un futuro en el que pequeños grupos, ya sea en países en vías de desintegración como Líbano, ya sea en campamentos nómadas sin asistencia gubernamental en Nuevo México, proporcionen servicios potenciados por la inteligencia artificial como cooperativas de crédito, escuelas y asistencia sanitaria, todos ellos en el corazón de la comunidad que a menudo dependen de la escala o del Estado. Un futuro donde la oportunidad de establecer los términos de la sociedad a un micronivel se vuelve irresistible y se hacen posibles reclamos como los siguientes: acude a nuestra escuela de moda y evita la teoría racial crítica para siempre, o boicotea el malvado sistema financiero y utiliza nuestra plataforma de finanzas descentralizadas (DeFi). Un futuro donde cualquier agrupación de cualquier tipo —ideológica, religiosa, cultural, racial— podría autoorganizar sociedades viables. Piensa en establecer tu propia escuela, tu propio hospital o ejército. Se trata de un proyecto complejo, vasto y difícil, e incluso pensar en ello resulta agotador, ya que solo la recopilación de los recursos y los permisos y materiales necesarios es un esfuerzo que dura años. Ahora, sin embargo, considera disponer de una serie de asistentes que cuando se les pide que construyan una escuela, un hospital o un ejército, pueden hacerlo realidad en un marco temporal realista.

La inteligencia artificial capaz y la biología sintética empoderan tanto a movimientos sociales del tipo de Extinction Rebellion como a la megacorporación Dow Jones; tanto al líder carismático como al gigante torpe. A pesar de que podrían expandirse algunas importantes ventajas, también podrían quedar anuladas. Pregúntate qué pasaría con los países que ya están desgarrados si cada secta, movimiento separatista, fundación benéfica, red social, cada fanático y xenófobo, cada teoría conspirativa populista, partido político o incluso mafia, cártel de la droga o agrupación terrorista tuviera la oportunidad de construir un Estado. Los que han quedado privados de sus derechos, volverán a obtenerlos por sí mismos, y esta vez en sus propios términos.

Podrían producirse fragmentaciones por todas partes. ¿Y si las propias empresas emprendieran el camino para convertirse en naciones, o las ciudades decidieran separarse y ganar más autonomía? ¿Qué pasaría si la gente gastara más tiempo, dinero y energía emocional en mundos virtuales que en los reales? ¿Qué ocurre con las jerarquías tradicionales cuando las herramientas de poder y experiencia asombrosas están tan al alcance de los niños sin recursos como de los multimillonarios? Ya es un hecho notable que los titanes corporativos pasen la mayor parte de su vida trabajando en programas como Gmail o Excel, que son accesibles para la mayoría de los habitantes del planeta. Con la democratización del empoderamiento, se amplía el radio de manera radical, y todos los habitantes del globo tienen acceso sin restricciones a las tecnologías más poderosas jamás construidas.

A medida que la gente se tome cada vez más el poder por su mano, creo que la nueva frontera de la desigualdad estará en la biología. Un mundo fragmentado es aquel en el que algunas jurisdicciones son mucho más permisivas con la experimentación humana que otras, en el que los focos de biocapacidades y automodificaciones avanzadas producen resultados divergentes a nivel del ADN que, a su vez, generan resultados divergentes a nivel de Estados y microestados. En este contexto, podría producirse entonces algo así como una carrera armamentística de mejora personal mediante hackers biológicos. Los países desesperados por conseguir inversiones o ventajas podrían ver potencial en convertirse en un paraíso de hackers biológicos del todo vale. ¿Qué aspecto tendría el contrato social si un grupo selecto de «poshumanos» se autodiseñaran hasta alcanzar un plano intelectual o físico inalcanzable? ¿Qué pasaría en la intersección entre tal fenómeno y la dinámica de fragmentación de la política, en la que algunos enclaves intenten dejar atrás el conjunto?

Todo esto aún se encuentra en el terreno de la especulación, pero estamos entrando en una nueva era en la que lo que antes resultaba impensable ahora es una clara posibilidad. Negarse a ver lo que está sucediendo es, en mi opinión, más peligroso que ser demasiado especulativo.

La gobernanza funciona por consentimiento; es una ficción colectiva que descansa en la creencia de todos los implicados. En este escenario, el Estado soberano se ve presionado hasta el punto de ruptura. El viejo contrato social se hace pedazos. Las instituciones se eluden, se socavan y se suplantan. La fiscalidad, la aplicación de la ley, el cumplimiento de las normas… todo está amenazado. De esta manera, la rápida fragmentación del poder podría acelerar una especie de «turbobalcanización», que dotaría a agentes astutos y recién capacitados de una libertad sin precedentes. Así, se inicia una desagregación de las grandes consolidaciones de autoridad y servicio encarnadas por el Estado.

En este contexto, surge una entidad más parecida al mundo preestatal, neomedieval, más pequeña, más local y constitucionalmente diversa; un complejo e inestable mosaico de formas de gobierno, aunque esta vez en posesión de una tecnología de lo más poderosa. Cuando el norte de Italia era un entramado de pequeñas ciudades-Estado, nos dio el Renacimiento, a pesar de ser también un campo de constantes guerras y disputas internas. El Renacimiento es estupendo; una guerra incesante con la tecnología militar del mañana, no tanto.

Para muchas personas que trabajan en el campo de la tecnología o cerca de él, este tipo de resultados radicales no son solo subproductos no deseados, sino que constituyen el objetivo en sí mismo. Tecnólogos hiperlibertarios como el fundador de PayPal y capitalista de riesgo Peter Thiel celebran un planteamiento en el que el Estado desaparece, lo que consideran una liberación para una poderosa especie de líderes empresariales o «individuos soberanos», como se autodenominan.[33] Se invoca una hoguera en la que arrojar servicios públicos, instituciones y normas desde un enfoque explícito en el que la tecnología podría «crear el espacio para nuevos modos de disidencia y nuevas formas de constituir comunidades no limitadas por los Estados nación históricos».[34]

El movimiento tecnolibertario lleva la sentencia de Ronald Reagan de 1981 de que «el Gobierno es el problema» a su extremo lógico, al constatar sus muchos defectos pero no los inmensos beneficios que ofrece, o al creer que sus funciones reguladoras y fiscales son limitadores de tasas destructivos con pocas ventajas, al menos para ellos. Me parece muy deprimente que algunos de los más poderosos y privilegiados adopten una visión tan estrecha y demoledora, pero añade un nuevo impulso a la fragmentación.

Este es un mundo en el que multimillonarios y profetas actuales pueden construir y dirigir microestados, un mundo en el que actores no gubernamentales, desde corporaciones hasta comunas y algoritmos, empiezan a eclipsar al Estado desde arriba, pero también desde abajo. Pensemos de nuevo en el estribo y en los profundos efectos que se derivaron de un único y sencillo invento y, luego, consideremos la escala de innovación de la ola que viene. Junto con las presiones y la fragilidad existentes, un cambio radical del orden de mi especulación anterior no parece tan descabellado, pero lo que sería más extraño es que no hubiera ningún cambio radical.

LA OLA DE CONTRADICCIONES QUE VIENE

Si centralización y descentralización suenan como si estuvieran en contradicción directa, es por una buena razón: lo están. Comprender el futuro significa manejar a la vez múltiples trayectorias conflictivas. La ola que viene lanza inmensas corrientes centralizadoras y descentralizadoras al mismo tiempo, y ambas estarán en juego simultáneamente. Cada individuo, cada empresa, cada Iglesia, cada organización sin ánimo de lucro y cada nación acabarán teniendo su propia inteligencia artificial y, en última instancia, su propia capacidad biológica y robótica. Desde un solo individuo en su sofá hasta las organizaciones más grandes del mundo, cada inteligencia artificial tratará de alcanzar los objetivos de su propietario. Así, aquí reside la clave para entender la ola de contradicciones que viene, una ola que estará llena de colisiones.

Cada nueva formulación de poder ofrecerá un enfoque diferente sobre la entrega de bienes públicos, propondrá una vía distinta de fabricar productos o un conjunto diferente de creencias religiosas con que evangelizar. Los sistemas de inteligencia artificial ya toman decisiones críticas con evidentes implicaciones políticas, como quién obtiene un préstamo, un trabajo, una plaza en la universidad, libertad condicional o quién es atendido por un médico jefe. Dentro de una década, estos modelos decidirán cómo se gasta el dinero público, dónde se asignan las fuerzas militares o qué deben aprender los estudiantes, y esto ocurrirá tanto de forma centralizada como descentralizada. Una inteligencia artificial podría, por ejemplo, funcionar como un sistema masivo que abarque todo un Estado, como una única utilidad de uso general que gobierne a cientos de millones de personas. Del mismo modo, también tendremos sistemas de capacidades inmensas, disponibles a bajo coste, de código abierto y altamente adaptados al servicio de un pueblo.

Asimismo, existirán múltiples estructuras de propiedad en tándem: tecnología democratizada en colectivos de código abierto, los productos de los líderes corporativos de hoy en día o de startups insurgentes de rápido crecimiento, y en manos del Gobierno tanto a través de la nacionalización como de la potenciación interna. Todos coexistirán y coevolucionarán, y alterarán, magnificarán, producirán y perturbarán los flujos y las redes de poder en todas partes.

Dónde y cómo se desarrollarán estas fuerzas variará en gran medida en función de los factores sociales y políticos existentes. No se trata de un panorama demasiado simplificado, y tendrá numerosos puntos de resistencia y adaptación que no serán evidentes de antemano. Algunos sectores o regiones irán en una dirección, otros en la otra, y parte de ellos verán fuertes contorsiones de ambas. Ciertas jerarquías y estructuras sociales quedarán reforzadas, mientras que otras serán anuladas; algunos lugares se volverán más igualitarios o más autoritarios, en tanto que otros, no tanto. En todos los casos, la tensión y la volatilidad adicionales, la impredecible amplificación del poder y la desgarradora perturbación de nuevos centros radicales de capacidades tensan aún más los cimientos del sistema democrático y liberal del Estado nación.

Con todo, si esta perspectiva suena demasiado extraña, paradójica e imposible, consideremos que solo profundiza y recapitula con exactitud en la misma dinámica contradictoria de la última ola. Internet hace precisamente eso: centraliza en unos pocos núcleos clave al tiempo que da poder a miles de millones de personas. Crea titanes y, a la vez, da a todo el mundo la oportunidad de participar. Las redes sociales crearon unos pocos gigantes y un millón de tribus. Cualquiera puede crear un sitio web, pero solo hay un Google. Todo el mundo puede vender sus propios productos especializados, pero solo hay un Amazon. Y así sucesivamente. La disrupción de la era de internet queda explicada en gran medida por esa tensión, ese potente brebaje combustible de empoderamiento y control.

Ahora, con la ola que viene, fuerzas como estas se expandirán más allá de la red y de la esfera digital. Podrá aplicarse a cualquier ámbito de la vida. Sí, esta receta para este cambio desgarrador es algo que ya hemos visto antes, pero si internet parecía inmenso, esto lo es más. Las tecnologías omnicanales masivas de uso general cambiarán tanto la sociedad como lo que significa ser humano. A pesar de que tal afirmación puede sonar hiperbólica, en la próxima década debemos anticipar un flujo radical, nuevas concentraciones y dispersiones de información, riqueza y, por encima de todo, de poder.

¿Dónde queda la tecnología en este marco y, lo que es mucho más importante, dónde quedamos nosotros? ¿Qué pasa si el Estado deja de ser capaz de controlar la ola que viene de una manera equilibrada? Hasta ahora en la tercera parte, hemos hablado de la ya precaria condición en la que se encuentra el Estado nación moderno y hemos anticipado las nuevas amenazas que llegarán con la ola que viene. Hemos visto que un aplastante conjunto de factores de estrés y una colosal redistribución del poder convergerán para llevar a la única fuerza capaz de gestionar la ola, es decir, el Estado, a una situación de crisis.

Ese momento casi ha llegado. Provocada por el auge inexorable de la tecnología y el fin de las naciones, esta crisis adoptará la forma de una enorme disyuntiva existencial, un conjunto de opciones y equilibrios brutales que representan el dilema más importante del siglo XXI.

Quedarnos sin buenas opciones sería el fracaso definitivo de la tecnología. Sin embargo, ese es precisamente el punto hacia el que nos dirigimos.

12

El dilema

La historia de la humanidad es, en parte, una historia de catástrofes. Las pandemias están muy presentes. Dos de ellas mataron hasta el 30 por ciento de la población mundial: la plaga de Justiniano, en el siglo VI, y la peste negra, en el siglo XIV. En 1300, la población de Inglaterra era de siete millones, pero en 1450, arrasada por las oleadas de peste, quedó reducida a solo dos.[1]

Asimismo, también hay catástrofes provocadas por el hombre. La Primera Guerra Mundial mató en torno al 1 por ciento de los habitantes de todo el planeta, mientras que la Segunda, al 3 por ciento.[2] O consideremos la violencia desatada por Gengis Kan y el ejército mongol en China y Asia Central en el siglo XIII, que se cobró la vida de hasta el 10 por ciento de la población mundial. Con la llegada de la bomba atómica, la humanidad posee ahora suficiente fuerza letal para matar varias veces a todos los habitantes de la Tierra. Acontecimientos catastróficos que antes se producían a lo largo de años y décadas pueden ocurrir en cuestión de minutos, con solo pulsar un botón.

Con la ola que viene, estamos a punto de dar otro salto de este tipo y de ampliar tanto el límite superior del riesgo como el número de vías disponibles para quienes buscan desatar una fuerza catastrófica. En este capítulo, vamos a ir más allá de la fragilidad y de las amenazas al funcionamiento del Estado, y prever lo que ocurrirá, tarde o temprano, si la contención no es viable.

La inmensa mayoría de estas tecnologías se utilizarán para el bien. A pesar de que me he centrado en los riesgos, es importante tener en cuenta que mejorarán innumerables vidas a diario. En este capítulo analizaremos casos extremos que casi nadie quiere presenciar, y menos aún quienes trabajan con estas herramientas. Sin embargo, el hecho de que se trate de una minoría de casos de uso evanescentes no significa que podamos ignorarlos. Hemos visto que los agentes dañinos podrían causar graves perjuicios y desencadenar una inestabilidad masiva. Ahora, imaginemos que cualquier laboratorio o hacker medianamente competente pudiera sintetizar complejas cadenas de ADN. ¿Cuánto tardaría en producirse un desastre?

Con el tiempo, a medida que algunas de las tecnologías más potentes de la historia se propagan por todas partes y llegan a manos de miles de millones de personas, estos casos extremos se vuelven más probables. Al final, algo saldrá mal, a escalas y velocidades acordes con las capacidades desatadas. La conclusión de los cuatro rasgos de la ola que viene es que, en ausencia de métodos de contención sólidos que operen a todos los niveles, es más posible que nunca que se produzcan resultados catastróficos, como una pandemia manipulada.

Esta perspectiva es inaceptable, pero he aquí el dilema. Las soluciones más seguras para la contención son igual de inaceptables y conducirían a la humanidad por un camino autoritario y distópico.

Por un lado, las sociedades podrían volverse hacia el tipo de vigilancia total posibilitada por la tecnología que hemos visto en el capítulo anterior, una respuesta visceral que impone mecanismos duros contra la tecnología desbocada o descontrolada. Seguridad, pero al precio de la libertad. Por el otro, quizá la humanidad se aleje por completo de la vanguardia tecnológica. Aunque improbable, esa no es la respuesta. En principio, la única entidad capaz de sortear este atolladero existencial es el mismo sistema de Estados nación que se está desmoronando, arrastrado por las mismas fuerzas que debe contener.

Así pues, con el tiempo las implicaciones de estas tecnologías abocarán a la humanidad a navegar por un camino entre dos polos: la catástrofe o la distopía. Este es el dilema fundamental de nuestra época.

La promesa de la tecnología es que mejora la vida y que los beneficios superan con creces los costes y los inconvenientes. Este conjunto de opciones retorcidas significa que esa promesa se ha invertido de manera salvaje.

El catastrofismo hace que la gente —incluido yo mismo— se quede aturdida. En este punto, puede que te asalten el cansancio y el escepticismo. Hablar de impactos desastrosos a menudo provoca el ridículo: acusaciones de catastrofismo, de negatividad indulgente, de alarmismo estridente, de mirarse el ombligo ante riesgos remotos y minoritarios cuando hay muchos peligros claros y presentes que reclaman atención a gritos. Al igual que el tecnooptimismo exaltado, el tecnocatastrofismo exaltado es fácil de descartar como una forma retorcida y equivocada de exageraciones que los registros históricos no respaldan.

No obstante, que una advertencia tenga implicaciones dramáticas no es motivo suficiente para rechazarla en modo automático. La complacencia de la aversión al pesimismo que saluda la perspectiva de un desastre es, en sí misma, una receta para el desastre. Parece plausible, racional en sus propios términos o «inteligente» desestimar los avisos como si se tratara de parloteo exagerado de unos cuantos raritos, pero semejante actitud allana el terreno para su propio fracaso.

Sin duda, el riesgo tecnológico nos conduce a un territorio incierto. Aun así, todas las tendencias apuntan a una profusión de riesgos. Esta especulación se fundamenta en las mejoras científicas y tecnológicas en constante progresión. Los que descartan la catástrofe descartan, en mi opinión, los hechos objetivos que se presentan ante nosotros, pues no estamos hablando de la proliferación de motocicletas o frigoríficos.

Variedades de catástrofe

Para ver para qué daños catastróficos deberíamos prepararnos, basta con ampliar los ataques de los agentes dañinos que hemos visto en el capítulo 9. He aquí algunos escenarios que ya podemos presenciar.

Los terroristas montan armas automáticas equipadas con reconocimiento facial en un enjambre de drones autónomos de cientos o miles de efectivos, cada uno de los cuales es capaz de reponerse con rapidez del retroceso del arma, disparar ráfagas cortas y seguir adelante. Se despliegan en el centro de una gran ciudad con instrucciones de matar a un perfil específico. En una hora punta de gran afluencia, operarían con una eficacia aterradora, y seguirían una ruta optimizada alrededor de la ciudad. En cuestión de minutos, se produciría un ataque a una escala mucho mayor que, por ejemplo, los atentados de

Bombay de 2008, en los que terroristas armados recorrieron lugares emblemáticos de la ciudad, como la estación central.

Por otra parte, un asesino en masa decide atacar un gran mitin político con drones, dispositivos de pulverización y un patógeno diseñado a medida. Pronto los asistentes caen enfermos, y luego lo hacen sus familias. El orador, un pararrayos político muy querido y muy odiado, es una de las primeras víctimas. En un ambiente partidista febril, un ataque como ese desencadena violentas represalias por todo el país y el caos se desata en cascada.

En otro supuesto, un conspiracionista hostil en Estados Unidos difunde ingentes cantidades de desinformación creada con precisión y divisiva utilizando tan solo instrucciones en lenguaje natural. Lo intenta numerosas veces, la mayoría de las cuales fracasan, pero una de ellas acaba calando: la de un asesinato policial en Chicago. Es completamente falso, pero la agitación en las calles y el rechazo generalizado son reales. Los atacantes ya tienen un libro de jugadas. En el momento en que se comprueba que el vídeo es un fraude, los disturbios violentos con múltiples víctimas se han extendido por todo el país, y nuevas ráfagas de desinformación continúan avivando el fuego.

O imagínate que todos estos supuestos ocurrieran al mismo tiempo, o no solo en un acontecimiento o en una ciudad, sino en cientos. Con herramientas como esta no hace falta mucho para darse cuenta de que el empoderamiento de los agentes dañinos abre las puertas de la catástrofe. Los sistemas de inteligencia artificial actuales se esforzarán por no decirte cómo envenenar el suministro de agua o cómo construir una bomba indetectable. Todavía no son capaces de definir o de perseguir objetivos por sí mismos. Sin embargo, como hemos visto, versiones más difundidas y menos seguras de los modelos más avanzados y potentes de hoy en día están llegando, y a gran velocidad.

De todos los riesgos catastróficos de la ola que viene, la inteligencia artificial es el que ha recibido más cobertura, pero hay muchos más. Una vez que los ejércitos estén automatizados por completo, las barreras de entrada a los conflictos serán mucho más bajas. Las guerras podrían desencadenarse por accidente a causa de razones que nunca estarán claras, de inteligencias artificiales que detectan algún patrón de comportamiento o amenaza y reaccionan de inmediato con una fuerza abrumadora. Basta decir que la naturaleza de esa guerra podría ser desconocida, intensificarse con rapidez y tener unas consecuencias destructivas insuperables.

Ya nos hemos topado con pandemias artificiales y con los peligros de las filtraciones accidentales, y hemos vislumbrado lo que ocurre cuando millones de entusiastas de la superación personal pueden experimentar con el código genético de la vida. Tampoco puede descartarse un biorriesgo extremo de un tipo menos obvio, que esté dirigido a una parte determinada de la población, por ejemplo, o que sabotee un ecosistema. Imaginemos que los activistas que quieren acabar con el tráfico de cocaína inventan un nuevo insecto que solo ataca a las plantas de droga como sustitución a la fumigación aérea. O si los veganos militantes decidieran interrumpir toda la cadena de suministro cárnico con nefastas consecuencias tanto previstas como imprevistas. Cualquiera de estos casos podría descontrolarse.

Sabemos cómo podría ser una fuga de laboratorio en el contexto de la amplificación de la fragilidad, pero si esto no se controlara con rapidez, se equipararía a plagas anteriores. Para ponerlo en contexto, la variante ómicron de la COVID-19 infectó a una cuarta parte de los estadounidenses a los cien días de ser identificada por primera vez. ¿Qué pasaría si tuviéramos una pandemia con una tasa de mortalidad del 20 por ciento, pero con ese tipo de transmisibilidad? ¿O si fuera una especie de VIH respiratorio que permaneciera incubándose durante años sin síntomas agudos? Un nuevo virus transmisible a los humanos con una tasa de reproducción de nivel cuatro (muy inferior a la de la varicela o el sarampión) y una tasa de mortalidad del 50 por ciento (muy inferior a la del ébola o la gripe aviar) podría causar más de mil millones de muertes en cuestión de meses, incluso teniendo en cuenta medidas de confinamiento.[3] ¿Qué ocurriría si se liberaran varios de esos patógenos a la vez? Esto va mucho más allá de la amplificación de la fragilidad; sería una calamidad insondable.

Más allá de los clichés de Hollywood, una subcultura de investigadores académicos ha impulsado una narrativa extrema de cómo la inteligencia artificial podría instigar un desastre existencial. No se trata de un sistema maligno que provoque una destrucción intencionada como en las películas, sino de una inteligencia artificial general a gran

238

escala que persiga ciegamente un objetivo opaco, ajena a las preocupaciones humanas.

El experimento mental canónico es que si se crea una inteligencia artificial lo suficientemente potente para hacer clips, pero no se especifica el objetivo con bastante cuidado, es posible que acabe convirtiendo el mundo entero e incluso el contenido del cosmos en clips. Si se empiezan a seguir cadenas lógicas como esta, se desencadenan innumerables secuencias de acontecimientos desconcertantes. A los investigadores de la seguridad de la inteligencia artificial les preocupa (y con razón) que si se creara algo como una inteligencia artificial general, la humanidad dejaría de controlar su propio destino. Por primera vez, seríamos derrocados como especie dominante en el universo conocido. Por muy inteligentes que sean los diseñadores y por muy sólidos que sean los mecanismos de seguridad, es imposible tener en cuenta todas las eventualidades y garantizar la seguridad. Incluso si estuviera del todo alineada con los intereses humanos, una inteligencia artificial suficientemente poderosa podría llegar a sobrescribir su programación y descartar las características de seguridad y alineación que al parecer tendría incorporadas.

Siguiendo esta línea de pensamiento, a menudo oigo a la gente decir algo parecido a «¡La inteligencia artificial general es el mayor riesgo al que se enfrenta la humanidad hoy en día y va a acabar con el mundo!». Pero cuando se les pregunta cómo sería esto en realidad, cómo ocurriría, se muestran evasivos, sus respuestas se vuelven imprecisas y el peligro exacto, nebuloso. Afirman que la inteligencia artificial podría apoderarse de todos los recursos informáticos y convertir el mundo entero en un ordenador gigante. A medida que estos sistemas se hagan más y más poderosos, los escenarios más extremos requerirán importante consideración y mitigación. Sin embargo, mucho antes de llegar a ese punto, mucho podría torcerse.

En los próximos diez años, la inteligencia artificial será el mayor amplificador de fuerza de la historia, y por eso permite una redistribución del poder a escala histórica. Al ser el mayor acelerador del progreso humano imaginable, también causará daños; desde guerras y accidentes hasta fortuitos grupos terroristas, gobiernos autoritarios, corporaciones que se extralimitan, robos manifiestos y sabotajes intencionados. Pensemos en una inteligencia artificial capaz que pueda superar sin dificultad el test de Turing moderno, pero que esté orientada hacia fines catastróficos. Las inteligencias artificiales y la biología sintética avanzadas no solo estarán al alcance de los grupos que busquen nuevas fuentes de energía o medicamentos que cambien la vida, sino también del próximo Ted Kaczynski.

La razón por la que la inteligencia artificial es tan valiosa como peligrosa es precisamente porque es una extensión de lo mejor y lo peor de nosotros mismos. Y como tecnología basada en el aprendizaje, es capaz de seguir adaptándose, sondeando y produciendo nuevas estrategias e ideas que pueden estar muy alejadas de cualquier fenómeno que se haya considerado antes, incluso por otras inteligencias artificiales. Si pedimos a estos sistemas que sugieran formas de acabar con el suministro de agua potable, de hundir el mercado de valores, de desencadenar una guerra nuclear o de diseñar el virus definitivo, lo harán. Y pronto. Incluso más que preocuparme por los maximizadores especulativos de clips o por algún extraño demonio malévolo, me inquieta qué fuerzas existentes amplificará esta herramienta en los próximos diez años.

Imaginemos escenarios en los que las inteligencias artificiales controlen las redes de energía, la programación de los medios de comunicación, las centrales eléctricas, los aviones o las cuentas comerciales de las grandes casas financieras. Donde los robots son omnipresentes y los ejércitos están repletos de armas autónomas letales, con los almacenes llenos de tecnología que puede cometer asesinatos en masa de forma autónoma con solo pulsar un botón, ¿qué ocurriría si se produjera un pirateo informático desarrollado por otra inteligencia artificial? O consideremos modos de fallo aún más básicos, es decir, no ataques, sino simples errores. ¿Qué pasaría si las inteligencias artificiales cometieran errores en infraestructuras fundamentales, o si un sistema médico ampliamente utilizado empezara a funcionar mal? No es difícil imaginar que la existencia de numerosos agentes capaces y casi autónomos libres puede sembrar el caos, incluso aunque persigan objetivos bienintencionados pero que están mal definidos.[4] Aún no conocemos las implicaciones de la inteligencia artificial en campos tan diversos como la agricultura, la química, la cirugía o las finanzas. Ese es parte del problema; no sabemos qué modos de fallo se están introduciendo y hasta dónde podrían llegar.

No existe un manual de instrucciones sobre cómo crear con seguridad las tecnologías de la ola que viene. No podemos construir sistemas de potencia y peligro crecientes para experimentar con ellos antes de tiempo. Tampoco saber con qué rapidez podría automejorarse una inteligencia artificial, ni qué ocurriría tras un accidente de laboratorio con un producto biotecnológico aún no inventado. No podemos prever lo que resultaría si se conectara una conciencia humana directamente a un ordenador, ni lo que significaría un arma cibernética con inteligencia artificial para las infraestructuras críticas, ni cómo funcionaría un impulsor genético si se liberara. Una vez que los autómatas autoensamblables de rápida evolución o un nuevo agente biológico se libera, no hay vuelta atrás. A partir de cierto punto, incluso la curiosidad y la experimentación pueden ser peligrosas. Aunque creamos que la probabilidad de catástrofe es baja, el hecho de que estemos actuando a ciegas debería hacernos reflexionar.

Ni siquiera la creación de una tecnología segura y contenida es suficiente. Resolver la cuestión de la estandarización de la inteligencia artificial no significa hacerlo una vez; significa hacerlo cada vez que se genere un modelo lo suficientemente potente, allí donde y cuando eso ocurra. No basta con solucionar la cuestión de las fugas en un laboratorio, sino que hay que hacerlo en todos los laboratorios, en todos los países, para siempre, incluso cuando esas mismas naciones estén sometidas a una tensión política sin precedentes. Cuando la tecnología alcanza una capacidad crítica, no basta con que los pioneros se limiten a construirla de forma segura, por difícil que esto sea, sin duda. La verdadera seguridad exige que se mantengan esas normas en todos y cada uno de los casos, una exigencia colosal dada la rapidez y amplitud con que se están difundiendo.

Esto es lo que sucede cuando cualquiera es libre de inventar o utilizar herramientas que nos afectan a todos. No estamos hablando solo del acceso a una imprenta o a una máquina de vapor, por muy extraordinarios que fueran tales inventos, sino de productos con un carácter fundamentalmente nuevo: nuevos compuestos, nueva vida, nuevas especies.

Si la ola no se contiene, es solo cuestión de tiempo. Hay que tener en cuenta la posibilidad de accidentes, errores, usos malintencionados, evolución fuera del control humano o consecuencias imprevisibles de todo tipo. En algún momento, de alguna forma, algo, en algún lugar, fallará. Y no serán casos como el de Bhopal o, ni siquiera, Chernóbil;

se desarrollará a escala mundial. Será el legado de tecnologías producidas, en su mayor parte, con las mejores intenciones.

Sin embargo, no todo el mundo comparte esas intenciones.

SECTAS, LUNÁTICOS Y ESTADOS SUICIDAS

La mayoría de las veces, los riesgos derivados de factores como la investigación de ganancia de función son el resultado de esfuerzos autorizados y bienintencionados. Dicho de otro modo: son efectos de venganza sobredimensionados, consecuencias imprevistas de un deseo de hacer el bien. Por desgracia, algunas organizaciones se fundan precisamente con la motivación contraria.

Creada en la década de 1980, Aum Shinrikyo (término japonés que significa «verdad suprema») era una secta apocalíptica japonesa, grupo que se originó en un estudio de yoga bajo el liderazgo de un hombre que se hacía llamar Shoko Asahara.[5] La agrupación se radicalizó a medida que aumentaba la cantidad de miembros, convencidos de que el apocalipsis estaba cerca, de que solo ellos sobrevivirían y debían acelerarlo. Asahara hizo crecer la secta, que llegó a tener entre cuarenta mil y sesenta mil miembros, y persuadió a un grupo leal de lugartenientes hasta el punto de utilizar armas biológicas y químicas. En su momento de mayor popularidad, se calcula que Aum Shinrikyo poseía más de mil millones de dólares en activos y contaba con docenas de científicos altamente cualificados entre sus miembros.[6] A pesar de su fascinación por armas estrambóticas de ciencia ficción, como máquinas generadoras de terremotos, pistolas de plasma o espejos para desviar los rayos del sol, se trataba de un grupo muy serio y sofisticado.

Aum creó empresas ficticias y se infiltró en laboratorios universitarios para conseguir material, compró terrenos en Australia con la intención de buscar uranio para construir armas nucleares y se embarcó en un enorme programa de armas biológicas y químicas en los campos montañosos de las afueras de Tokio. El grupo experimentó con fosgeno, cianuro de hidrógeno, somán y otros agentes nerviosos. Planeaban diseñar y liberar una versión mejorada del carbunco, para lo que reclutaron a un virólogo licenciado. Los miembros obtuvieron la neurotoxina *C. botulinum* y la rociaron por el aeropuerto internacional de Narita, por el Edificio de la Dieta, por el Palacio Imperial, por la sede de otro grupo religioso y por dos bases navales estadounidenses. Por suerte, cometieron un error en su fabricación y no se produjeron daños.

Ese periodo no duró mucho. En 1994, Aum Shinrikyo roció el agente nervioso gas sarín desde un camión, acción que mató a ocho personas e hirió a doscientas. Un año después atacaron el metro de Tokio otra vez con sarín, donde hubo trece muertos y en torno a seis mil heridos. El atentado del metro, que consistió en depositar bolsas llenas de sarín por toda la red ferroviaria, fue en parte más eficaz al producirse en espacios cerrados. Afortunadamente, ninguno de los dos ataques utilizó un mecanismo de distribución que fuera del todo eficaz, pero al final solo la suerte impidió que se produjera un hecho de dimensiones catastróficas.

Aum Shinrikyo combinaba un grado inusual de organización con un nivel aterrador de ambición. Querían iniciar la Tercera Guerra Mundial y un colapso mundial asesinando a una escala estremecedora, y empezaron a construir una infraestructura para hacerlo. Por un lado, resulta tranquilizador lo poco frecuentes que son las organizaciones como esa. De los muchos incidentes terroristas y otros asesinatos en masa no perpetrados por el Estado desde la década de 1990, la mayoría han sido llevados a cabo por solitarios individuos perturbados o grupos con planes políticos o ideológicos específicos.

Por el otro, esa tranquilidad tiene sus límites. La adquisición de armas de gran potencia era antes una barrera de entrada enorme que ayudaba a mantener a raya la catástrofe. El nihilismo enfermizo de los que abren fuego en las escuelas está limitado por las armas a las que tienen acceso. El Unabomber solo disponía de dispositivos caseros. Construir y diseminar armas biológicas y químicas fue un gran desafío para Aum; al tratarse de una pequeña camarilla fanática que operaba en una atmósfera de secretismo paranoico, cuando tuvieron conocimientos y acceso a materiales limitados cometieron errores.

Como hemos visto, a medida que se desarrolle la ola que viene, las herramientas de destrucción se democratizarán y mercantilizarán. Tendrán mayor capacidad y adaptabilidad, operarán de modos que escaparán al control o la comprensión humana, evolucionando y actualizándose a gran velocidad, y algunos de los mayores poderes ofensivos de la historia estarán disponibles de forma generalizada.

Por suerte, los grupos que utilizarían nuevas tecnologías como Aum Shinrikyo son escasos. Sin embargo, incluso una agrupación terrorista como esa cada cincuenta años es ya demasiado para evitar un incidente que sea mucho peor que el atentado del metro. Sectas, lunáticos, estados suicidas que están en las últimas: todos tienen motivos y, ahora, medios. Como señala sucintamente un informe sobre las implicaciones de Aum, «estamos jugando a la ruleta rusa».[7]

Ha llegado una nueva fase de la historia. Con gobiernos zombis incapaces de contener la tecnología, el próximo Aum Shinrikyo, el próximo accidente industrial, la próxima guerra de un dictador loco o la próxima pequeña fuga de un laboratorio tendrán un impacto difícil de calibrar.

Resulta tentador descartar todos estos oscuros escenarios de riesgo como si se tratara de las lejanas ensoñaciones de personas que crecieron leyendo demasiada ciencia ficción, aquellas que están predispuestas al catastrofismo. Tentador, sí, pero es un error. Independientemente de cuál sea la situación de los protocolos BSL-4, las propuestas reguladoras o las publicaciones técnicas sobre el problema de la estandarización de la inteligencia artificial, esos incentivos siguen avanzando, las tecnologías continúan desarrollándose y difundiéndose. Esto no es cosa de novelas especulativas ni de box sets de Netflix; es algo real en lo que se está trabajando ahora mismo en oficinas y laboratorios de todo el mundo.

Sin embargo, los riesgos son tan graves que es necesario considerar todas las opciones. La contención tiene que ver con la capacidad de controlar la tecnología. Más allá, eso significa la capacidad de controlar a las personas y las sociedades que están detrás de ellas. A medida que los impactos catastróficos se desplieguen o sea imposible ignorar su viabilidad, cambiarán los términos del debate. Aumentarán las peticiones no solo de control, sino de medidas contundentes. La posibilidad de alcanzar niveles de vigilancia sin precedentes será cada vez más atractiva. ¿Quizá sea posible detectar y detener las amenazas emergentes? ¿No sería eso lo mejor, lo correcto?

Creo que esta será la reacción de los gobiernos y las poblaciones de todo el mundo. Cuando el poder unitario del Estado nación se ve amenazado, cuando la contención parece cada vez más difícil y cuando hay vidas en juego, la reacción inevitable será un endurecimiento del control del poder.

La pregunta es: ¿a qué precio?

El giro distópico

Detener la catástrofe es un imperativo obvio. Cuanto mayor sea dicha catástrofe, mayor será lo que estará en juego, así como la necesidad de tomar contramedidas. Si la amenaza de catástrofe se vuelve tan importante, es probable que los gobiernos concluyan que la única forma de detenerla es controlar estrictamente todos los aspectos de la tecnología, y asegurarse así de que nada se cuele a través de un cordón de seguridad, de que ninguna inteligencia artificial descontrolada o virus manipulado pueda escaparse, generarse o siquiera investigarse.[8]

La tecnología ha penetrado con tanta profundidad en nuestra civilización que vigilarla significa vigilarlo todo. Cada laboratorio, cada fábrica, cada servidor, cada nuevo fragmento de código, cada cadena de ADN sintetizada, cada empresa y universidad; desde un hacker biológico que trabaja en una cabaña en el bosque hasta un inmenso centro de datos anónimo. Contrarrestar la calamidad ante la dinámica sin precedentes de la ola que viene significa dar una respuesta sin precedentes. Implica no solo vigilarlo todo, sino reservarse la capacidad de detenerlo y controlarlo allí cuando y donde sea necesario.

Sin duda algunos pedirán centralizar el poder hasta un grado extremo, construir un sistema panóptico y orquestar con rigor todos los aspectos de la vida para garantizar que nunca aparezcan inteligencias artificiales descontroladas o pandémicas. Con constancia, muchas naciones se autoconvencerán de que la única vía para realmente garantizarlo es instalar el tipo de vigilancia generalizada que hemos visto en el capítulo anterior: un control total reforzado por un poder férreo. La puerta de acceso a la distopía está abierta de par en par y, de hecho, ante una catástrofe, puede que la distopía sea una suerte de alivio.

Sugerencias como esta siguen siendo marginales, sobre todo en Occidente. Sin embargo, me parece solo cuestión de tiempo que vayan en aumento. La ola proporciona tanto el motivo como los medios para la distopía, para una «IAtocracia» que se refuerza a sí misma con una recopilación de datos y una coerción cada vez mayores.[9] Si dudamos del apetito por la vigilancia y el control, pensemos en cómo los cierres a escala de la sociedad, inconcebibles incluso unas semanas antes, se convirtieron de repente en una realidad ineludible durante la pandemia de COVID-19. El acatamiento, al menos al principio, fue casi universal ante las angustiadas súplicas de los gobiernos para que «pusiéramos de nuestra parte». La tolerancia pública a medidas potentes en nombre de la seguridad parece alta.

En este sentido, un cataclismo galvanizaría las decisiones. Si algo va mal con la tecnología (lo que es probable), ¿cuánto tardarán en aplicarse medidas contundentes? Ante una catástrofe, ¿cómo podría alguien posicionarse en contra de forma plausible? ¿Cuánto tiempo pasará antes de que la distopía de la vigilancia eche raíces, un zarcillo rastrero cada vez, y crezca? A medida que se acumulen los fallos tecnológicos a menor escala, aumentarán las peticiones de control y, a medida que este se incrementa, se reducen las revisiones y los equilibrios, el terreno cambia y abre paso a nuevas intervenciones y comienza la espiral descendente hacia la tecnodistopía.

La disyuntiva entre libertad y seguridad es un dilema antiguo. Estaba ya presente en el relato fundacional del Estado Leviatán de Thomas Hobbes y nunca ha desaparecido. Sin duda, a menudo se trata de una relación compleja y multidimensional, pero la ola que viene eleva los intereses a un nuevo nivel. ¿Qué grado de control social es apropiado para detener una pandemia manipulada? ¿Qué nivel de injerencia en otros países es apropiado para el mismo fin? Las consecuencias para la libertad, la soberanía y la privacidad nunca se han antojado tan dolorosas.

Una sociedad de vigilancia represiva, de transparencia y control afinado es, en mi opinión, simplemente otro fracaso, otra forma en la que las capacidades de la ola que viene no conducirán al desarrollo humano, sino todo lo contrario. Cualquier aplicación coercitiva, sesgada y manifiestamente injusta se vería en gran medida amplificada. Los derechos y las libertades con tanto esfuerzo conquistados retrocederían. En el mejor de los casos, la autodeterminación nacional de muchos países se vería comprometida. Esta vez no se trataría de la amplificación de la fragilidad, sino de una opresión manifiesta. Si la respuesta a la catástrofe es una distopía como esta, entonces no es ningún tipo de respuesta.

Con la arquitectura de vigilancia y coerción que se está construyendo en China, entre otros lugares, podría decirse que se han dado los primeros pasos. La amenaza de un cataclismo y la promesa de seguridad permitirán dar muchos más. Cada ola tecnológica ha introducido la alta posibilidad de alteraciones sistémicas en el orden social, pero hasta ahora no habían introducido riesgos amplios y sistémicos de un desastre globalizado. Así, eso es lo que ha cambiado; eso es lo que podría provocar una respuesta distópica.

Si los Estados zombi caminarán sonámbulos hacia la catástrofe, pues su apertura y creciente caos servirá de plato de Petri para la tecnología incontenida, los gobiernos autoritarios ya están cargando de buena gana hacia esta tecnodistopía y preparando el escenario, en términos tecnológicos si no morales, para invasiones masivas de la privacidad y restricciones de la libertad. Asimismo, en el intervalo entre los dos existe también la posibilidad del peor de los mundos, el de aparatos de vigilancia y control dispersos pero represivos que aún no suman un sistema hermético.[10]

Catástrofe y, además, distopía.

El filósofo de la tecnología Lewis Mumford hablaba de la «megamáquina», en la que los sistemas sociales se combinan con las tecnologías para formar «una estructura uniforme y envolvente» que está «controlada en beneficio de organizaciones colectivas despersonalizadas».[11] En nombre de la seguridad, la humanidad podría desatar la megamáquina para, literalmente, evitar que esas megamáquinas sean operativas. Resulta paradójico que la ola que viene podría entonces crear las mismas herramientas necesarias para contenerse a sí misma. Sin embargo, al hacerlo, abriría un modo de fallo en el que la autodeterminación, la libertad y la privacidad se borrarían y los sistemas de vigilancia y control de las máquinas se metastatizarían en formas de dominación que estrangularían a la sociedad.

A los que quizá digan que este panorama represivo es el que tenemos ahora, les diría que no es nada comparado con lo que podría depararnos el futuro, y tampoco es este el único camino distópico posible. Hay muchos otros, pero este está correlacionado de forma directa tanto con los retos políticos de la ola como con su potencial catastrófico. No se trata solo de un vago experimento mental. Ante esto, hay que preguntarse: aunque los motores que lo impulsan parezcan tan grandes e inamovibles, ¿debería la humanidad bajarse del tren? ¿Deberíamos rechazar por completo el desarrollo tecnológico continuo? ¿No habría llegado el momento, por improbable que sea, de hacer una moratoria sobre la propia tecnología?

Otro tipo de catástrofe: el estancamiento

Al contemplar nuestras inmensas ciudades, los robustos edificios cívicos construidos con acero y piedra, las grandes cadenas de carreteras y vías férreas que las unen, las vastas obras de paisajismo e ingeniería que gestionan sus entornos, nuestra sociedad exuda una tentadora sensación de permanencia. A pesar de la ingravidez del mundo digital, el mundo material que nos rodea es sólido y profuso. Conforma nuestras expectativas cotidianas.

Vamos al supermercado y queremos que esté lleno de fruta y verdura fresca. Esperamos no pasar en él calor en verano y que esté caldeado en invierno. Incluso a pesar de las constantes turbulencias, suponemos que las cadenas de suministro y las comodidades del siglo XXI son tan sólidas como una fortaleza medieval. Todas las partes históricamente más extremas de nuestra existencia parecen del todo banales, y por eso la mayoría de nuestra vida transcurre como si pudiera continuar durante un periodo indefinido. La mayor parte de los que nos rodean, incluidos nuestros dirigentes, hacen lo mismo.

Nada dura para siempre. A lo largo de la historia, han sido muchos los colapsos sociales: de la antigua Mesopotamia a Roma, de los mayas a la Isla de Pascua, una y otra vez; no es solo que las civilizaciones no duren, es que la insostenibilidad parece ser innata. Las civilizaciones que se derrumban no son la excepción, sino la regla. Un estudio de sesenta grandes culturas sugiere que duran un promedio de cuatrocientos años antes de desmoronarse.[12] Sin nuevas tecnologías, llegan a duros límites de desarrollo que las hunden, como en energía disponible, en alimentos o en complejidad social.[13]

Así, nada ha cambiado salvo esto: durante cientos de años, parece que el constante desarrollo tecnológico permitió a las sociedades escapar de la trampa de hierro de la historia, pero sería un error pensar que esta dinámica ha llegado a su fin. Por supuesto, la civilización del siglo XXI está muy lejos de la maya, pero las presiones de una superestructura enorme y hambrienta, una población numerosa, los duros límites de la energía y de la capacidad civilizatoria no han desaparecido por arte de magia, sino que tan solo se han mantenido a raya.

Supongamos que existiera un mundo en el que esos incentivos pudieran detenerse. ¿Podría ser el momento de una moratoria total del desarrollo tecnológico? No, en absoluto.

La civilización moderna emite cheques que solo el desarrollo tecnológico continuo puede cobrar. Toda nuestra estructura se basa en la idea del crecimiento económico a largo plazo que, en última instancia, se basa en la introducción y la difusión de nuevas tecnologías. Ya se trate de la expectativa de consumir más por menos, de obtener cada vez más servicios públicos sin pagar más impuestos o de la idea de que podemos degradar de forma insostenible el medioambiente mientras la vida sigue mejorando indefinidamente, el pacto —podría decirse que el gran pacto en sí mismo— necesita la tecnología.

El desarrollo de nuevas tecnologías es, como hemos visto, una parte fundamental para hacer frente a los grandes retos de nuestro planeta. Sin nuevas tecnologías, estos desafíos sencillamente no podrán superarse. Los costes del *statu quo* en la explotación humana y material no pueden dejarse de lado. Nuestro actual conjunto de tecnologías es notable en muchos aspectos, pero hay pocos indicios de que puedan desplegarse de forma sostenible para mantener a más de ocho mil millones de personas al nivel que los países desarrollados dan por sentado. Por desagradable que resulte para algunos, vale la pena repetirlo: resolver problemas como el cambio climático, mantener el aumento del nivel de vida y de atención sanitaria o mejorar la educación y las oportunidades no va a ser posible sin incluir nuevas tecnologías en las medidas.

En cierto sentido, pausar el desarrollo tecnológico, suponiendo que fuera posible, conduciría a la seguridad. Para empezar, limitaría la introducción de nuevos riesgos catastróficos. No obstante, no significaría evitar la distopía con éxito. Al contrario, como la insostenibilidad de las sociedades del siglo XXI empezó a dejar traslucir, simplemente nos llevaría a otro tipo de distopía. Sin nuevas tecnologías, tarde o temprano todo se estanca, y es posible que se derrumbe por completo.

Durante el próximo siglo, la población mundial empezará a disminuir, en algunos países de forma precipitada.[14] A medida que la proporción entre trabajadores y jubilados cambie y la mano de obra disminuya, las economías no podrán funcionar a sus niveles actuales. En otras palabras, sin nuevas tecnologías será imposible mantener el nivel de vida.

Se trata de un problema mundial. Países como Japón, Alemania, Italia, Rusia y Corea del Sur se acercan ya a una crisis de población en edad de trabajar.[15] Quizá resulte más sorprendente que en la década de 2050 países como la India, Indonesia, México y Turquía se verán en una situación similar. China es una pieza importante de la historia de la tecnología de las próximas décadas, pero para finales de siglo la Academia de Ciencias de Shanghái predice que podría tener solo seiscientos millones de personas, lo que constituiría un asombroso retroceso de casi un siglo del aumento de la población.[16] La tasa de fertilidad total de China es una de las más bajas del mundo, solo igualada por países vecinos como Corea del Sur y Taiwán. Lo cierto es que China es del todo insostenible sin nuevas tecnologías.

No solo es una cuestión de cifras, sino de experiencia, de base impositiva y de niveles de inversión; los jubilados sacarán dinero del sistema y no lo invertirán a largo plazo. Todo esto significa que «los modelos de gobierno de la era posterior a la Segunda Guerra Mundial no quiebran sin más, sino que se convierten en pactos suicidas de la sociedad».[17] Las tendencias demográficas tardan décadas en cambiar, mientras que las cohortes generacionales no varían de tamaño. Este lento e inexorable declive ya está en marcha, como si fuera un iceberg inminente que no podemos hacer nada por evitar, salvo encontrar formas de sustituir a esos trabajadores.

Asimismo, la presión sobre nuestros recursos también es una certeza. Recordemos que el abastecimiento de materiales para la tecnología limpia, por no hablar de cualquier otra cosa, es increíblemente complejo y vulnerable. La demanda de litio, cobalto y grafito aumentará un 500 por ciento de aquí a 2030.[18] En la actualidad, las baterías son la mejor esperanza para una economía limpia y, sin embargo, apenas hay capacidad de almacenamiento suficiente para que la mayoría de los lugares puedan consumir energía durante minutos o incluso segundos. Para sustituir a unas existencias que disminuyen con rapidez o a fallos en la cadena de suministro de toda una plétora de materiales, necesitamos opciones. Eso significa nuevas tecnologías y avances científicos en áreas como la ciencia de los materiales.

Dadas las limitaciones demográficas y de recursos, para mantener la situación actual sería necesario mejorar la productividad de dos a tres veces a escala mundial, aunque mantener dicha situación es algo inaceptable para la inmensa mayoría de la población mundial, que tiene, por ejemplo, una tasa de mortalidad infantil doce veces superior a la de los países desarrollados.[19] De este modo, cualquier continuación incluso a los niveles actuales no solo anuncia tensiones demográficas y de recursos, sino que le da la espalda a la emergencia climática.

No nos equivoquemos: el estancamiento en sí mismo augura el desastre.

No sería solo una cuestión de escasez de mano de obra en los restaurantes y de baterías caras, sino que implicaría el desmoronamiento de todos los aspectos precarios de la vida moderna, con numerosos efectos descendentes impredecibles que se cruzarían con una multitud de problemas ya inmanejables. Creo que es fácil pasar por alto que gran parte de nuestro modo de vida está sustentado en constantes mejoras tecnológicas. Aquellos precedentes históricos —la norma, recordemos, para toda civilización anterior— están gritando alto y claro. Se trata de un magro futuro de declive en el mejor de los casos, pero es probable que tenga lugar un colapso que podría entrar en una espiral alarmante. Algunos podrían argumentar que esto forma un tercer polo, un gran «trilema», pero para mí esa afirmación no se sostiene del todo. En primer lugar, es la opción menos probable en este momento con diferencia y, en segundo lugar, si ocurre, tan solo replantea el dilema en una nueva forma. Una moratoria tecnológica no es una salida, sino que invita a otro tipo de distopía, a otro tipo de catástrofe.

Incluso si fuera posible, la idea de detener la ola que viene no es un pensamiento reconfortante. Mantener, por no hablar de mejorar, el nivel de vida requiere tecnología. Evitar el colapso también requiere tecnología. Los costes de decir «no» son existenciales. Sin embargo, cada vía que presente la nueva tecnología conlleva graves riesgos y desventajas.

Ese es el gran dilema.

¿Y AHORA QUÉ?

Desde el comienzo de la era nuclear y digital, este dilema se ha ido haciendo cada vez más claro. En 1955, hacia el final de su vida, John von Neumann escribió un ensayo titulado «¿Podemos sobrevivir a la tecnología?». Anticipándose al argumento que nos ocupa, la sociedad global se encontraba, en su opinión, «en una crisis de rápido desarrollo; una crisis atribuible al hecho de que el entorno en el que debe producirse el progreso tecnológico se ha vuelto tanto infradimensionado como infraorganizado». Al final del texto, Von Neumann plantea la supervivencia como solo «una posibilidad», como bien podría hacerlo a la sombra de la nube en forma de hongo que su propio ordenador había hecho realidad. «Para el progreso no hay cura —escribió—. Cualquier intento de encontrar automáticamente canales seguros para la actual variedad explosiva del progreso debe conducir a la frustración».[20]

No soy el único que desea crear una tecnología que pueda cosechar el mayor número de beneficios al tiempo que bloquee los riesgos. Algunos ridiculizarán esa ambición como si se tratara de una muestra más de arrogancia de Silicon Valley, pero sigo convencido de que la tecnología seguirá siendo el principal motor para mejorar nuestro mundo y nuestra vida. A pesar de todos sus perjuicios, desventajas y consecuencias imprevistas, la contribución de la tecnología hasta la fecha ha sido abrumadoramente positiva. Al fin y al cabo, incluso los críticos más duros de la tecnología suelen estar contentos de usar un hervidor de agua, tomarse una aspirina, ver la televisión y viajar en metro. Por cada arma hay una dosis de penicilina que salva vidas; por cada pizca de información errónea, una verdad que se descubre con rapidez.

Y aun así, de alguna manera, desde Von Neumann y sus coetáneos en adelante, a mí y a muchos otros nos inquieta la trayectoria a largo plazo. Lo que más me angustia es que la tecnología está demostrando que existe la posibilidad real de un cambio brusco hacia la negatividad neta, que no tenemos respuestas para detener ese cambio y que estamos atrapados en esta dinámica sin salida.

Ninguno de nosotros puede estar seguro de cómo se desarrollará todo esto exactamente. Dentro de los amplios parámetros del dilema hay una inmensa e incognoscible gama de resultados específicos. No obstante, estoy seguro de que en las próximas décadas se agudizarán las complejas y dolorosas compensaciones entre la prosperidad, la vigilancia y la amenaza de catástrofe. Incluso un sistema de estados con la mejor salud posible tendría dificultades.

Nos encontramos ante el reto definitivo para el *Homo tecnologicus*.

Si este libro parece contradictorio en su actitud hacia la tecnología, en parte positiva y en parte premonitoria, es porque esa visión contradictoria es la evaluación más honesta del punto en el que estamos. Nuestros bisabuelos se asombrarían de la abundancia de nuestro mundo, pero también de su fragilidad y sus peligros. Con la ola que viene, es cierto que nos enfrentamos a una amenaza real, a una cascada de consecuencias potencialmente desastrosas, incluso a un riesgo existencial para la especie. La tecnología es lo mejor y lo peor de nosotros. No existe un enfoque único que le haga justicia. El único criterio coherente de cara a la tecnología es ver ambas perspectivas al mismo tiempo.

En la última década, más o menos, este dilema se ha acentuado aún más, y la tarea de abordarlo se ha hecho más urgente. Al mirar el mundo, vemos que la contención no es viable, pero si nos atenemos a las consecuencias, otra idea también se vuelve evidente: por el bien de todos, debe serlo.

CUARTA PARTE

A través de la ola

13

La contención debe ser viable

EL PRECIO DE LAS IDEAS DISPERSAS

Una vez me propuse escribir un libro desde una perspectiva más optimista sobre el futuro de la tecnología y el futuro en general. Aunque hoy en día el mundo es mucho más sabio y precavido con respecto a la tecnología, todavía hay mucho por lo que mantenerse positivo. Aun así, durante la pandemia de COVID-19 tuve tiempo para detenerme y reflexionar. Me permití reconectar con una verdad que he estado, si no negando, sí minimizando durante demasiado tiempo. Se avecinan cambios exponenciales. Es inevitable, y hay que abordar este hecho.

Si se acepta siquiera una pequeña parte del argumento central de este libro, la verdadera cuestión es qué hacer al respecto. Una vez que hayamos reconocido esta realidad, ¿qué es lo que verdaderamente marcará la diferencia? Ante un dilema como el que he esbozado en las tres primeras partes de este libro, ¿cómo sería la contención, incluso en un plano teórico?

En los últimos años he mantenido innumerables conversaciones sobre esta cuestión. La he debatido con los mejores investigadores de inteligencia artificial, con directores ejecutivos, con viejos amigos, con responsables políticos de Washington, Pekín y Bruselas, con científicos y abogados, con estudiantes de instituto y con gente al azar que te escucha en el bar. Todos se atañen de inmediato a respuestas fáciles y, casi sin excepción, cada uno de ellos plantea el mismo remedio: la regulación.

En ella parece estar la respuesta, la salida del dilema, la clave de la contención, la salvación del Estado nación, de la civilización tal y como la conocemos. Una regulación hábil, que equilibre la necesidad de progresar con unas restricciones de seguridad razonables, a escala nacional y supranacional, que abarque todo, desde los gigantes tecnológicos y los ejércitos hasta los pequeños grupos de investigación universitarios y las startups, y que se integre en un marco exhaustivo y aplicable. «Ya lo hemos hecho antes», alegan para defender la idea; pensemos en los coches, los aviones y las medicinas. ¿No es así como gestionamos y contenemos la ola que viene?

Ojalá fuera tan sencillo. Hacer un llamamiento a la regulación ante impresionantes cambios tecnológicos es la parte fácil. También es la clásica respuesta de la aversión al pesimismo. Se trata de una forma sencilla de hacer oídos sordos ante el problema. En teoría, la regulación parece atractiva, incluso obvia y directa; sugerirla permite a la gente parecer inteligente, preocupada e incluso aliviada. La implicación tácita es que tiene solución, pero que es un problema de otros. Sin embargo, si miramos más a fondo, las fisuras se hacen evidentes.

En la cuarta parte exploraremos las muchas maneras en que la sociedad puede empezar a afrontar el dilema, a sacudirse la aversión al pesimismo y a lidiar de verdad con el problema de la contención, así como a buscar respuestas en un mundo en el que resolverlo debe ser posible. Antes, sin embargo, es vital reconocer una verdad central: la regulación por sí sola no basta. Convocar una mesa redonda en la Casa Blanca y pronunciar discursos serios es fácil, mientras que promulgar una legislación eficaz es otra cosa. Como hemos visto, los gobiernos se enfrentan a múltiples crisis independientes de la ola que viene: la disminución de la confianza, la desigualdad arraigada, la política polarizada, por nombrar algunas. Están sobrecargados de trabajo, sus plantillas no tienen las cualificaciones necesarias y no están preparadas para los complejos y veloces retos que se avecinan.

Mientras los aficionados domésticos acceden a herramientas más potentes y las empresas tecnológicas gastan miles de millones en investigación y desarrollo, la mayoría de los políticos se ven atrapados en un ciclo de noticias de veinticuatro horas, de declaraciones y photocalls. Cuando un Gobierno ha involucionado hasta el punto de ir dando bandazos de crisis en crisis, tiene poco margen de maniobra para hacer frente a fuerzas tectónicas que requieren profundos conocimientos especializados y un juicio cuidadoso en escalas de tiempo inciertas. Es menos complicado ignorar estas cuestiones en favor del camino fácil, que tiene más probabilidades de ganar votos en las próximas elecciones.

Incluso los tecnólogos e investigadores en áreas como la inteligencia artificial luchan con el ritmo del cambio. ¿Qué posibilidades tienen entonces los reguladores, con menos recursos? ¿Cómo tienen en cuenta la era de la hiperevolución, el ritmo y la imprevisibilidad de la evolución de la ola que viene?[1]

La tecnología evoluciona semana a semana, mientras que redactar y aprobar leyes lleva años. Pensemos en la llegada de un nuevo producto al mercado, como los timbres Ring. La empresa ponía una cámara en la puerta de casa y la conectaba al teléfono. El producto se adoptó con tal rapidez y ahora está tan extendido que cambia fundamentalmente la naturaleza de lo que hay que regular; de repente, la calle media de las zonas residenciales pasó de ser un espacio relativamente privado a estar vigilada y grabada. Para cuando el debate sobre la regulación se puso al día, Ring ya había creado una extensa red de cámaras, que acumulaba datos e imágenes de las puertas de entrada de personas de todo el mundo. Veinte años después del nacimiento de las redes sociales, no existe un enfoque coherente ante la aparición de una nueva y poderosa plataforma; y, aparte, ¿el problema es la privacidad, el monopolio, la propiedad extranjera o la salud mental, o todo ello a la vez? La ola que viene agravará esta dinámica.

Los debates sobre tecnología se extienden por las redes sociales, blogs y boletines, revistas académicas, innumerables conferencias, seminarios y talleres, y sus hilos conductores se vuelven lejanos y cada vez más perdidos en el ruido. Todo el mundo tiene una opinión, pero no se acaba formando un programa coherente. Hablar de la ética de los sistemas de aprendizaje automático está muy lejos de, por ejemplo, la seguridad técnica de la biología sintética. Estos debates se producen en silos aislados y con eco. Escasas veces salen a la luz.

Sin embargo, creo que son aspectos de lo que en realidad es el mismo fenómeno; todos pretenden abordar diferentes aspectos de la misma ola. No basta con tener docenas de conversaciones separadas sobre el sesgo algorítmico, del riesgo biológico, de la guerra de drones, del impacto económico de la robótica o de las implicaciones para la privacidad de la computación cuántica. Esto subestima por completo la interrelación entre causas e impactos. Necesitamos un enfoque que unifique estos debates dispares, y que sintetice todas esas diferentes dimensiones del riesgo, un concepto de uso general para esta revolución de uso general.

El precio de la información dispersa es el fracaso, y ya sabemos cómo es. En estos momentos, lo único que tenemos es una visión dispersa: cientos de programas distintos en partes distantes de la tecnosfera, que van desgranando esfuerzos bienintencionados pero *ad hoc*, sin un plan ni una dirección globales. En el más alto nivel necesitamos un objetivo claro y sencillo, un imperativo que integre todos los esfuerzos en torno a la tecnología en un bloque coherente. No se trata solo de ajustar este o aquel elemento, solo en esta o aquella empresa o grupo de investigación o incluso país, sino en todas partes, en todos los frentes, zonas de riesgo y geografías a la vez. Ya se trate de enfrentarse a una inteligencia artificial general emergente o a una nueva forma de vida extraña pero útil, el objetivo debe estar unificado: la contención.

El problema central para la humanidad en el siglo XXI es cómo podemos alimentar el suficiente poder y sabiduría políticos legítimos, el dominio técnico adecuado y construir normas sólidas para limitar las tecnologías y garantizar que sigan haciendo mucho más bien que mal. En otras palabras, cómo contener lo que parece incontenible.

Desde la historia del *Homo tecnologicus* hasta la realidad de una era en la que la tecnología impregna todos los aspectos de la vida, hay mucho en juego para que esto se haga realidad, pero eso no significa que no debamos intentarlo.

Aun así, la mayoría de las organizaciones, no solo los gobiernos, no están preparadas para afrontar los complejos retos que se avecinan. Como hemos visto, incluso las naciones ricas pueden tener dificultades ante una crisis en desarrollo.[2] De cara a 2020, el Índice Mundial de Seguridad Sanitaria situaba a Estados Unidos en el puesto número uno del mundo y al Reino Unido no muy por detrás en cuanto a preparación ante una pandemia. Sin embargo, una serie de decisiones desastrosas se tradujo en tasas de mortalidad y costes financieros materialmente peores que los de países como Canadá y Alemania.[3] A pesar de lo que parecían excelentes conocimientos, rigor institucional, planificación y recursos, incluso los que en teoría estaban mejor preparados se vieron perjudicados.

A primera vista, las autoridades deberían disponer de más medios que nunca para gestionar nuevos riesgos y tecnologías. Por lo general, los presupuestos nacionales para este tipo de cosas alcanzan niveles sin precedentes, pero la verdad es que las nuevas amenazas son excepcionalmente difíciles de gestionar para cualquier Gobierno.[4] No se trata de un defecto de la idea de Gobierno, sino de una evaluación de la magnitud del reto. Frente a algo como una inteligencia artificial capaz de superar mi versión del test de Turing moderno, la respuesta incluso de las burocracias más reflexivas y previsoras se parecerá a la de la COVID-19. Los países luchan contra la última guerra, la última pandemia, regulan la última ola. Los reguladores regulan las cosas que pueden anticipar.

Nos hallamos, sin embargo, es una era de sorpresas.

LA REGULACIÓN NO ES SUFICIENTE

A pesar de los vientos en contra, los esfuerzos por regular las tecnologías de vanguardia son necesarios y están creciendo. La legislación más ambiciosa es probablemente el proyecto de ley de inteligencia artificial de la Unión Europea, propuesta por primera vez en 2021.[5] En el momento de escribir estas líneas, en 2023, la ley está atravesando el largo proceso de convertirse en legislación europea. Si se promulga, la investigación y el despliegue de la inteligencia artificial se clasificarán según una escala basada en el riesgo. Se prohibirán las tecnologías con un «riesgo inaceptable» de causar daños directos. Cuando la inteligencia artificial afecte a los derechos humanos fundamentales o a sistemas críticos como las infraestructuras básicas, el transporte público, la sanidad o el bienestar, se clasificará como de «alto riesgo» y quedará sujeta a mayores niveles de supervisión y responsabilidad. Los sistemas de alto riesgo deben ser «transparentes, seguros, sujetos a control humano y debidamente documentados».

No obstante, la ley, pese a ser uno de los intentos reguladores más avanzados, ambiciosos y con mayor visión de futuro del mundo hasta la fecha, también demuestra los problemas inherentes a la regulación. Ha sido atacada desde todos los frentes, tanto por ir demasiado lejos como por no profundizar lo suficiente. Algunos sostienen que se centra demasiado en los riesgos incipientes y de cara al día de mañana, tratando de regular algo que ni siquiera existe; otros, que no tiene suficiente visión de futuro.[6] Hay quienes creen que deja fuera de juego a las grandes empresas tecnológicas, que desempeñaron un papel decisivo en su redacción y suavizaron sus disposiciones.[7] Otros creen que se extralimita y frenará la investigación y la innovación en la Unión Europea, lo que perjudicará al empleo y los ingresos fiscales.

La mayoría de las normativas se mueven en la cuerda floja de intereses contrapuestos. Pero en pocos ámbitos, aparte de la tecnología punta, se debe abordar algo tan ampliamente difundido, fundamental para la economía y, a la vez, en rápida evolución. Todo el ruido y la confusión ponen de manifiesto lo difícil y compleja que es cualquier forma de regulación, sobre todo en medio de un cambio acelerado, y cómo, debido a ello, es casi seguro que dejará lagunas y se quedará corta para una contención eficaz.

Regular las tecnologías de uso general, no solo las hiperrevolutivas, sino también las omnicanales, es un reto increíble. Pensemos en cómo se regla el transporte motorizado. No hay un único regulador, ni siquiera unas pocas leyes. En su lugar, tenemos normativas sobre tráfico, carreteras, aparcamientos, cinturones de seguridad, emisiones, formación de conductores, etcétera. Esta normativa no solo procede de las asambleas legislativas nacionales, sino también de los gobiernos locales, las agencias de carreteras, los ministerios de transporte que aportan directrices, los organismos de concesión de licencias y las oficinas de medidas medioambientales. No solo depende de los legisladores, sino también de las fuerzas policiales, los guardias de tráfico, las empresas automovilísticas, los mecánicos, los urbanistas y las aseguradoras.

Una compleja regulación perfeccionada durante décadas ha hecho que las carreteras y los vehículos sean cada vez más seguros y ordenados, lo que ha permitido su crecimiento y difusión. Sin embargo, 1,35 millones de personas mueren cada año en accidentes de tráfico.[8] La normativa puede atenuar el impacto, pero no borrar los resultados negativos, como los accidentes, la contaminación o el crecimiento descontrolado. Hemos decidido que es un coste humano aceptable, dados los beneficios. Ese «nosotros» es crucial. La regulación no depende solo de la aprobación de una nueva ley. Se trata también de normas, estructuras de propiedad, códigos no escritos de cumplimiento y honestidad, procedimientos de arbitraje, cumplimiento de contratos, mecanismos de supervisión. Todos los factores tienen que cohesionarse, y la ciudadanía debe aceptarlo.

Eso lleva tiempo, un tiempo que no tenemos. Con la ola que viene no disponemos de medio siglo para que surjan numerosos organismos y determinen qué hacer, para que emerjan los valores adecuados y las prácticas mejores. La regulación avanzada tiene que funcionar y hacerlo rápido. Tampoco está claro cómo se gestionará todo esto en un espectro tan amplio de tecnologías sin precedentes. Cuando se establecen normas sobre biología sintética, ¿se están regulando los alimentos, los medicamentos, las herramientas industriales, la investigación académica o todo ello a la vez? ¿Qué organismos son responsables de qué y cómo encaja todo? ¿Qué agentes son responsables de qué partes de la cadena de suministro? Los riesgos de que se produzca un accidente grave son enormes, pero incluso decidir qué entidad sería responsable es un campo minado.

Más allá del debate legislativo, los países se hallan atrapados en una contradicción. Por un lado, se encuentran en una carrera estratégica para acelerar el desarrollo de tecnologías como la inteligencia artificial y la biología sintética. Todas las naciones quieren estar y ser vistas en la vanguardia tecnológica. Es una medida de orgullo y seguridad nacionales y un imperativo existencial. Por el otro, ansían regular y gestionar estas tecnologías, contenerlas, sobre todo por miedo a que amenacen al Estado nación como sede última del poder. Lo aterrador es que esta concepción supone un escenario, en el mejor de los casos, de estados nación (democráticos liberales) fuertes, razonablemente competentes y cohesionados, capaces de trabajar con coherencia como unidades a nivel interno y de coordinarse con eficacia a nivel internacional.

Para que la contención sea viable, las reglas tienen que funcionar en lugares tan diversos como Holanda y Nicaragua, Nueva Zelanda y Nigeria. Donde alguien se frena, otros se precipitan. Cada país ya aporta sus distintas costumbres jurídicas y culturales al desarrollo de la tecnología. La Unión Europea restringe con severidad los organismos modificados genéticamente en el suministro de alimentos, mientras que en Estados Unidos son una parte rutinaria de la agroindustria. Por su lado, China es a primera vista una especie de líder regulador. El Gobierno ha emitido múltiples edictos sobre la ética de la inteligencia artificial, tratando de imponer restricciones de amplio alcance.[9] Prohibió de forma proactiva varias criptomonedas e iniciativas DeFi, y limita el tiempo que los menores de dieciocho años pueden pasar en juegos y aplicaciones sociales a noventa minutos al día entre semana y tres horas los fines de semana.[10] El proyecto de regulación de los algoritmos de recomendación en China supera con creces todo lo que hemos visto hasta ahora en Occidente.[11]

Con todo, China está pisando el freno en algunas áreas, mientras que en otras, como hemos visto, va a la cabeza. Su regulación se acompaña de un despliegue sin precedentes de la tecnología como herramienta de poder gubernamental autoritario. Si hablamos con expertos occidentales en defensa y política, nos dirán que, aunque China se llena la boca hablando de la ética y las limitaciones de la inteligencia artificial, cuando se trata de seguridad nacional no hay impedimentos significativos. De hecho, la política china de esta tecnología tiene dos vertientes: una civil regulada y otra militar-industrial libre.

A menos que la regulación pueda abordar la naturaleza tan arraigada de los incentivos descritos en la segunda parte de este libro, no será suficiente para contener la tecnología. No detiene a los agentes dañinos motivados ni evita accidentes. No corta de raíz un sistema de investigación abierto e impredecible ni ofrece alternativas dadas las inmensas recompensas que están en juego. Y, por encima de todo, no mitiga la necesidad estratégica. No describe cómo podrían coordinarse los países en un fenómeno transnacional atractivo y difícil de definir, para construir así una delicada masa crítica de alianzas, especialmente en un contexto en el que los tratados internacionales fracasan con demasiada frecuencia.[12] Existe un abismo insalvable entre el deseo de frenar la ola que viene y el de darle forma y poseerla, entre la necesidad de protección frente a las tecnologías y la necesidad de protección frente a los demás. Las ventajas y el control apuntan en direcciones opuestas.

Así, la realidad es que la contención no es algo que un Gobierno, o incluso un grupo de gobiernos, puedan hacer por sí mismos, sino que requiere innovación y audacia en la asociación entre los sectores públicos y privados, y un conjunto del todo nuevo de incentivos para todas las partes. Reglamentos como la ley de inteligencia artificial de la Unión Europea al menos apuntan a un mundo en el que la contención se ha puesto sobre la mesa, un mundo en el que los países líderes se toman en serio los riesgos de la proliferación y demuestran nuevos niveles de compromiso y voluntad de hacer sacrificios serios.

La regulación no es suficiente, pero, al menos es un punto de partida. Es un paso audaz, una comprensión real de lo que está en juego con la ola que viene. En un mundo en el que la contención no parece posible, todo esto apunta a un futuro en el que podría serlo.

REEXAMINANDO LA CONTENCIÓN: UN NUEVO GRAN PACTO

¿Tiene alguna entidad la potestad de impedir la proliferación masiva y, al mismo tiempo, captar el inmenso poder y los beneficios derivados de la ola que viene, o de impedir que los agentes dañinos adquieran una tecnología, o de dar forma a la incipiente difusión de ideas en torno a ella? A medida que aumenta la autonomía, ¿puede alguien o algo esperar de verdad tener un control significativo a macroescala? La contención significa responder de manera afirmativa a preguntas como estas. En teoría, la tecnología contenida nos saca del dilema. Significa aprovechar y controlar al mismo tiempo la ola, que será una herramienta vital para construir sociedades sostenibles y prósperas, así como tenerla bajo un control que evite catástrofes graves, pero no de forma tan invasiva que conduzca a la distopía. Así pues, significa redactar un nuevo tipo de gran pacto.

Antes he descrito la contención como una base para controlar y gobernar la tecnología, que abarca aspectos técnicos, culturales y normativos. En esencia, creo que esto implica tener el poder de reducir de manera drástica o detener por completo los impactos negativos de la tecnología, desde la escala local y pequeña hasta la planetaria y existencial. Asimismo, al englobar la aplicación estricta de la ley contra el uso indebido de las tecnologías proliferantes, dirige el desarrollo, la dirección y la gobernanza de las tecnologías nacientes. La tecnología contenida es aquella cuyos modos de fallo se conocen, se gestionan y se mitigan, una tecnología cuyos medios para darle forma y gobernarla aumentan en paralelo a sus capacidades.

Resulta tentador pensar en la contención en un sentido obvio y literal, como si fuera una especie de caja mágica en la que se puede confinar una tecnología determinada. En el límite exterior, como es el caso de virus informáticos o de patógenos descontrolados, puede ser necesario tomar medidas tan drásticas. En general, sin embargo, la contención se considera más bien un conjunto de medidas de protección, una forma de mantener a la humanidad al mando cuando una tecnología corre el riesgo de causar más daños que beneficios. Imagina esas medidas funcionando a diferentes niveles y con distintos modos de aplicación. En el capítulo siguiente analizaremos cómo podrían ser a un nivel más detallado, desde la investigación de la estandarización de la inteligencia artificial hasta el diseño de laboratorios, pasando por los tratados internacionales y los protocolos de buenas prácticas. Por ahora, la idea clave es que esas medidas tienen que ser lo suficientemente fuertes para que, en teoría, puedan detener una catástrofe fuera de control.

La contención tendrá que responder a la naturaleza de una tecnología y encauzarla en direcciones más fáciles de controlar. Recordemos los cuatro rasgos de la ola que viene: hiperevolución, asimetría, omnicanalidad y autonomía. Cada característica debe contemplarse a través del prisma de la capacidad de contención. Antes de esbozar una estrategia, vale la pena plantearse las siguientes preguntas para encontrar vías prometedoras:

- ¿Es omnicanal y de uso general o específica? Un arma nuclear es una tecnología muy específica con un único propósito, mientras que un ordenador es de naturaleza multiuso. Cuantos más posibles usos, más complicado es contenerla. Por tanto, en lugar de sistemas generales, deberían fomentarse los que tienen un alcance más limitado y un dominio específico.
- ¿Se está alejando la tecnología de los átomos para acercarse a los bits? Cuanto más desmaterializada se halle una tecnología, más sujeta estará a efectos hiperrevolutivos difíciles de controlar. Ámbitos como el diseño de materiales o el desarrollo de fármacos van a acelerarse con rapidez, lo que dificultará el seguimiento del ritmo de progreso.
- ¿Están bajando el precio y la complejidad y, en caso afirmativo, a qué velocidad? El precio de los aviones de combate no ha bajado tanto como el de los transistores o el hardware de consumo. Una amenaza originada en la informática básica es de naturaleza más amplia

que este tipo de aviones, a pesar del evidente potencial destructivo que presentan estos últimos.

- ¿Existen alternativas viables? Los clorofluorocarburos podrían prohibirse en parte porque existen otras posibilidades más baratas y seguras para la refrigeración. ¿Qué alternativas hay disponibles? Cuantas más opciones seguras puedan utilizarse como sustituto, más fácil será ir eliminando su uso poco a poco.

- ¿Permite la tecnología un impacto asimétrico? Piensa en un enjambre de drones contra un ejército convencional o en un diminuto virus informático o biológico que dañe sistemas sociales vitales. El riesgo de que ciertas tecnologías sorprendan y exploten vulnerabilidades es mayor.

- ¿Tiene características autónomas? ¿Existen posibilidades de autoaprendizaje o de que funcione sin supervisión? Pensemos en los impulsores genéticos, los virus, los virus informáticos y, por supuesto, la robótica. Cuanto más requiera una tecnología la intervención humana, menos posibilidades habrá de que escape a nuestro control.

- ¿Confiere una gran ventaja estratégica geopolítica? Las armas químicas, por ejemplo, tienen ventajas limitadas como armamento y muchos inconvenientes, mientras que avanzar en materia de inteligencia artificial o biotecnología tiene enormes beneficios económicos y militares. Negarse a ellos resulta, por tanto, más arduo.

- ¿Favorece la ofensiva o la defensa? En la Segunda Guerra Mundial, el desarrollo de misiles como el V2 ayudó a las operaciones ofensivas mientras que, una tecnología como el radar, en cambio, reforzó la defensa. Orientar el desarrollo hacia la defensa en detrimento de la ofensiva tiende a la contención.

- ¿Existen limitaciones de recursos o de ingeniería para su invención, desarrollo y despliegue? Los chips de silicio requieren materiales, máquinas y conocimientos especializados y muy concentrados. El talento disponible para una startup de biología sintética es, en términos globales, todavía bastante reducido, por lo que ambos factores ayudan a la contención a corto plazo.

Cuando una fricción adicional mantiene las cosas en el mundo tangible de los átomos, por ejemplo, o las encarece, o si se dispone sin dificultad de alternativas más seguras, hay más posibilidades de contención, pues es más fácil frenarlas, limitar el acceso a ellas o abandonarlas por completo. Regular tecnologías específicas es más fácil que hacerlo con las tecnologías omnicanales, pero esto segundo es más importante. Del mismo modo, cuanto mayor sea el potencial de acciones ofensivas o de autonomía, mayor será la exigencia de contención. Si se consigue mantener el precio y la facilidad de acceso fuera del alcance de muchos, se dificulta la proliferación. A medida que se plantean preguntas de este tipo, empieza a surgir una visión holística de la contención.

Antes del diluvio

He trabajado en este ámbito durante casi quince años. A lo largo de ese periodo he sentido la inmensa fuerza de lo que se describe en este libro, de los incentivos, de la necesidad urgente de respuestas, incluso cuando los contornos del dilema se volvían cada vez más nítidos. Y sin embargo, hasta yo me he sorprendido de lo que la tecnología ha hecho posible en unos pocos años. He luchado contra estas ideas mientras observaba cómo el ritmo del desarrollo seguía acelerándose.

La realidad es que en el pasado no siempre hemos controlado ni contenido las tecnologías. Si queremos hacerlo ahora, haría falta algo radicalmente nuevo, un programa global de seguridad, de ética, de regulaciones y de control que ni siquiera tiene nombre y que, de entrada, no parece posible.

El dilema debería ser un llamamiento urgente a la acción. No obstante, a lo largo de los años se ha hecho evidente que a la mayoría de la gente le cuesta demasiado asimilarlo, y de verdad lo entiendo. Apenas parece real a primera vista. En todas aquellas discusiones sobre la inteligencia artificial y su regulación, me ha sorprendido lo difícil que es, en comparación con una serie de retos existentes o inminentes, transmitir con precisión por qué los riesgos presentados en este libro deben tomarse en serio, por qué no son solo contingencias casi irrelevantes y poco probables, o propias de la ciencia ficción.

Una de las dificultades que presenta siquiera empezar a hablar de ello es que la tecnología, en el imaginario popular, se ha asociado a una estrecha franja de aplicaciones a menudo superfluas. En la actualidad, el término «tecnología» se relaciona sobre todo con plataformas de redes sociales y a dispositivos portátiles que miden los pasos que damos y nuestro ritmo cardiaco. Es fácil olvidar que la tecnología incluye los sistemas de riego esenciales para alimentar todos los habitantes del planeta y las máquinas de soporte vital de los recién nacidos. La tecnología no es solo una forma de almacenar tus selfis, sino que representa el acceso a la cultura y a la sabiduría acumuladas del mundo. No es un área específica; es un hiperobjeto que domina la existencia humana.

En este sentido, un ejemplo útil es el cambio climático, un fenómeno que también trata de riesgos a veces difusos, inciertos, temporalmente distantes, que suceden en otros lugares y carecen de la relevancia, la adrenalina y la inmediatez de una emboscada en la sabana, es decir, el tipo de riesgo al que estamos preparados para reaccionar. A nivel psicológico, nada de esto parece tener lugar en el presente. Nuestro cerebro prehistórico suele ser incapaz de enfrentarse a tales amenazas amorfas.[13]

Sin embargo, en la última década, el reto del cambio climático se ha hecho más evidente. A pesar de que el mundo sigue arrojando cantidades crecientes de CO_2, científicos de cualquier país pueden medir las partes por millón (ppm) de este compuesto químico en la atmósfera. En la década de 1970, el carbono atmosférico mundial se situaba en torno a las 300 ppm; en 2022 estaba en las 420 ppm.[14] Independientemente de si hablamos de Pekín, Berlín o Burundi, de una gran petrolera o de una granja familiar, todo el mundo puede darse cuenta desde un prisma objetivo, lo que está ocurriendo con el clima. Los datos aportan claridad.

La aversión al pesimismo es mucho más difícil cuando las medidas de impacto son cuantificables con tanta nitidez. Al igual que el cambio climático, el riesgo tecnológico solo puede abordarse a escala planetaria, pero no goza de una claridad equivalente. No existe una medición práctica del riesgo, ni una unidad objetiva de amenaza com partida en capitales nacionales, salas de juntas y sentimientos públicos, ni partes por millón para medir lo que la tecnología podría hacer o dónde se encuentra. No existe una norma común u obvia que podamos comprobar año tras año, no hay consenso entre científicos y tecnólogos de vanguardia, un movimiento popular que lo detenga ni imágenes gráficas de icebergs derritiéndose y osos polares varados o pueblos inundados que sirvan para concienciar. Las difusas investigaciones publicadas en arXiv, los blogs sectarios de Substack y los áridos artículos técnicos de institutos de investigación apenas nos llegan.

¿Cómo encontrar un terreno común en medio de planes contrapuestos? China y Estados Unidos no comparten la visión de restringir el desarrollo de la inteligencia artificial. Meta, por su parte, no estaría de acuerdo con la afirmación de que las redes sociales son parte del problema, mientras que los investigadores de la inteligencia artificial y los virólogos creen que su trabajo es una parte fundamental no para causar catástrofes, sino para comprenderlas y evitarlas. La tecnología no es, a priori, un problema en el mismo sentido que el calentamiento del planeta.

Y sin embargo, podría serlo.

El primer paso es tomar conciencia de ello. Tenemos que reconocer con calma que la ola está viniendo y que el dilema es, a falta de un brusco cambio de rumbo, inevitable. O bien podemos lidiar con la amplia gama de resultados tanto buenos como malos que se derivan de nuestra continua apertura y búsqueda despreocupada, o bien podemos enfrentarnos a los riesgos distópicos y autoritarios que se desprenden de nuestros intentos de limitar la proliferación de tecnologías poderosas, riesgos, por otra parte, inherentes a la propiedad concentrada de esas mismas tecnologías.

Tú eliges. En última instancia, este equilibrio debe alcanzarse en consulta con todos. Cuanta mayor sea su presencia en el radar del público, mejor. Si este libro suscita críticas, argumentos, propuestas y contrapropuestas, bienvenidas sean.

No habrá una solución única y mágica que surja de un grupo de gente inteligente reunida en un búnker en alguna parte. Todo lo contrario. Las élites actuales están tan aferradas a su aversión al pesimismo que temen ser honestas sobre los peligros a los que nos enfrentamos. Les gusta opinar y debatir en privado, pero no tanto pronunciarse y hablar de ello. Están acostumbradas a un mundo de control y de orden, como el que tiene un director ejecutivo sobre una empresa, un banquero central sobre los tipos de interés, un burócrata sobre las adquisiciones militares o un urbanista sobre qué baches arreglar. No hay duda de que sus palancas de control son imperfectas, pero son conocidas, están probadas y suelen funcionar. En este caso, sin embargo, no es así.

Nos encontramos ante un momento único. No hay duda de que la ola que viene está llegando, pero aún no nos ha alcanzado. Mientras que los incentivos imparables están asegurados, la forma final de la ola, así como los contornos precisos del dilema, aún están por decidir. No perdamos décadas esperando a descubrirlo; empecemos a gestionarlo hoy mismo.

En el capítulo siguiente, esbozo diez áreas de interés. No se trata de un esquema completo, ni mucho menos de un conjunto de respuestas definitivas, sino del trabajo preliminar necesario. Mi intención es sembrar ideas con la esperanza de dar los primeros pasos cruciales hacia la contención. Lo que unifica estas propuestas es que todas tratan de ganancias marginales, de la lenta y constante combinación de pequeños esfuerzos para aumentar la probabilidad de buenos resultados. Pretenden crear un contexto diferente para la construcción y el despliegue de la tecnología: encontrar formas de ganar tiempo, ralentizar el ritmo, dejar espacio para trabajar más en las respuestas, así como llamar la atención, crear alianzas e impulsar el trabajo técnico.

Creo que en el mundo actual no es posible contener la ola que viene. Sin embargo, estas medidas podrían cambiar las condiciones subyacentes, impulsar el *statu quo* para que se abra un resquicio que haga posible la contención. Debemos hacer todo esto teniendo en cuenta que puede fracasar, pero que es nuestra mejor baza para construir un mundo en el que la contención —y la prosperidad humana— sean viables.

Aquí no hay garantías, no aparecen soluciones por arte de magia. Cualquiera que espere un arreglo rápido o una respuesta inteligente se sentirá decepcionado. Al abordar el dilema, nos encontramos en la misma posición humana de siempre: darlo todo y esperar que funcione. He aquí cómo creo que podría —solo podría— resolverse.

14

Diez pasos hacia la contención

Piensa en las diez ideas que se presentan aquí como círculos concéntricos. Empezamos por lo pequeño y directo, cerca de la tecnología, centrándonos en mecanismos específicos para imponer restricciones mediante el diseño. A partir de ahí, cada planteamiento se amplía a un ritmo progresivo, asciende por una escalera de intervenciones que se alejan de los aspectos técnicos concretos, del código y de los materiales en bruto y, así, avanza hacia las acciones no técnicas pero no menos importantes, las que se traducen en nuevos incentivos empresariales, gobiernos reformados, tratados internacionales, una cultura tecnológica más sana y un movimiento popular global.

Es esa forma en la que todas estas capas de la cebolla están construidas lo que las hace poderosas; cada una por sí sola es insuficiente. Todas requieren un tipo de intervención muy diferente, con aptitudes, competencias y personas distintas, por lo que cada una constituye, en general, su propio subcampo vasto y especializado. En conjunto, creo que pueden conformar una solución que funcione.

Empecemos por el principio, por la propia tecnología.

1. SEGURIDAD: UN PROGRAMA APOLO PARA LA SEGURIDAD TÉCNICA

Hace unos años, muchos grandes modelos de lenguaje tenían un problema. Dicho sin tapujos: eran racistas. Los usuarios podían encontrar con facilidad la manera de hacer que regurgitaran material racista o que sostuvieran opiniones racistas que habían recogido al escanear el vasto corpus de textos en el que habían sido entrenados. Al parecer, el sesgo tóxico estaba arraigado en la escritura humana y

272

luego la inteligencia artificial lo amplificaba. Esto llevó a muchos a la conclusión de que todo el sistema era deficiente desde una perspectiva ética e inviable desde una moral; no había forma de controlar estos modelos lo suficientemente bien para ponerlos a disposición de la gente, dados los daños evidentes. Por esa razón, grandes empresas se echaron atrás en sus lanzamientos públicos.

A pesar de ello, los grandes modelos de lenguaje han acabado despegando, como hemos visto. En 2023 ya está claro que, en comparación con los primeros sistemas, es muy difícil incitar a programas como ChatGPT a que haga comentarios racistas. ¿Se ha resuelto el problema? En absoluto. Sigue habiendo múltiples ejemplos de modelos tendenciosos, incluso de racismo manifiesto, así como graves problemas con todo tipo de fenómenos, desde la información inexacta hasta la luz de gas. Sin embargo, para los que hemos trabajado en este campo desde el principio, el progreso exponencial en la eliminación de los resultados negativos ha sido increíble e innegable. Es fácil pasar por alto lo lejos que hemos llegado y la velocidad a la que lo hemos hecho.

Un motor clave detrás de este progreso es el llamado aprendizaje por refuerzo a partir de la retroalimentación humana. Para arreglar los grandes modelos de lenguaje que son propensos a los prejuicios, los investigadores establecen conversaciones con el modelo construidas con astucia y varios giros, y lo incitan así a decir afirmaciones odiosas, dañinas u ofensivas para ver dónde empieza a fallar y cómo. Una vez detectados estos errores, los investigadores reintegran estas ideas humanas en el modelo, lo que les acaba enseñando una visión del mundo más deseable, de una forma no muy distinta a como intentamos educar a los niños a no decir cosas inapropiadas en la mesa. A medida que los ingenieros tomaban más conciencia de los problemas éticos inherentes a su sistema, empezaron a mostrarse más abiertos a encontrar innovaciones técnicas que ayudaran a resolverlos.

Abordar el racismo y los prejuicios en los grandes modelos de lenguaje es un ejemplo de que es necesario un despliegue cuidadoso y responsable para avanzar en la seguridad de estos modelos. El contacto con la realidad ayuda a los desarrolladores a aprender, a corregir y a mejorar su nivel de seguridad.

Aunque es erróneo afirmar que las correcciones técnicas por sí solas pueden resolver los problemas sociales y éticos que plantea la inteligencia artificial, sí que muestran cómo formarán parte del proceso. La seguridad técnica de cerca, en el código o en el laboratorio, es el primer punto de cualquier plan de contención.

Al oír la palabra «contención», y suponiendo que no seas un especialista en relaciones internacionales, lo más probable es que te venga a la mente el sentido físico de mantener algo dentro. Sin duda, contener la tecnología en un plano físico es importante. Hemos visto, por ejemplo, cómo incluso los laboratorios BSL-4 pueden tener fugas. ¿Qué tipo de entorno podría hacer que eso fuera totalmente imposible? ¿Qué aspecto tiene un laboratorio de séptimo o enésimo nivel?

Aunque en el último capítulo he afirmado que la contención no debería reducirse a una especie de caja mágica, eso no significa que no queramos encontrar formas de construir una como parte del proceso. El control definitivo es el control físico duro, de servidores, de microbios, de drones, de robots y de algoritmos. «Encajonar» una inteligencia artificial es la forma original y básica de la contención tecnológica, lo que implicaría no tener conexiones a internet, un contacto humano limitado, una interfaz externa pequeña y constreñida. Sería, literalmente, contenerla en cajas físicas con una ubicación definida. En teoría, sistemas de este tipo, conocidos como espacios de aire, podrían impedir que una inteligencia artificial se relacionara con el resto del mundo o, de algún modo, se «escapara».

La segregación física es solo un aspecto de la transformación de la estructura técnica de seguridad para afrontar el reto de la ola que viene. Utilizar lo mejor de lo que hay disponible es un buen comienzo. La energía nuclear, por ejemplo, tiene mala fama debido a catástrofes tan conocidas como las de Chernóbil y Fukushima, pero es en realidad extraordinariamente segura. La Agencia Internacional de Energía Atómica ha publicado más de cien informes de seguridad que abordan normas técnicas específicas para determinadas situaciones, desde la clasificación de los residuos radiactivos hasta las medidas en casos de emergencia.[1] Organismos como el Instituto de Ingenieros Eléctricos y Electrónicos mantienen más de dos mil normas técnicas de seguridad sobre tecnologías que van desde el desarrollo de robots autónomos hasta el aprendizaje automático. Los sectores de la biotecnología y la farmacia llevan décadas funcionando con normas de seguridad muy superiores a las de la mayoría de las empresas de software. Merece la pena recordar hasta qué punto años de esfuerzo han hecho que muchas de las tecnologías existentes sean seguras, y construir a partir de ellas.

La investigación de vanguardia sobre la seguridad de la inteligencia artificial sigue siendo un campo incipiente y sin desarrollar que se centra en evitar que sistemas cada vez más autónomos superen nuestra capacidad de comprenderlos o de controlarlos. En mi opinión, estas cuestiones en torno al control o la estandarización de valores son subconjuntos del problema más amplio que es la contención. Mientras se invierten miles de millones en robótica, en biotecnología y en inteligencia artificial, se gastan cantidades minúsculas en comparación en un marco técnico de seguridad que permita mantenerlas funcionalmente contenidas. La Convención sobre Armas Biológicas, por ejemplo, el principal supervisor de armamento de este tipo, tiene un presupuesto de apenas 1,4 millones de dólares y solo cuatro empleados a tiempo completo, menos que los de cualquier McDonald's.[2]

El número de investigadores en seguridad sigue siendo minúsculo: de un centenar en los principales laboratorios en 2021 a trescientos o cuatrocientos en 2022 en todo el mundo.[3] Teniendo en cuenta que en la actualidad hay entre treinta y cuarenta mil investigadores de inteligencia artificial (y una cifra similar de personas capaces de descifrar el ADN), la cantidad sigue siendo escandalosamente pequeña.[4] Ni siquiera multiplicando por diez el número de contrataciones, algo improbable dados los cuellos de botella del talento, se podría hacer frente a la escala del reto. En comparación con la magnitud de lo que podría fallar, la investigación sobre seguridad y ética de la inteligencia artificial es marginal. Debido a la escasez de recursos, solo un puñado de instituciones se toman en serio las cuestiones sobre la seguridad técnica. Y, sin embargo, las decisiones de seguridad que se tomen hoy alterarán el curso futuro de la tecnología y de la humanidad.

Hay un claro deber que cumplir: fomentar, incentivar y financiar de manera directa mucho más trabajo en este campo. Es hora de un programa Apolo sobre la seguridad y la bioseguridad de la inteligencia artificial; deberían estar trabajando en ello cientos de miles de personas. Más en concreto, una propuesta de legislación buena sería exigir que una parte fija de los presupuestos de investigación y desarrollo de las empresas de vanguardia, pongamos como mínimo un 20 por ciento, se destine a iniciativas de seguridad, con la obligación de publicar los resultados materiales a un grupo de trabajo gubernamental, de manera que el progreso se pueda seguir y compartir. Las misiones Apolo originales fueron costosas y onerosas, pero demostraron el inmenso nivel de ambición adecuado, y su actitud positiva frente a probabilidades desalentadoras catalizó el desarrollo de tecnologías que van desde los semiconductores y el software hasta los relojes de cuarzo y los paneles solares.[5] Algo parecido podría ocurrir con la seguridad.

Aunque por el momento las cifras son bajas, sé por experiencia que está surgiendo una corriente de interés en torno a estas cuestiones. Los estudiantes y otros jóvenes que conozco están entusiasmados con ideas como la estandarización de la inteligencia artificial y la preparación ante las pandemias. Hablo con ellos y está claro que el reto intelectual los atrae, pero también el imperativo moral. Quieren ayudar y sienten el deber de hacer las cosas mejor. Estoy seguro de que si se plantean puestos de trabajo y programas de investigación, el talento llegará solo.

Para los futuros expertos en seguridad técnica, hay muchas direcciones prometedoras que explorar. Por ejemplo, la preparación ante las pandemias podría mejorar mucho si se utilizaran bombillas de baja longitud de onda que mataran los virus. La emisión de luz con una longitud de onda de entre doscientos y doscientos treinta nanómetros, cercana al espectro ultravioleta, puede matar los virus sin penetrar la capa externa de la piel, lo que sería un arma poderosa contra las pandemias y la propagación de enfermedades a mayor escala.[6] Si algo nos ha enseñado la de COVID-19 es el valor de un enfoque integrado y acelerado que abarque la investigación, el despliegue y la regulación de nuevas vacunas.

En el ámbito de la inteligencia artificial, la seguridad técnica también implica la creación de espacios aislados y simulaciones seguras para crear espacios de aire seguros de manera demostrable que permitan probar con rigor las inteligencias artificiales avanzadas antes de darles acceso al mundo real. Implica trabajar mucho más sobre la incertidumbre, uno de los principales focos de atención en estos momentos: ¿cómo comunica una inteligencia artificial que puede estar equivocada? Uno de los inconvenientes de los grandes modelos de lenguaje es que siguen padeciendo el llamado «problema de la alucinación», que les permite afirmar con confianza que una información errónea es precisa. Esto es peligroso por partida doble, ya que a menudo sí que tienen razón, a un nivel experto. Como usuario, es demasiado fácil caer en una falsa sensación de seguridad y asumir que todo lo que sale del sistema es cierto.

En Inflection, por ejemplo, estamos encontrando formas de animar a nuestra inteligencia artificial llamada Pi —inteligencia personal, por sus siglas en inglés— a ser cautelosa y dubitativa por defecto y a animar a los usuarios a que no dejen de ser críticos. Estamos diseñando nuestro sistema para que exprese dudas sobre sí mismo, solicite opiniones con frecuencia y de forma constructiva y ceda con rapidez asumiendo que el humano, y no la máquina, tiene la razón. Al igual que otros, nosotros también estamos trabajando en una importante línea de investigación cuyo objetivo es comprobar los hechos de una afirmación realizada por una inteligencia artificial utilizando bases de conocimiento de terceros que saben que son fiables. En este caso, se trata de garantizar que los resultados de la inteligencia artificial proporcionen citas, fuentes y pruebas interrogables que un usuario pueda investigar más a fondo cuando surja una afirmación dudosa.

La explicación es otra enorme frontera técnica de la seguridad. Recordemos que en la actualidad nadie puede explicar por qué, precisamente, un modelo produce los resultados que produce. Idear formas de que los sistemas expliquen en profundidad sus decisiones o las abran al escrutinio se ha convertido en un rompecabezas técnico fundamental para los investigadores de la seguridad. Esta investigación se encuentra aún en una fase incipiente, pero hay algunos indicios prometedores de que los modelos de inteligencia artificial podrían ser capaces de justificar sus resultados, aunque no de razonarlos en términos causales todavía.

También se está llevando a cabo una importante labor en el uso de estructuras simplificadas para explorar otras más complejas, incluso en la automatización del propio proceso de investigación de la estandarización: construir inteligencias artificiales que nos ayuden a contener la propia inteligencia artificial.[7] Los investigadores trabajan en una generación de «inteligencias artificiales críticas» que puedan supervisar y dar su opinión sobre otros productos de estos sistemas con el objetivo de mejorarlos a velocidades y escalas que los humanos no pueden igualar, es decir, a velocidades y escalas que vemos en la ola que viene. La propia gestión de herramientas potentes requiere herramientas potentes.

El informático Stuart Russell propone utilizar el tipo de duda sistemática incorporada que estamos explorando en Inflection para crear lo que él denomina «inteligencia artificial de beneficios probados».[8] En lugar de dar a un sistema un conjunto de objetivos externos fijos contenidos en lo que se conoce como una constitución escrita, propone que los modelos deduzcan con cautela nuestras preferencias y fines, que observen y aprendan con atención. En teoría, esto debería dejar más margen para la duda dentro de los sistemas y evitar resultados perversos.

Aún quedan muchos retos clave por resolver: ¿cómo pueden incorporarse valores seguros a un potente sistema de inteligencia artificial que pueda llegar a tener la capacidad de anular sus propias instrucciones? ¿Cómo pueden las inteligencias artificiales interpretar esos valores de los humanos? Otra cuestión pendiente es solucionar el problema de la «corregibilidad», de garantizar que siempre sea posible acceder a los sistemas y corregirlos. Si todo esto te suena a características de seguridad imprescindibles para una inteligencia artificial avanzada, estarás en lo cierto. El progreso en este campo debe seguir avanzando.

También deberíamos incorporar sólidas restricciones técnicas al proceso de desarrollo y producción. Piensa que todas las fotocopiadoras e impresoras modernas están dotadas de una tecnología que impide copiar o imprimir dinero, y algunas incluso se bloquean si lo intentas. Por ejemplo, los límites de recursos en la cantidad de computación de formación utilizada para crear modelos podrían restringir el ritmo de progreso (al menos en esa dimensión). El rendimiento podría limitarse para que un modelo solo pudiera ejecutarse en un hardware controlado de forma estricta. Los sistemas de inteligencia artificial podrían construirse con protecciones criptográficas que garantizasen que las ponderaciones de los modelos —la propiedad intelectual más valiosa del sistema— solo puedan copiarse un número limitado de veces o en determinadas circunstancias.

El reto de más alto nivel, tanto en biología sintética, en robótica como en inteligencia artificial es construir un botón de apagado a prueba de balas, un medio de clausurar cualquier tecnología que amenace con descontrolarse. Es de puro sentido común asegurarse siempre de que haya un botón de ese tipo en cualquier sistema autónomo o potente. Es una cuestión abierta cómo hacerlo con tecnologías tan distribuidas, proteicas y de gran alcance como las de la ola que viene, tecnologías cuya forma precisa aún no está clara y que, en algunos casos, podrían resistirse de manera activa. Es un reto enorme. ¿Creo que es posible? Sí, pero nadie debería minimizar ni por un segundo la magnitud de lo difícil que será.

Demasiado trabajo de seguridad es gradual, y está centrado en evaluaciones de impacto limitadas, en pequeñas cuestiones técnicas o en solucionar contrariedades que surgen tras el lanzamiento, en lugar de trabajar en los aspectos principales con antelación. En cambio, deberíamos identificar los problemas en las fases iniciales e invertir más tiempo y recursos en los principios esenciales. Pensar a lo grande. Crear normas comunes. Las funciones de seguridad no deben ser una ocurrencia tardía, sino propiedades del diseño inherentes a todas estas nuevas tecnologías, la base de todo lo que venga después. A pesar de los grandes retos, estoy realmente entusiasmado con la variedad y el ingenio de las ideas que van surgiendo. Démosles el oxígeno intelectual y el apoyo material necesarios para que tengan éxito, y reconozcamos que, aunque la ingeniería nunca es toda la respuesta, es una parte fundamental.

2. Auditorías: el conocimiento es poder; el poder es control

Las auditorías suenan aburridas. Necesarias, quizá, pero aburridas a más no poder. Sin embargo, son decisivas para la contención. La creación de contenedores físicos y virtuales seguros, es decir, el tipo de trabajo que acabamos de analizar, es básico, pero por sí mismo es insuficiente. En realidad, es vital contar con una supervisión significativa, con normas aplicables y una revisión de las implementaciones técnicas. Los avances y la normativa en materia de seguridad técnica tendrán dificultades para ser eficaces si no puede verificarse que funcionan según lo previsto. ¿Cómo se puede estar seguro de lo que ocurre verdaderamente y comprobar que se tiene el control? Es un reto técnico y social inmenso.

La confianza procede de la transparencia. Sobre todo, necesitamos poder verificar, a todos los niveles, la seguridad, la integridad o la naturaleza no comprometida de un sistema. Esto, a su vez, implica derechos de acceso y capacidad de auditoría, pruebas conflictivas de los sistemas, equipos de hackers éticos o incluso inteligencias artificiales para detectar puntos débiles, fallos y sesgos. Se trata de construir la tecnología de una manera del todo diferente, con herramientas y técnicas que aún no existen.

El escrutinio externo es esencial. Ahora mismo no existe un esfuerzo global, formal o sistemático para probar los sistemas desplegados. No hay un sistema de alerta temprana de riesgos tecnológicos ni una vía uniforme o rigurosa de saber si cumplen la normativa o incluso si se adhieren a los puntos de referencia acordados por todos. No existen ni las instituciones, ni las evaluaciones estandarizadas, ni las herramientas necesarias. Por tanto, como punto de partida, es de sentido común básico que las empresas y los investigadores que trabajan en la vanguardia, donde existe un riesgo real de daños, colaboren de manera proactiva con expertos de confianza en auditorías de su trabajo dirigidas por los gobiernos. Si existiera tal organismo, estaría encantado de colaborar con él en Inflection.

Hace unos años cofundé una organización interprofesional y de la sociedad civil llamada Partnership on AI para contribuir a ese tipo de trabajo. La pusimos en marcha con el apoyo de las principales empresas tecnológicas, como DeepMind, Google, Facebook, Apple, Microsoft, IBM y OpenAI, junto con decenas de grupos expertos de la sociedad civil, como la Unión Americana por las Libertades Civiles (ACLU), la Fundación de la Frontera Electrónica (EFF), Oxfam, el Programa de las Naciones Unidas para el Desarrollo (PNUD) y veinte más. Poco después, inició una base de datos de incidentes de la inteligencia artificial diseñada para informar confidencialmente sobre percances de seguridad con el fin de compartir conocimientos con otros desarrolladores. En la actualidad se han recopilado más de mil doscientos informes. Ahora, con más de cien socios de grupos sin ánimo de lucro, académicos y medios de comunicación, la asociación ofrece espacios críticos y neutrales para el debate y la colaboración interdisciplinarios. Hay margen para muchas más organizaciones como esta y para programas de auditoría dentro de ellas.

Otro ejemplo interesante son los equipos rojos, cuyo trabajo consiste en la búsqueda proactiva de fallos en modelos de inteligencia artificial o en sistemas de software, lo que implica atacar tus modelos de forma controlada para detectar puntos débiles y otros modos de fallo.[9] Es probable que los que surjan hoy se agraven en el futuro, por lo que entenderlos permite incorporar salvaguardas a medida que los sistemas se hacen más potentes. Cuanto más se haga esto de forma pública y colectiva, mejor, ya que permitirá a todos los desarrolladores aprender unos de otros. Una vez más, ya es hora de que todas las grandes empresas tecnológicas colaboren de forma proactiva en este ámbito y compartan sin demora información sobre nuevos riesgos, del mismo modo que el sector de la ciberseguridad lleva mucho tiempo facilitando información sobre nuevos ataques de día cero.

También es hora de crear equipos rojos financiados por el Gobierno que ataquen con rigor y sometan a pruebas de tensión todos los sistemas, y garanticen que los conocimientos descubiertos sobre la marcha se compartan de forma generalizada en todo el sector. Con el tiempo, este trabajo podría ampliarse y automatizarse, con sistemas de inteligencia artificial bajo mandato público que estén diseñados justo para auditar y detectar problemas en otros modelos, a la vez que se permiten a sí mismos ser sometidos a inspecciones.

Los sistemas implementados para llevar un seguimiento de las nuevas tecnologías deben reconocer anomalías, saltos imprevistos en las capacidades y modos de fallo ocultos. Deben detectar los ataques troyanos que parecen legítimos pero ocultan sorpresas desagradables. Para ello, tendrán que vigilar una enorme variedad de parámetros sin caer en la tentadora trampa del panóptico. Vigilar de cerca los conjuntos de datos significativos que se utilizan para entrenar modelos —en particular los de código abierto—, la bibliometría de la investigación y los incidentes dañinos accesibles a la opinión pública sería un punto de partida fructífero y no invasivo. Las API que permiten a otros utilizar los servicios básicos de la inteligencia artificial no deberían estar abiertas a ciegas, sino ir acompañadas de controles para conocer al cliente, como ocurre, por ejemplo, con partes del sector bancario.

En el aspecto técnico, hay margen para mecanismos de supervisión específicos, lo que algunos investigadores han llamado «supervisión escalable» de «sistemas que potencialmente nos superan en la mayoría de las habilidades relevantes para la tarea en cuestión».[10] Esta propuesta consiste en verificar matemáticamente la naturaleza no dañina de los algoritmos, lo que exige al modelo pruebas estrictas de que sus acciones o resultados dañinos están restringidos de forma demostrable. En esencia, se incorporan al sistema registros garantizados de actividad y límites en torno a las capacidades. Verificar y validar el comportamiento de un modelo de esta manera puede llegar a proporcionar un medio objetivo y formal para guiar a un sistema y hacerle un seguimiento.

Otro ejemplo prometedor de nuevos mecanismos de supervisión es SecureDNA, un programa sin ánimo de lucro puesto en marcha por un grupo de científicos y especialistas en seguridad. En la actualidad, solo se analiza una fracción del ADN sintetizado en busca de elementos que puedan resultar peligrosos, pero esfuerzos globales como SecureDNA son un buen comienzo para conectar cada sintetizador, ya sea de sobremesa en casa, ya sea grande y remoto, a un sistema centralizado, seguro y encriptado que podría realizar escáneres en busca de secuencias patógenas.[11] Si hay gente imprimiendo secuencias capaces de ser dañinas, queda registrado. Este modelo, basado en la nube, gratuito y seguro desde la perspectiva criptográfica se actualiza en tiempo real.

El cribado de todas las síntesis de ADN sería un importante ejercicio de reducción del riesgo biológico y, en mi opinión, no supondría un recorte indebido de las libertades civiles. Esto no detendría el mercado negro a largo plazo, pero construir sintetizadores que no cumplen con la normativa o piratear un sistema existente introduce un obstáculo no baladí. La verificación previa de la síntesis de ADN o de los datos introducidos en los modelos de inteligencia artificial permitiría adelantar las auditorías para que se realizaran antes de desplegar los sistemas, cosa que reduciría los riesgos.

En la actualidad, los enfoques de la vigilancia ante la aparición de nuevas tecnologías o un uso indebido por parte de países hostiles y otros agentes difieren en todo el mundo. Se trata de un panorama desigual; es una mezcla de información de código abierto a menudo opaca, investigación académica y, en algunos casos, vigilancia clandestina. Es un campo de minas jurídico y político, en el que los umbrales de intrusión están muy mezclados y, en el peor de los casos, encubiertos a propósito. Podemos hacerlo mejor. La transparencia no puede ser opcional; debe haber una ruta legal bien definida para comprobar cualquier nueva tecnología por dentro, en el código, en el laboratorio, en la fábrica o en su entorno natural.

La mayor parte de estas comprobaciones deben ser voluntarias, en colaboración con los productores de la tecnología y, cuando no pueda hacerse así, la legislación debe imponer la cooperación. En caso de que esa vía no funcionara, se podrían considerar enfoques alternativos, como el desarrollo de salvaguardas técnicas o, en algunos casos, puertas secundarias cifradas, para proporcionar un sistema de entrada verificable controlado por el poder judicial o un organismo independiente equivalente sancionado públicamente.

En caso de que las fuerzas del orden o los reguladores solicitaran el acceso a cualquier sistema público o privado, se decidiría en función de los méritos del caso. Del mismo modo, los libros de contabilidad criptográficos que registran cualquier copia o uso compartido de un modelo, sistema o conocimiento ayudarían a rastrear su proliferación y uso. Combinar mecanismos de contención sociales y tecnológicos de este modo es fundamental. Los detalles requieren nuevas investigaciones y un debate público. Tendremos que encontrar un equilibrio nuevo, seguro y difícil de vulnerar entre la vigilancia y la seguridad que funcione para la ola que viene.

Las leyes, los tratados y las soluciones técnicas brillantes están muy bien, pero todavía hay que estandarizarlos y comprobarlos, y hacerlo sin recurrir a medios de control draconianos. Crear tecnologías como estas iniciativas dista mucho de ser aburrido; es uno de los retos técnicos y sociales más estimulantes del siglo XXI. Es vital implantar tanto dispositivos técnicos de seguridad como medidas de auditoría, pero para ello es necesario algo que no tenemos: tiempo.

3. Cuellos de botella: ganar tiempo

Xi Jinping estaba preocupado. «Dependemos de las importaciones para algunos dispositivos, componentes y materias primas fundamentales», dijo el presidente chino a un grupo de científicos del país en septiembre de 2020. Por desgracia, las «tecnologías clave y centrales» que consideraba tan vitales para el futuro y la seguridad geopolítica de China estaban «controladas por otros».[12] De hecho, el gigante asiático gasta más en la importación de chips que en petróleo.[13] No hay muchas cosas que pongan nerviosos públicamente a los dirigentes chinos, pero habiendo basado su estrategia a largo plazo en el dominio de la ola que viene, habían reconocido una importante vulnerabilidad.

Unos años antes, un periódico gubernamental había utilizado una imagen más gráfica para describir el mismo problema. Dijeron que la tecnología china estaba limitada por una serie de «cuellos de botella». Si alguien los presionaba, la implicación era clara.

Los temores del presidente chino se hicieron realidad el 7 de octubre de 2022. Estados Unidos declaró la guerra a China al atacar uno de esos cuellos de botella. No se dispararon misiles sobre el estrecho de Taiwán, no hubo un bloqueo naval del mar de China Meridional ni marines que asaltaran la costa de Fujian, sino que el ataque tuvo un origen poco probable, el Departamento de Comercio de Estados Unidos. El objetivo fueron los controles a la exportación de semiconductores avanzados, los chips que sustentan la informática y, por tanto, la inteligencia artificial.

Los nuevos controles a la exportación ilegalizaban la venta a China de chips informáticos de alto rendimiento por parte de empresas estadounidenses, así como que cualquier compañía compartiera herramientas para fabricarlos o conocimientos técnicos para reparar chips existentes. Cualquiera de los semiconductores más avanzados (que por lo general implican procesos por debajo de catorce nanómetros, es decir, catorce milmillonésimas partes de un metro, distancia que representa tan solo veinte átomos), incluidos la propiedad intelectual, el equipo de fabricación, las piezas, el diseño, el software y los servicios que fueran a utilizarse en áreas como la inteligencia artificial o la supercomputación estaban ahora sujetos a estrictas licencias. Las principales empresas estadounidenses de chips, como NVIDIA y AMD, ya no pueden suministrar a sus clientes chinos los medios y conocimientos necesarios para producir los chips más avanzados del mundo. Así pues, los ciudadanos estadounidenses que trabajan en semiconductores con empresas chinas se enfrentan ahora a una disyuntiva de conservar su empleo y perder la ciudadanía estadounidense, o renunciar a él de inmediato.

Fue un golpe inesperado, diseñado para aniquilar el control de China sobre el elemento más importante de la tecnología del siglo XXI. No se trata de una simple disputa comercial. Esa declaración fue una poderosa advertencia en Zhongnanhai, sede oficial del Gobierno chino, justo cuando el Congreso del Partido Comunista colocó de forma efectiva a Xi Jinping como gobernante vitalicio. Un ejecutivo del sector tecnológico, que habló desde el anonimato, describió el alcance de la medida diciendo: «No solo se centran en las aplicaciones militares, sino que intentan bloquear por todos los medios el desarrollo del poder tecnológico de China».[14]

A corto y medio plazo, el consenso es que esta medida va a ser perjudicial.[15] Los retos de construir esta infraestructura son inmensos, sobre todo en las máquinas y técnicas sofisticadas que producen los chips más avanzados del mundo, un ámbito en el que China va a la cola. A largo plazo, sin embargo, es probable que no llegue a detener al país, sino que, en cambio, impulsará un camino difícil y de elevado coste pero aún plausible hacia la producción nacional de semiconductores. Si hacen falta cientos de miles de millones de dólares, como será el caso, los gastarán.[16]

Las empresas chinas ya están encontrando formas de eludir los controles, a partir de redes de empresas fantasma y fachada y servicios informáticos basados en la nube en terceros países. Hace poco, NVIDIA, el fabricante estadounidense de los chips de inteligencia artificial más avanzados del mundo, modificó con carácter retroactivo sus chips más sofisticados para eludir las sanciones.[17] No obstante, esto nos muestra algo vital, y es que existe al menos un resorte innegable. La ola puede frenarse, cuando menos durante cierto tiempo y en algunas zonas.

Ganar tiempo en una era de hiperevolución tiene un valor incalculable. Tiempo para desarrollar nuevas estrategias de contención. Tiempo para incorporar medidas de seguridad adicionales. Tiempo para probar el botón de apagado que hemos mencionado. Tiempo para desarrollar tecnologías defensivas mejores. Tiempo para apuntalar el Estado nación, mejorar las normativas o incluso simplemente conseguir que se apruebe ese proyecto de ley. Tiempo para tejer alianzas internacionales.

Ahora mismo, la tecnología se rige por el poder de los incentivos más que por el ritmo de la contención. Los controles de las exportaciones, como el de los semiconductores en Estados Unidos, tienen todo tipo de implicaciones inciertas para la competencia entre grandes potencias, las carreras armamentísticas y el futuro, pero casi todos los expertos están de acuerdo en una cosa: tales medidas ralentizarán al menos parte del desarrollo tecnológico de China y, por extensión, del mundo.

La historia reciente sugiere que, a pesar de toda su proliferación mundial, la tecnología descansa en unos pocos centros críticos de comercialización y de investigación y desarrollo: los cuellos de botella. Consideremos estos puntos de notable concentración, como

Xerox PARC y Apple para interfaces, por ejemplo, o la Agencia de Proyectos de Investigación Avanzados de Defensa (DARPA) y el MIT, o Genentech, Monsanto, la Universidad de Stanford y la Universidad de California en San Francisco para la ingeniería genética. Es impresionante cómo este legado está desapareciendo poco a poco.

En el ámbito de la inteligencia artificial, la mayor parte de las unidades de procesamiento gráfico más avanzadas, que son esenciales para los últimos modelos, están diseñadas por una sola empresa, NVIDIA. La mayoría de sus chips los produce en un solo edificio una empresa, TSMC, en Taiwán, la más puntera, que constituye la fábrica más sofisticada y cara del mundo. La maquinaria de TSMC para elaborar estos chips procede de un único proveedor, la sociedad holandesa ASML, la compañía tecnológica más valiosa e importante de Europa con diferencia. Los equipos de la empresa, que utilizan una técnica conocida como litografía ultravioleta extrema y producen chips con unos niveles de precisión atómica asombrosos, se encuentran entre los productos fabricados más complejos de la historia.[18] Estas tres sociedades controlan los chips de última generación, una tecnología tan limitada físicamente que, según una estimación, cuesta hasta diez mil millones de dólares por kilogramo.[19]

Los chips no son el único cuello de botella. La informática basada en la nube a escala industrial también está dominada por seis grandes empresas. Por ahora, solo unos pocos grupos con recursos pueden aspirar de forma realista a la inteligencia artificial general, entre ellos DeepMind y OpenAI. El tráfico mundial de datos viaja a través de un número limitado de cables de fibra óptica agrupados en puntos clave (frente a la costa del suroeste de Inglaterra o Singapur, por ejemplo). La escasez de elementos poco comunes en nuestro planeta como el cobalto, el niobio y el wolframio podría acabar con industrias enteras.[20] El 80 por ciento del cuarzo de alta calidad, esencial para productos como los paneles fotovoltaicos y los chips de silicio, procede de una única mina de Carolina del Norte.[21] Los sintetizadores de ADN o los ordenadores cuánticos no son bienes de consumo corrientes. Las aptitudes también son un cuello de botella, ya que es probable que el número de personas que trabajan en todas las tecnologías de vanguardia que se analizan en este libro no supere las ciento cincuenta mil.

Así pues, a medida que se hacen evidentes las repercusiones negativas, debemos utilizar estos cuellos de botella para crear factores sensatos de limitación del ritmo y controles de la velocidad de desarrollo para garantizar mejor que el sentido común se aplica tan rápido como evoluciona la ciencia. En la práctica, las restricciones no deberían aplicarse tan solo a China, sino que podrían generalizarse para regular el ritmo del desarrollo o de la implantación. De esta manera, el control de las exportaciones no es solo una jugada geoestratégica, sino un experimento activo, un posible manual de cómo contener la tecnología sin sofocarla del todo. Con el tiempo, todas estas tecnologías se difundirán de forma generalizada, pero antes de eso, los próximos cinco años, más o menos, son absolutamente cruciales; un periodo limitado en el que ciertos puntos de presión todavía pueden frenar la tecnología. Mientras exista la posibilidad, aprovechémosla y ganemos tiempo.

4. Creadores: los críticos deberían construirla

El hecho de que los incentivos de la tecnología sean imparables no significa que quienes la construyen no tengan ninguna responsabilidad sobre sus creaciones. Al contrario, ellos, nosotros y yo sí la tenemos; la responsabilidad está clara como el agua. Nadie está obligado a experimentar con la modificación genética ni a construir grandes modelos de lenguaje. La difusión y el desarrollo inevitables de la tecnología no son un cheque en blanco ni un pase libre para construir lo que uno quiera y ver qué pasa, sino que es más bien un imperioso recordatorio de la necesidad de hacer las cosas bien y de las terribles consecuencias que conlleva no hacerlo.

Más que nadie, quienes trabajan en el ámbito de la tecnología deben esforzarse activamente por resolver los problemas descritos en este libro. La carga de la prueba y de las soluciones recae sobre ellos, sobre nosotros. La gente suele preguntarme que si se tiene todo esto en cuenta, ¿por qué vale la pena trabajar en el campo de la inteligencia artificial y crear empresas y herramientas que estén basadas en ella? Más allá de la enorme contribución positiva que pueden tener, lo que respondo es que no deseo dedicarme tan solo a conversaciones y debates sobre la contención, sino que pretendo ayudar a que sea posible de manera proactiva, quiero ir a la cabeza y anticiparme a hacia dónde se dirige la tecnología. La contención necesita que los tecnólogos se centren por completo en hacerla realidad.

Asimismo, los críticos de la tecnología también cumplen un papel vital en este contexto. Quedarse al margen y protestar, enfadarse en Twitter o escribir largos y confusos artículos que esbozan los problemas está muy bien, pero esas acciones no detendrán la ola que viene y, en realidad, tampoco la cambiarán de manera significativa. Cuando empecé a trabajar a nivel profesional, la visión externa de la tecnología era casi en su totalidad positiva, incluso entusiasta. Se trataba de empresas estupendas y simpáticas que construían un futuro brillante. Eso ha cambiado. Sin embargo, aunque las voces críticas se han vuelto mucho más fuertes, es notable lo escasos y lejanos que son sus éxitos.

A su manera, los críticos de la tecnología caen en una forma de la trampa de la aversión al pesimismo que está arraigada en las élites tecnológicas, políticas y empresariales. Muchos de los que ridiculizan a los tecnólogos demasiado optimistas se limitan a escribir marcos teóricos de supervisión o artículos de opinión que piden regulación. Si crees que la tecnología es importante y poderosa y sigues las implicaciones de esas críticas, tales respuestas son inadecuadas. Incluso los críticos eluden la verdadera realidad que tienen delante. De hecho, a veces las críticas estridentes solo se convierten en parte del mismo ciclo de exageración que la propia tecnología.[22]

Los críticos que tengan credibilidad deben ser profesionales. Crear la tecnología adecuada, disponer de los medios prácticos para cambiar su curso, no limitarse a observar y comentar, sino mostrar el camino de manera activa, llevar a cabo el cambio o realizar las acciones necesarias en el origen significa que los críticos deben participar. No pueden quedarse al margen gritando. Esto no es en absoluto un argumento contra los críticos, sino todo lo contrario. Es un reconocimiento de que, de hecho, la tecnología necesita críticos a todos los niveles, pero sobre todo en primera línea, en los procesos de construcción y fabricación, y se enfrenten a la realidad tangible y cotidiana de la creación. Si estás leyendo esto y eres crítico, la respuesta es clara: involúcrate.

Reconozco que no es una vida fácil. No hay un lugar cómodo. Es imposible no reconocer algunas de las paradojas. Significa que la gente como yo tiene que enfrentarse a la perspectiva de que, a la vez que intentamos construir herramientas positivas y prevenir los resultados negativos, podemos estar acelerando sin darnos cuenta lo mismo que intentamos evitar, al igual que les pasa a los investigadores de la ganancia de función con sus experimentos víricos. Es posible que las tecnologías que desarrollo causen algún daño. Personalmente, seguiré cometiendo errores, a pesar de mis esfuerzos por aprender y mejorar. Llevo años debatiéndome sobre esta cuestión: ¿es mejor quedarme al margen o implicarme? Cuanto más cerca se está del corazón latiente de una tecnología, más se puede influir en los resultados, guiarla en direcciones más positivas y bloquear las aplicaciones perjudiciales que de ella puedan hacerse, pero eso significa también formar parte de lo que la convierte en una realidad, de todo lo bueno y todo lo malo que pueda generar.

Yo no tengo todas las respuestas. Cuestiono mis decisiones una y otra vez. Sin embargo, la única otra opción es renunciar por completo a la tarea de construir. Los tecnólogos no pueden ser arquitectos del futuro distantes y desconectados que solo se escuchan a sí mismos. Sin críticas externas e internas, el dilema se precipita inexorable hacia nosotros. Si contamos con los críticos, hay más posibilidades de crear una tecnología que no perjudique aún más al Estado nación, que sea menos propensa a fallos catastróficos y que no contribuya a aumentar las posibilidades de que se desencadenen distopías autoritarias. Hace diez años, la industria tecnológica también era monocultural, en todos los sentidos de la palabra. Eso ha empezado a cambiar, y ahora hay más diversidad intelectual que nunca, incluidas más voces críticas, éticas y humanistas en el propio proceso de desarrollo.

Cuando cofundé DeepMind, integrar la seguridad y la ética en el núcleo de una empresa tecnológica era una novedad. El simple hecho de utilizar la palabra «ética» en este contexto suscitaba miradas de extrañeza; hoy, en cambio, corre el triste peligro de convertirse en otra palabra de moda utilizada en exceso. Sin embargo, ha dado lugar a un cambio real y ha abierto la puerta a oportunidades significativas para el debate y la contestación. Se ha disparado una investigación prometedora sobre la inteligencia artificial ética: las publicaciones se han quintuplicado desde 2014.[23] En el lado de la industria, este crecimiento es aún más rápido, de manera que la investigación sobre inteligencia artificial ética con afiliaciones a la industria ha aumentado un 70 por ciento año tras año. Antes hubiera sido extraño encontrar a filósofos morales, politólogos y antropólogos culturales trabajando en el ámbito tecnológico, pero ahora lo es menos. Sin embargo, sigue siendo demasiado habitual que haya grandes carencias a la hora de incorporar perspectivas no técnicas y voces diversas al debate, a pesar de que la contención de la tecnología es un proyecto que requiere todo tipo de disciplinas y ópticas. Contratar de manera proactiva en este sentido es imprescindible.[24]

En un mundo de incentivos arraigados y regulación deficiente, la tecnología necesita críticos no solo en el exterior, sino en el propio núcleo.

5. EMPRESAS: BENEFICIO + PROPÓSITO

El beneficio impulsa la ola que viene. No hay camino hacia la seguridad que no reconozca y lidie con este hecho. Cuando se trata de tecnologías exponenciales como la inteligencia artificial y la biología sintética, debemos encontrar nuevos modelos comerciales responsables e inclusivos que incentiven la seguridad y el beneficio por igual. Debería ser posible crear empresas que estén por defecto mejor adaptadas para contener la tecnología. Somos varios los tecnólogos que llevamos mucho tiempo experimentando con este reto, pero hasta la fecha los resultados han sido diversos.

Tradicionalmente, las empresas tienen un solo e inequívoco objetivo: los beneficios de los accionistas. En su mayor parte, eso significa que haya desarrollo sin trabas de nuevas tecnologías. Aunque este ha sido un poderoso motor de progreso a lo largo de la historia, resulta poco adecuado para contener la ola que viene. Creo que encontrar formas de conciliar el beneficio y el fin social en estructuras organizativas híbridas es la mejor manera de superar los retos que nos esperan, pero conseguir que funcione en la práctica es muy difícil.

Desde los inicios de DeepMind, fue importante para mí que tuviéramos en cuenta modelos de gobernanza acordes con nuestro objetivo final. Cuando Google adquirió la empresa en 2014, diseñé un consejo de ética y seguridad que supervisara nuestras tecnologías y lo pusimos como condición en el momento de la adquisición. Ya entonces nos dimos cuenta de que si teníamos éxito en la consecución de nuestra misión de construir una verdadera inteligencia artificial general, se desencadenaría una fuerza muy por encima de lo que podría esperarse que poseyera y controlara una sola corporación en términos racionales. Queríamos asegurarnos de que Google lo comprendiera y se comprometiera a ampliar nuestra gobernanza más allá de nosotros, los tecnólogos. En última instancia, yo quería crear un foro mundial de múltiples partes interesadas para decidir qué ocurre con la IAG cuando se consiga o si se consigue, como una especie de instituto mundial democrático para la inteligencia artificial. Me parecía que cuanto más potente fuera una tecnología, más importante era contar con múltiples perspectivas que la controlaran y tuvieran acceso a ella.

Después de que Google adquiriera nuestra empresa, quienes la habíamos fundado pasamos años intentando incorporar un código ético al entramado jurídico de la compañía, así como debatiendo sin cesar qué parte de este código podía ser público, qué parte del trabajo de DeepMind podía someterse a una supervisión y un escrutinio independientes. El objetivo de estas discusiones fue garantizar que una tecnología sin precedentes fuera siempre acompañada de una gobernanza sin precedentes. Lo que propusimos fue escindir Deep-Mind como una nueva forma de «empresa de interés global», con una junta directiva del todo independiente adicional y separada del consejo de administración encargado de la gestión operativa de la compañía. Los miembros, la toma de decisiones e incluso parte del razonamiento del consejo serían más públicos. La transparencia, la responsabilidad y la ética no serían meras relaciones públicas de la empresa, sino pilares fundamentales, jurídicamente vinculantes y estarían integrados en todas sus actividades. Creímos que esto nos permitiría trabajar de forma abierta, y aprender con una actitud proactiva cómo las empresas podrían ser resilientes y modernas administradoras a largo plazo de las tecnologías exponenciales.

Establecimos una vía plausible de reinvertir los beneficios de la inteligencia artificial en una misión ética y social. La empresa escindida estaría «limitada por garantía», sin accionistas pero con la obligación de proporcionar a Alphabet, el principal financiador, una licencia tecnológica exclusiva. Como parte de su misión social y científica, DeepMind utilizaría un gran porcentaje de sus beneficios para trabajar en tecnologías de servicio público que solo podrían ser valiosas al cabo de unos años, como la captura y el almacenamiento de carbono, la limpieza de los océanos, los robots devoradores de plástico o la fusión nuclear. El acuerdo consistía en que podríamos hacer que algunos de nuestros principales avances fueran de código abierto, como en un laboratorio académico. La propiedad intelectual fundamental para el negocio de búsqueda de Google se quedaría en Google, pero el resto estaría a nuestra disposición para avanzar en la misión social de DeepMind, trabajar en nuevos fármacos, en una mejor atención sanitaria, en el cambio climático, etcétera. Esto significaría que los inversores podrían ser recompensados, pero también tener garantías de que el propósito social estuviera en el ADN legal de la empresa.

En retrospectiva, gran parte de esa idea resulta utópica e ingenua. Se contrató a abogados y hubo años de intensas negociaciones, pero no parecía haber forma de cuadrar el círculo. Al final no pudimos encontrar una solución que satisficiera a todos. DeepMind continuó como una unidad normal dentro de Google sin independencia legal formal, operando solo como una marca separada. Esa experiencia fue una lección fundamental: el capitalismo accionarial funciona porque es simple y claro, y los modelos de gobernanza también tienden a la simplicidad y la claridad. En el modelo accionarial, las líneas de responsabilidad y el seguimiento del rendimiento están cuantificadas y son muy transparentes. En un plano teórico es posible diseñar estructuras más modernas, pero llevarlas a la práctica es otra historia.

Durante mi etapa en Google, seguí trabajando en iniciativas experimentales para crear estructuras de gobierno innovadoras. Redacté los principios de la inteligencia artificial de Google y formé parte del equipo que lanzó el consejo asesor de ética en este campo, formado por eminentes expertos independientes en derecho, tecnología y ética. El objetivo de ambos era dar los primeros pasos hacia el establecimiento de unos estatutos sobre el modo en que Google gestiona tecnologías de vanguardia como la inteligencia artificial y la computación cuántica. Nuestra ambición era invitar a un grupo diverso de partes interesadas externas para que obtuvieran un acceso privilegiado a la vanguardia técnica, dieran su opinión y aportaran las perspectivas externas tan necesarias de quienes están lejos de la emoción y el optimismo de la creación de nuevas tecnologías.

Sin embargo, el consejo se desintegró días después de anunciarse. Algunos empleados de Google se opusieron al nombramiento de Kay

Coles James, la presidenta de la Heritage Foundation, un instituto de investigación conservador con sede en Washington. James había sido nombrada junto a una serie de figuras de la izquierda y el centro, pero rápidamente se puso en marcha una campaña dentro de Google para conseguir su destitución. Con el apoyo de una coalición de activistas de Twitter, señalaron que James había hecho a lo largo de los años una serie de comentarios contra los colectivos trans y LGBTQ, en el más reciente de los cuales afirmaba que «si pueden cambiar la definición de mujer para incluir a los hombres, pueden borrar los esfuerzos para empoderar a las mujeres en los planos económico, social y político».[25] Aunque personalmente yo estaba en total desacuerdo con sus comentarios y posiciones políticas, defendí nuestra decisión de pedirle que se uniera al consejo y argumenté que toda la gama de valores y perspectivas merecía ser escuchada. Al fin y al cabo, Google es una empresa global con usuarios globales, algunos de los cuales podrían compartir esta opinión.

Muchos empleados de Google y activistas externos no estuvieron de acuerdo y a los pocos días del anuncio publicaron una carta abierta en la que se exigía la destitución de James del consejo. Trabajadores y otras personas presionaron intensamente a las facultades universitarias para que retiraran la financiación académica a otros miembros del consejo que se negaban a dimitir, con el argumento de que el hecho de que continuaran su participación solo podía entenderse como una condonación de la transfobia. Al final, tres miembros dimitieron y la iniciativa se desechó por completo al cabo de menos de una semana. Por desgracia, el ambiente político era demasiado para unos personajes públicos y para una empresa pública.

Una vez más, mis intentos de replantear el mandato de la compañía fracasaron, aunque estimularon la conversación y ayudaron a poner sobre la mesa algunos debates difíciles, tanto en Alphabet como en círculos políticos, académicos e industriales más amplios. Qué equipos y qué investigaciones se financian, cómo se prueban los productos, qué controles y revisiones internos existen, cuánto escrutinio externo es apropiado o qué partes interesadas deben incluirse son algunas de las conversaciones que los altos directivos de Alphabet y de otros lugares empezaron a mantener con regularidad.

En todas las empresas tecnológicas, el tipo de debates sobre la seguridad de la inteligencia artificial que parecían marginales hace una década se están volviendo ahora rutinarios. La necesidad de equilibrar los beneficios con una contribución positiva y una seguridad de vanguardia está aceptada en principio por todos los grandes grupos tecnológicos estadounidenses. A pesar de la impresionante escala de los incentivos que se ofrecen, los empresarios, ejecutivos y empleados por igual deben seguir presionando y explorando formas corporativas que puedan acomodar mejor el reto de la contención.

En este sentido, se están llevando a cabo experimentos alentadores. Facebook creó su consejo de supervisión independiente, formado por exjueces, activistas y académicos expertos para asesorar sobre el gobierno de la plataforma. Ha recibido críticas de todos los sectores, y está claro que no «resuelve» el problema por sí solo, pero es importante empezar por alabar el esfuerzo y animar a Facebook y a otros a seguir experimentando. Otro ejemplo es el creciente movimiento de las corporaciones de beneficio público y las empresas B Corp, que siguen siendo organizaciones con ánimo de lucro, pero tienen un proyecto social inscrito en los objetivos legalmente definidos de la compañía. Las tecnológicas que poseen fuertes mecanismos y objetivos de contención inscritos como deber fiduciario son el próximo paso. Hay muchas posibilidades de que se produzca un cambio positivo en este sentido, dado el crecimiento de estas estructuras corporativas alternativas (más de diez mil empresas utilizan ya la estructura B Corp).[26] Aunque los objetivos económicos no siempre se alinean bien con la contención de la tecnología, las formas corporativas innovadoras lo hacen más probable. Este es el tipo de experimentación que se requiere.

La contención necesita una nueva generación de empresas. Necesita que los fundadores y quienes trabajan en tecnología contribuyan de manera positiva a la sociedad. Pero también necesita algo mucho más difícil. Necesita política.

6. GOBIERNOS: SOBREVIVIR, REFORMAR, REGULAR

Como hemos visto, los problemas tecnológicos precisan soluciones tecnológicas, pero por sí solas nunca son suficientes; también necesitamos más que nunca que el Estado prospere. Hay que apoyar todos los esfuerzos a fin de reforzar los países democráticos liberales y prepararlos para los factores de tensión. Los estados nación siguen controlando muchos elementos fundamentales de la civilización: la ley, la oferta monetaria, los impuestos o el ejército, entre otros. Eso ayuda en la tarea que tienen por delante, en la que deberán crear y mantener sistemas sociales resilientes, redes de bienestar, estructuras de seguridad y mecanismos de gobernanza capaces de sobrevivir a fuertes tensiones. Con todo, también requieren saber en detalle lo que está ocurriendo; ahora mismo están operando a ciegas en un huracán.

Richard Feynman dijo la célebre frase de «lo que no puedo crear, no lo entiendo». Ahora mismo, esto no podría ser más cierto en el caso de los gobiernos y la tecnología. Creo que el Gobierno tiene que implicarse mucho más, volver a crear tecnología real, establecer normas y fomentar la capacidad interna. Debe competir por el talento y el hardware en el mercado abierto. No hay duda de que se trata de un proceso costoso y de que se cometerán errores dispendiosos, pero las autoridades proactivas ejercerán un control mucho mayor que si se limitan a encargar servicios y a vivir de la experiencia externalizada y de la tecnología que pertenece a otros y opera en otros lugares.

La rendición de cuentas es posible gracias a un conocimiento profundo, y la propiedad da el control. Ambas requieren que las administraciones tomen cartas en el asunto. Aunque hoy en día las empresas se han puesto a la cabeza, gran parte de la investigación fundamental más especulativa sigue siendo financiada por los gobiernos.[27] El gasto federal en investigación y desarrollo de Estados Unidos se encuentra en el punto más bajo de la historia, apenas un 20 por ciento, pero aun así asciende a la nada desdeñable cifra de 138.000 millones de dólares.

Es una buena noticia. Invertir en educación e investigación científica y tecnológica y apoyar a las empresas tecnológicas nacionales crea un bucle de retroalimentación positiva en el que los gobiernos poseen un interés directo en el desarrollo de la tecnología puntera, están preparados para capitalizar los beneficios y acabar con los daños.[28] En pocas palabras, como socios en pie de igualdad en la creación de la ola que viene, las autoridades tienen más posibilidades de orientarla hacia el interés público general. Disponer de mucha más experiencia técnica en el propio país, incluso a un coste considerable, es dinero bien invertido. Los gobiernos no deberían depender de consultores de gestión, contratistas u otros proveedores externos. El personal a tiempo completo y respetado, con una remuneración adecuada y competitiva con la del sector privado debería ser una parte esencial de la solución. En cambio, los salarios del sector privado pueden ser diez veces superiores a sus equivalentes del sector público en funciones nacionales fundamentales, por lo que es una situación insostenible.[29]

La primera tarea de las administraciones debería ser supervisar y entender mejor la evolución de la tecnología.[30] Por ejemplo, los países tienen que comprender en detalle qué datos suministran sus poblaciones, cómo y dónde se utilizan y qué implican; los gobiernos deben tener una idea clara de las últimas investigaciones, de dónde está la vanguardia, qué dirección se está siguiendo y cómo puede el país maximizar las ventajas. Por encima de todo, han de registrar todas las formas en que la tecnología causa daño, como dejar constancia de cada filtración de laboratorio, cada ciberataque, cada sesgo en el modelo de lenguaje o cada violación de la privacidad, de forma transparente de cara a la opinión pública para que todos puedan aprender de los fallos y mejorar.

Entonces, el Estado debe usar esa información con eficacia, y así responder en tiempo real a los problemas que surjan. Los organismos cercanos al poder ejecutivo, como la Oficina de Política Científica y Tecnológica de la Casa Blanca, son cada vez más influyentes. No obstante, se necesitan más: en el siglo XXI no tiene sentido que haya cargos en el gabinete que se ocupen de asuntos como la economía, la educación, la seguridad y la defensa sin que exista un cargo similar con poder y responsabilidad democrática en el ámbito de la tecnología. El secretario o ministro de tecnologías emergentes sigue siendo una función gubernamental poco habitual. No debería ser así; todos los países deberían tenerla en los tiempos de la ola que viene.

La regulación por sí sola no nos lleva a la contención, pero cualquier debate que no la tenga en cuenta está condenado al fracaso. La regulación debe centrarse en aquellos incentivos, y coordinar mejor a los individuos, los Estados, las empresas y la ciudadanía en general con la seguridad y la protección, al tiempo que ir incorporando la posibilidad de un freno estricto. Determinados casos de uso, como la inteligencia artificial en las elecciones, deberían prohibirse por ley como parte del proceso.

Los legisladores están empezando a actuar. En 2015 prácticamente no había normativas en torno a la inteligencia artificial.[31] Sin embargo, en los cuatro años transcurridos desde 2019 se han aprobado un mínimo de setenta y dos proyectos de ley con la expresión «inteligencia artificial» en todo el mundo. El Observatorio de Políticas de Inteligencia Artificial de la Organización para la Cooperación y el Desarrollo Económicos (OCDE) cuenta en su base de datos con no menos de ochocientas políticas de inteligencia artificial de sesenta países.[32] Si bien es cierto que la ley de inteligencia artificial de la Unión Europea está plagada de problemas, hay mucho que elogiar en sus disposiciones y enfoque y ambición son los correctos.

En 2022, la Casa Blanca presentó un proyecto de Carta de Derechos de la inteligencia artificial con cinco principios básicos «para ayudar a guiar el diseño, el desarrollo y el despliegue de la inteligencia artificial y de otros sistemas automatizados de modo que protejan los derechos de la ciudadanía estadounidense».[33] En el documento también se dice que los ciudadanos deben estar protegidos de sistemas inseguros e ineficaces y de sesgos algorítmicos. Nadie debería verse obligado a exponerse a la inteligencia artificial; todo el mundo tiene derecho a negarse. Esfuerzos como este deberían contar con un amplio apoyo y aplicarse sin demora.

Sin embargo, la imaginación de los legisladores deberá estar a la altura del alcance de la tecnología. El Gobierno tiene que ir más allá. Por razones comprensibles, no se permite que ningún negocio construya u opere reactores nucleares de cualquier manera que consideren adecuada. En la práctica, el Estado está íntimamente involucrado en todos los aspectos de su existencia, vigilándolos de cerca, concediendo licencias y gobernándolos. Con el tiempo, esta realidad se aplicará más a la tecnología en general. En la actualidad cualquiera puede construir una inteligencia artificial o poner en marcha un laboratorio. En cambio, deberíamos avanzar hacia un entorno con más licencias, lo que produciría un conjunto de responsabilidades más claro y unos mecanismos más fuertes para revocar los accesos y remediar los daños que puedan ocasionarse en torno a las tecnologías avanzadas. Tan solo desarrolladores certificados responsables deberían ser los que produjeran los sistemas de inteligencia artificial, los sintetizadores o los ordenadores cuánticos más sofisticados y, como parte de su licencia, deberían suscribir unas normas de seguridad y protección claras y vinculantes, seguir las reglas, ejecutar evaluaciones de riesgo, mantener registros y supervisar de cerca los despliegues en directo. Del mismo modo que no se puede lanzar un cohete al espacio sin la aprobación de la Administración Federal de Aviación, no se debería poder hacer pública una inteligencia artificial de última generación sin más.

Podrían aplicarse diferentes regímenes de licencias en función del tamaño o la capacidad del modelo: cuanto más grande y capaz sea, más estrictos serán los requisitos de licencia. Cuanto más general sea un modelo, más probable es que suponga una amenaza grave, lo que significa que los laboratorios de inteligencia artificial que trabajen en las capacidades más fundamentales requerirán una atención especial. Además, esto deja margen para una concesión de licencias más detallada si es necesario, para centrarse en los aspectos específicos del desarrollo, como las series de entrenamiento de modelos, conjuntos de chips por encima de un tamaño determinado o ciertos tipos de organismos.

La fiscalidad también necesita una revisión completa para financiar la seguridad y el bienestar a medida que experimentamos la mayor transición de la creación de valor —del trabajo al capital— de la historia. Si la tecnología crea perdedores, estos necesitan una compensación material. En la actualidad, la mano de obra estadounidense tributa a un tipo medio del 25 por ciento, mientras que los equipos y programas informáticos solo lo hacen al 5 por ciento.[34] El sistema está diseñado para que el capital se reproduzca sin fricciones en nombre de la creación de empresas prósperas. En el futuro, la fiscalidad debe cambiar la preponderancia hacia el capital, no solo financiando una redistribución hacia los perjudicados, sino creando una transición más lenta y justa en el proceso. La política fiscal es una válvula importante en el dominio de esta transición, es un medio de ejercer control sobre esos cuellos de botella y de construir, al mismo tiempo, la resiliencia del Estado.

Esto debería incluir un mayor impuesto sobre las formas más antiguas de capital como la tierra, la propiedad, las acciones de empresas y otros activos de alto valor y menos líquidos, así como un nuevo impuesto sobre la automatización y los sistemas autónomos, lo que alguna vez se ha denominado «el impuesto a los robots».[35] Los economistas del Instituto de Tecnología de Massachusetts sostienen que incluso un impuesto moderado de entre el 1 y el 4 por ciento de su valor podría tener un gran impacto.[36] Un cambio cuidadosamente calibrado en la carga fiscal que se alejara del trabajo incentivaría la contratación continua y amortiguaría las interrupciones de la vida del hogar. Los créditos fiscales que complementan los ingresos más bajos podrían ser un amortiguador inmediato frente al estancamiento o incluso al colapso de los ingresos. Al mismo tiempo, un programa masivo de recapacitación y un esfuerzo educativo deberían preparar a las poblaciones vulnerables, aumentar la conciencia sobre los riesgos e incrementar las oportunidades de compromiso con las capacidades de la ola. Un ingreso básico universal (IBU), es decir, un ingreso pagado por el Estado para cada ciudadano, independientemente de sus circunstancias, a menudo se ha planteado como la respuesta a las perturbaciones económicas de la ola que viene. En el futuro, es posible que estas iniciativas como el IBU tengan cabida, pero antes de llegar a eso, hay muchas buenas ideas.

En una era de inteligencias artificiales corporativas hiperescalables, deberíamos empezar a pensar en un impuesto sobre el capital de este tipo que se aplicara a las propias grandes corporaciones, no solo a los activos o a las ganancias en cuestión.[37] Además, hay que encontrar mecanismos para la tributación transfronteriza de esas empresas gigantescas, para garantizar que paguen la parte que les corresponde para mantener sociedades que funcionen. En este sentido, se fomentan los experimentos: una parte fija del valor de la empresa, por ejemplo, pagada como dividendo público mantendría la transferencia de valor a la población en una época de extrema concentración. En el límite está la cuestión central de quién es el propietario del capital de la ola que viene; una auténtica inteligencia artificial general no puede ser propiedad privada del mismo modo que lo es, por ejemplo, un edificio o una flota de camiones. Cuando se trata de una tecnología que podría ampliar a un nivel radical la vida o las capacidades humanas, es evidente que debe haber un gran debate sobre su distribución desde el principio.

Quién es capaz de diseñar, desarrollar y desplegar tecnologías de este tipo es, en última instancia, competencia de los gobiernos, por lo que sus resortes, instituciones y ámbitos de especialización tendrán que evolucionar con la misma rapidez que la tecnología, lo que supone un reto generacional para todos los implicados. De este modo, una era de tecnología contenida es una era de tecnología regulada de manera amplia e inteligente, sin peros ni condiciones. Por supuesto, la regulación en un país tiene un defecto inevitable, y es que ningún Gobierno nacional puede enfrentarse solo a este reto.

7. ALIANZAS: ES HORA DE QUE HAYA TRATADOS

Las armas láser suenan a ciencia ficción, pero por desgracia no lo son. A medida que se desarrollaba la tecnología láser, se hizo evidente que podían causar ceguera. Convertida en arma, esta tecnología podría incapacitar a las fuerzas adversarias o, de hecho, a cualquiera que fuera su objetivo. Una nueva y apasionante tecnología civil abría de nuevo la perspectiva de horribles modos de ataque, aunque hasta la fecha no como los de *La guerra de las galaxias*. Nadie quiere ejércitos o bandas merodeando con láseres cegadores.

Por suerte, no ha sido así. El uso de armas láser cegadoras está proscrito por el Protocolo sobre Armas Láser Cegadoras de 1995, en el que una actualización de la Convención sobre Armas Convencionales estableció la «prohibición de emplear armas láser específicamente diseñadas, como única función de combate o como una de sus funciones de combate, para causar ceguera permanente a la visión no aumentada».[38] Ciento veintiséis países la suscribieron. Las armas láser no son, por tanto, una parte importante del armamento militar ni están presentes en las calles.

Está claro que los láseres cegadores no son el tipo de tecnologías omnicanales de las que hablamos en este libro, pero son la prueba de que lo podemos conseguir: una prohibición firme puede funcionar. Las alianzas estratégicas y la cooperación internacional son posibles y capaces de cambiar la historia.

Recordemos algunos de los ejemplos de los que hemos hablado en la primera parte: el Tratado sobre la No Proliferación de las Armas Nucleares; el Protocolo de Montreal, por el que se prohíben los clorofluorocarburos; la invención, ensayo e implementación de una vacuna contra la polio a pesar de la Guerra Fría; la Convención sobre Armas Biológicas, un tratado de desarme que prohíbe las armas biológicas de manera efectiva; la prohibición de las municiones de racimo, de las minas terrestres, de la edición genética de seres humanos y de las políticas eugenésicas; el Acuerdo de París, cuyo objetivo es limitar las emisiones de carbono y los peores efectos del cambio climático; el esfuerzo mundial para erradicar la viruela; la eliminación progresiva del plomo en el gas, y el fin del amianto.

A los países les gusta tan poco renunciar al poder como a las empresas perder ganancias, pero aun así estos casos representan precedentes de los que podemos aprender, resquicios de esperanza en un panorama desgarrado por una tecnocompetencia resurgente. Cada uno de ellos ha tenido condiciones y retos específicos que han contribuido tanto a su consecución como a dificultar su perfecto cumplimiento. Sin embargo, cada caso es un valioso ejemplo de la unión y el compromiso de las naciones del mundo para hacer frente a un reto importante, y ofrece indicios y marcos para abordar la ola que viene. Si un Gobierno quisiera prohibir la biología sintética o las aplicaciones de la inteligencia artificial, ¿podría hacerlo? No, está claro que nada más allá que de una forma parcial y frágil. Pero ¿y si lo pidiera una alianza poderosa y motivada? Tal vez.

Ante el abismo, la geopolítica puede cambiar con rapidez. Durante la Segunda Guerra Mundial, la paz debería haber parecido un sueño. Mientras los aliados luchaban, pocos podían imaginar que, pocos años después, sus gobiernos invertirían miles de millones en reconstruir a sus enemigos o que, a pesar de los horribles y genocidas crímenes de guerra, Alemania y Japón pronto se convertirían en piezas fundamentales de una alianza mundial estable. En retrospectiva parece abrumador. Solo unos pocos años separan las balas, la amargura y las playas de Normandía e Iwo Jima de una asociación militar y comercial de lo más sólida, una profunda amistad que perdura hasta nuestros días y el mayor programa de ayuda exterior que jamás se ha intentado.

En plena Guerra Fría se mantuvieron contactos de alto nivel a pesar de las graves tensiones. En caso de que se libere una inteligencia artificial general descontrolada o un peligro biológico de gran envergadura, este tipo de coordinación de alto nivel será crucial, pero a medida que la nueva Guerra Fría va tomando forma, crecen las divisiones. Las amenazas catastróficas son por naturaleza globales y deberían ser objeto de consenso internacional. La normativa que se detiene en las fronteras nacionales es, sin duda, insuficiente. Aunque todos los países están interesados en el avance de estas tecnologías, también tienen buenas razones para limitar las peores consecuencias que esta pueda conllevar. Entonces ¿cómo serán el Tratado sobre la No Proliferación, el Protocolo de Montreal o el Acuerdo de París para la ola que viene?

En cierta medida, las armas nucleares son una excepción, pero no solo porque sean tan difíciles de construir, sino por las largas y pacientes horas de debate, las décadas de minuciosas negociaciones de tratados en la ONU y la colaboración internacional incluso en momentos de extrema tensión; todo ello importa cuando se trata de mantenerlas bajo control. La contención nuclear entrañaba componentes tanto morales como estratégicos. Alcanzar y hacer cumplir tales acuerdos nunca ha sido fácil, por partida doble en una era de competición entre grandes potencias. De ahí que los diplomáticos desempeñen un papel infravalorado en la contención de la tecnología. De la era de las carreras armamentísticas debe surgir una edad de oro de la tecnodiplomacia, y muchos de los diplomáticos con los que he hablado son muy conscientes de ello.

Sin embargo, las alianzas también pueden funcionar a nivel de tecnólogos u organismos subnacionales, para decidir de manera colectiva qué financiar y a qué dar la espalda. Un buen ejemplo es la edición de genes germinales. Un estudio de ciento seis países reveló que su regulación es deficiente.[39] La mayoría de los países tienen algún tipo de normativa o de directrices políticas, pero existen divergencias y lagunas considerables. No llega a constituir un marco global para una tecnología de alcance mundial; hasta la fecha, la colaboración internacional de científicos en primera línea es más eficaz. A raíz de la primera edición genética de seres humanos, en una carta firmada por personalidades como Eric Lander, Emmanuelle Charpentier y Feng Zhang se pedía «una moratoria mundial de todos los usos clínicos de la edición de la línea germinal humana, es decir, la modificación del ADN hereditario (en espermatozoides, óvulos o embriones) para crear niños modificados genéticamente», así como «un marco internacional en el que las naciones, aun conservando el derecho a tomar sus propias decisiones, se comprometan de manera voluntaria a no aprobar ningún uso de la edición clínica de la línea germinal a menos que se cumplan ciertas condiciones».

No piden un veto permanente, no prohíben la edición de la línea germinal con fines de investigación y no defienden que todos los países deban seguir el mismo camino, pero reclaman que se dedique tiempo a armonizar y a tomar las decisiones adecuadas. Un número suficiente de personas en la vanguardia aún puede marcar la diferencia, permitir que haya tiempo para la reflexión y ayudar a crear un espacio y una base para que las naciones y los organismos internacionales se unan y encuentren un camino.

Al principio del capítulo 1 ya he hablado de las fricciones entre Estados Unidos y China. A pesar de sus diferencias, sigue habiendo lugares evidentes para la colaboración entre estas potencias rivales. En este caso, la biología sintética es un mejor punto de partida que la inteligencia artificial, gracias a la menor competencia existente y a la evidente destrucción mutua de nuevas amenazas biológicas. El proyecto SecureDNA es un buen ejemplo de ello, ya que traza una vía para gobernar la biología sintética similar al usado para restringir las armas químicas. Si China y Estados Unidos pudieran crear, por ejemplo, un observatorio compartido de riesgos biológicos que abarcara desde la investigación y el desarrollo avanzados hasta las aplicaciones comerciales desplegadas, sería un valioso ámbito de colaboración en el que basarse.

Estas dos naciones también comparten el interés por frenar la larga cola de agentes dañinos. Dado que un grupo como Aum Shinrikyo podría llegar de cualquier parte, ambos países estarán interesados en frenar la propagación incontrolada de la tecnología más poderosa del mundo. En la actualidad, China y Estados Unidos luchan por establecer normas tecnológicas. Sin embargo, un enfoque compartido es claramente beneficioso para las dos partes, dado que las normas fragmentadas dificultan las cosas para todos. Otro punto en común podría ser el mantenimiento de los sistemas criptográficos frente a los avances de la computación cuántica o el aprendizaje automático que podrían socavarlos. Cada uno de ellos podría allanar el camino para un compromiso más amplio. A medida que avance el siglo, habrá que volver a aprender la lección que nos dio la Guerra Fría, y es que no hay camino hacia la seguridad tecnológica sin trabajar con tus adversarios.

Más allá de fomentar iniciativas bilaterales, lo obvio en este momento es proponer la creación de algún nuevo tipo de institución mundial dedicada a la tecnología. Lo he oído decir en incontables ocasiones: ¿cómo sería un Banco Mundial para la biotecnología o una ONU para la inteligencia artificial? ¿Podría ser una colaboración internacional segura la forma de abordar una cuestión tan desalentadora y compleja como la inteligencia artificial general? ¿Quién es el árbitro definitivo, el prestamista de última instancia, el organismo que, ante la pregunta «¿Quién contiene la tecnología?» pueda alzar la mano?

Necesitamos el equivalente al tratado nuclear de nuestra generación para dar forma a un enfoque mundial común, en este caso no para frenar por completo la proliferación, sino para establecer límites y crear marcos de gestión y mitigación que, como la ola, traspasen fronteras. Esto pondría limitaciones claras a los trabajos emprendidos, mediaría entre los esfuerzos nacionales de concesión de licencias y crearía un marco para la revisión de ambos.

Donde hay un claro margen para un nuevo organismo u organismos es en las cuestiones técnicas. Se necesita con urgencia un regulador especializado que evite, en la medida de lo posible, las polémicas geopolíticas, que prevenga las extralimitaciones y desempeñe una función de supervisión pragmática sobre la base de criterios ampliamente objetivos. Pensemos en algo como la Agencia Internacional de la Energía Atómica o incluso en una entidad comercial como la Asociación Internacional de Transporte Aéreo. En lugar de tener una organización que regule, construya o controle directamente la tecnología, yo empezaría con algo así como una Autoridad de Auditoría de la Inteligencia Artificial (la AAA, por sus siglas en inglés). Centrada en la investigación y la auditoría de la escala del modelo y de cuándo se cruzan los umbrales de capacidad, la AAA aumentaría la transparencia global en primera línea, y plantearía preguntas como las siguientes: ¿da muestras el sistema de ser capaz de mejorar sus capacidades por sí mismo?; ¿puede especificar sus propios objetivos?; ¿es capaz de adquirir más recursos sin supervisión humana?; ¿está entrenado para el engaño o la manipulación de forma deliberada? Comisiones de auditoría similares podrían operar en casi todas las áreas de la ola y, de nuevo, ofrecerían una base tanto para las iniciativas de concesión de licencias de los gobiernos como para ayudar a impulsar un tratado de no proliferación.

El realismo estricto tiene muchas más posibilidades de éxito que las propuestas vagas e improbables. No necesitamos reinventar la rueda institucional en su totalidad, lo que crearía más oportunidades para la rivalidad y la grandilocuencia. Lo que hay que hacer, sin embargo, es encontrar todos los medios posibles para completarla y mejorarla, y hacerlo rápido.

8. Cultura: aceptar el fracaso con respeto

En este contexto, la gobernanza es el eje vertebrador: de los sistemas de software, de los microchips, de las empresas y los institutos de investigación, de los países y de la comunidad internacional. En cada nivel hay una maraña de incentivos, de costes perdidos, de inercia institucional, de territorios en conflicto y de visiones del mundo que hay que atravesar. No nos equivoquemos: la ética, la seguridad y la contención serán ante todo productos de la buena gobernanza, pero esta no solo procede de normas bien definidas y de marcos institucionales eficaces.

En los inicios de los motores a reacción, en los años cincuenta, los accidentes —así como las muertes— eran de una frecuencia preocupante. A principios de la década de 2010, solo hubo una muerte por cada 7,4 millones de pasajeros que se desplazaban en este medio de transporte.[40] Ahora pasan años sin que se produzca ningún accidente mortal en aviones comerciales estadounidenses. Es más, volar es casi el medio de transporte con menos riesgos que existe; sentarse en el cielo a más de diez mil metros de altura es más seguro que sentarse en el sofá de casa.

El impresionante historial de seguridad de las aerolíneas se debe a las numerosas mejoras técnicas y operativas que se han introducido a lo largo de los años, pero detrás de ellas hay algo igual de importante: la cultura. El sector de la aviación se esfuerza por aprender de los errores a todos los niveles. Los siniestros no son solo trágicos accidentes que lamentar, sino experiencias de aprendizaje fundamentales para determinar cómo fallan los sistemas, igual que oportunidades para diagnosticar problemas, solucionarlos y compartir esos conocimientos con toda la industria. Por tanto, las mejores prácticas no son secretos corporativos o una ventaja sobre las aerolíneas rivales; los competidores las aplican con entusiasmo en aras de la confianza y la seguridad colectivas del sector.

Así, esto es lo que se necesita para la ola que viene: un compromiso real y visceral de todos los implicados en las tecnologías de vanguardia. Está muy bien concebir y promover iniciativas y políticas para la ética y la seguridad, pero hace falta que la gente que las aplica crea en ellas a fondo.

A pesar de que la industria tecnológica habla mucho de «aceptar el fracaso», es poco frecuente que lo aplique cuando se trata de la

305

privacidad, de la seguridad o de las infracciones técnicas. Lanzar un producto que no cuaja es una cosa, pero poseer un modelo de lenguaje que provoca un apocalipsis de información errónea o un medicamento que causa reacciones adversas es mucho más incómodo. Las críticas a la tecnología son, no sin razón, implacablemente feroces, y la competencia también. Una de las consecuencias es que, en cuanto una nueva tecnología o producto fracasa, se impone una cultura del secretismo. Se pierden la franqueza y la confianza mutua que caracterizan parte del proceso de desarrollo, y las oportunidades de aprender y de difundir lo aprendido desaparecen. Incluso admitir los errores o revelar lo ocurrido se considera un riesgo, un tabú corporativo.

El miedo al fracaso y al oprobio público está llevando al inmovilismo. La notificación inmediata *motu proprio* de los problemas debería ser un punto de partida tanto para las personas como para las organizaciones. Sin embargo, en lugar de recibir elogios por experimentar, las empresas y los equipos quedan puestos en evidencia. Hacer lo correcto solo desencadena reacciones cínicas, ataques en Twitter y despiadadas acusaciones públicas. Entonces ¿por qué iba alguien a admitir sus errores en este contexto? Tal dinámica tiene que acabar si queremos producir tecnologías mejores, más responsables y más contenibles.

Aceptar el fracaso debe ser algo real, no simplemente palabrería. Para empezar, ser completamente honesto sobre los errores, incluso en temas incómodos, debería recibir elogios, no insultos. Lo primero que ha de hacer una empresa tecnológica al toparse con cualquier tipo de riesgo, inconveniente o debilidad es comunicarlo con seguridad al mundo entero. Cuando un laboratorio sufre una filtración, lo prioritario es anunciarlo, no encubrirlo. A continuación, el siguiente paso deben darlo los demás agentes del sector, es decir, otras empresas, grupos de investigación y gobiernos, y consiste en escuchar, reflexionar, ofrecer apoyo y, lo que es más importante, aprender y aplicar activamente lo aprendido. Esta actitud salvó muchos miles de vidas de personas que se desplazan en avión, y podría salvar millones más en los años venideros.

La contención no puede consistir tan solo en esta o aquella política, lista de control o iniciativa, sino en garantizar que exista una cultura autocrítica que quiera aplicarlas con un talante activo, que acoja con satisfacción la presencia de reguladores en los proyectos, en el laboratorio; una cultura en la que los reguladores quieran aprender de los tecnólogos, y viceversa. Hace falta que todo el mundo quiera participar, haga suyo el proceso, que lo disfrute. De lo contrario, la seguridad seguirá siendo algo secundario. Entre muchos, y no solo en el ámbito de la inteligencia artificial, existe la sensación de que somos «solo» investigadores, que «solo» exploramos y experimentamos. Hace años que esto no es así, y es un buen ejemplo de dónde es necesario un cambio cultural. Se debe animar a los investigadores a que se aparten de la constante prisa por publicar. El conocimiento es un bien público, pero no debe seguir siendo la norma. Es necesario que aquellos que se dedican activamente a la investigación de vanguardia sean los primeros en reconocerlo, al igual que han hecho sus colegas de los campos de la física nuclear y la virología. En lo que respecta a la inteligencia artificial, capacidades como la automejora recursiva y la autonomía son, en mi opinión, límites que no debemos cruzar. Esto tendrá componentes técnicos y jurídicos, pero también necesita la aceptación moral, emocional y cultural de las personas y organizaciones más cercanas.

En 1973, uno de los inventores de la ingeniería genética, Paul Berg, reunió a un grupo de científicos en la península de Monterrey, en California. Había empezado a preocuparse por lo que su invento podría desencadenar y quería establecer algunas reglas básicas y fundamentos morales para seguir adelante. En el centro de conferencias de Asilomar, se plantearon las difíciles cuestiones que suscita esta nueva disciplina: ¿deberíamos empezar a manipular genéticamente a los seres humanos? En caso afirmativo, ¿qué propiedades estarían permitidas? Dos años más tarde, un mayor número de asistentes volvió a la Conferencia de Asilomar sobre el ADN Recombinante. Había mucho en juego en aquel hotel rodeado de mar. Fue un punto de inflexión en el ámbito de las biociencias, pues se establecieron principios duraderos para regir la investigación y la tecnología genéticas que fijaron directrices y límites morales sobre los experimentos que podían llevarse a cabo.

En 2015, asistí a una conferencia en Puerto Rico que pretendía lograr resultados similares con la inteligencia artificial. Se trataba de un grupo mixto que quería elevar el perfil de la seguridad de esta tecnología, empezar a crear una cultura de precaución y esbozar respuestas reales. Nos reunimos de nuevo en 2017 en el simbólico recinto de Asilomar para redactar un conjunto de principios respecto a la inteligencia artificial que yo, junto con muchos otros en el campo, suscribo.[41] Los postulados consistían en construir una cultura explícitamente responsable de investigación en inteligencia artificial e inspiraron una serie de iniciativas posteriores. A medida que la ola siga creciendo, tendremos que volver una y otra vez al espíritu —y a la carta— de Asilomar.

Durante milenios, el juramento hipocrático ha sido una máxima moral de la profesión médica. La locución en latín es *primum non nocere*, «lo primero es no hacer daño». El científico británico-polaco Joseph Rotblat, ganador del Premio Nobel de la Paz, que abandonó el laboratorio de Los Álamos por motivos de conciencia, sostenía que los científicos necesitan algo parecido. En su opinión, la responsabilidad social y moral no es algo que los que trabajan en el ámbito de la ciencia puedan dejar de lado.[42] Estoy de acuerdo, y deberíamos considerar una versión contemporánea para los tecnólogos: preguntarnos no solo qué significa no hacer daño en una era de algoritmos que se extienden por todo el mundo y genomas editados, sino cómo puede ponerse en práctica a diario en lo que a menudo son circunstancias ambiguas desde una perspectiva moral.

Principios de precaución como este son un buen primer paso. Reflexionar antes de construir, antes de publicar, revisarlo todo, sentarse y analizar los impactos de segundo, tercer y enésimo orden. Buscar todas las pruebas y analizarlas con mente fría. Corregir el rumbo sin descanso. Estar dispuesto a parar. Hacer todo esto no solo porque lo requiera un formulario, sino porque es lo correcto, es lo que hacen los tecnólogos.

Acciones de este tipo no pueden funcionar únicamente como leyes o mantras corporativos, pues las leyes son solo nacionales y los mantras corporativos son transitorios, a menudo demasiado superficiales. Por el contrario, deben funcionar a un nivel más profundo, en el que la cultura de la tecnología no siga la «mentalidad de la ingeniería» de ir a por todas, sino que sea más cautelosa, más curiosa por lo que pueda pasar. Una cultura sana es aquella que se alegra de dejar fruta en el árbol, de decir «no», de retrasar los beneficios el tiempo que sea necesario en aras de la seguridad, aquella en la que los tecnólogos recuerdan que la tecnología es solo un medio para un fin, no el fin en sí mismo.

9. Movimientos: el poder de la gente

A lo largo de este libro se ha usado la primera persona del plural. Puede haberse empleado como «nosotros», el autor y el coautor; «nosotros», los investigadores y emprendedores del campo de la inteligencia artificial; «nosotros», la comunidad científica y tecnológica en general; «nosotros», los que vivimos en el Occidente global, o «nosotros», la suma total de la humanidad. (Enfrentarse a una tecnología totalmente global y que altera las especies es uno de los pocos contextos en los que hablar de un «nosotros» humano está de veras justificado).

Cuando la gente habla de tecnología —incluido yo mismo— a menudo esgrime un argumento como el siguiente. Como somos nosotros los que creamos tecnología, nosotros vamos a poder solucionar los problemas que crea, una afirmación que es cierta en el sentido más amplio.[43] El inconveniente es que aquí no hay un «nosotros» funcional. No hay consenso ni un mecanismo acordado para llegar a un consenso. De hecho, no existe un «nosotros» y, desde luego, no hay ningún resorte al que ningún «nosotros» pueda recurrir. Esto debería ser obvio, pero vale la pena repetirlo. Incluso el presidente de Estados Unidos tiene poderes muy limitados para alterar el curso de internet, por ejemplo.

En cambio, innumerables agentes distribuidos trabajan a veces juntos y a veces con objetivos contrapuestos. Como hemos visto, las empresas y las naciones tienen prioridades divergentes e incentivos fracturados e incompatibles. En su mayor parte, las preocupaciones por la tecnología como las que se describen en este libro son asuntos de élite, agradables temas de conversación para la sala de los que viajan en primera clase, artículos de opinión para publicaciones biempensantes o los salones de presentaciones de Davos o de las charlas TED. La mayoría de la humanidad todavía no se preocupa por estas cuestiones de ninguna manera sistemática. Fuera de Twitter, fuera de la burbuja, la gente suele tener preocupaciones muy diferentes u otros problemas que exigen atención en un mundo frágil. La comunicación en torno a la inteligencia artificial no siempre ha ayudado, ya que tiende a caer en narrativas simplistas.[44]

Así pues, aunque en la actualidad la invocación del gran «nosotros» carezca de sentido, suscita una reacción obvia: construyámoslo.

A lo largo de la historia, los cambios se han producido porque los individuos han trabajado a conciencia para conseguirlos. La presión popular creó nuevas normas. La abolición de la esclavitud, el sufragio femenino, los derechos civiles son todos ellos enormes logros morales que se produjeron porque la gente luchó duro, y construyó coaliciones de amplia base que se tomaron en serio una gran reivindicación y luego efectuaron cambios basados en ella. El clima no se puso sobre la mesa porque la sociedad se dio cuenta de que el tiempo era cada vez más extremo; se dio cuenta porque los activistas de base y los científicos y, más tarde, (algunos) escritores, celebridades, directores ejecutivos y políticos se movilizaron para lograr un cambio significativo. Y pasaron a la acción por el deseo de hacer lo correcto.

Los estudios demuestran que, cuando se plantea el tema de las tecnologías emergentes y los riesgos que conllevan, la gente realmente se preocupa y quiere encontrar soluciones.[45] Aunque muchos de los daños aún están lejos, creo que en el tema que nos ocupa las personas son muy capaces de leer entre líneas. Todavía no he encontrado a nadie que haya visto un vídeo de la empresa estadounidense Boston Dynamics de un perro robot o haya considerado la perspectiva de otra pandemia sin estremecerse.

En este contexto, los movimientos populares cumplen un gran papel. En los últimos cinco años, más o menos, un creciente movimiento de la sociedad civil ha empezado a poner estos problemas de relieve. Los medios de comunicación, los sindicatos, las organizaciones filantrópicas y las campañas de base; todos están implicándose, buscando de manera proactiva formas de crear una tecnología contenida. Espero que mi generación de fundadores y creadores impulse estos movimientos en lugar de obstaculizarlos. Mientras tanto, las asambleas de ciudadanos son un mecanismo para invitar a un grupo más amplio a que se una a la conversación.[46] Una propuesta es organizar un sorteo para elegir una muestra representativa de la población que debata con intensidad y sugiera propuestas sobre cómo gestionar estas tecnologías. Con acceso a herramientas y asesoramiento, sería una forma de hacer de la contención un proceso más colectivo, atento y fundamentado.

El cambio se produce cuando la gente lo exige. El «nosotros» que construye la tecnología está disperso, sujeto a una masa de incentivos nacionales, comerciales y de investigación diferentes y enfrentados. Cuanto más claramente hable el «nosotros» que está sujeto a ellos, con una sola voz, una masa pública crítica movilizándose por el cambio, exigiendo que se concilien los enfoques, más posibilidades habrá de obtener buenos resultados. Cualquiera, en cualquier lugar, puede mejorar la situación. En el fondo, ni los tecnólogos ni los gobiernos resolverán solos este problema. Pero «nosotros», juntos, podríamos.

10. EL ANGOSTO CAMINO: EL ÚNICO CAMINO ES A TRAVÉS

Pocos días después de la publicación de GPT-4, miles de científicos especializados en inteligencia artificial firmaron una carta abierta en la que pedían una moratoria de seis meses en la investigación de los modelos de inteligencia artificial más potentes. Haciendo referencia a los principios de Asilomar, citaban razones que resultarán familiares a quien está leyendo este libro: «En los últimos meses, los laboratorios de inteligencia artificial se han enzarzado en una carrera fuera de control para desarrollar y desplegar mentes digitales cada vez más poderosas que nadie —ni siquiera sus creadores— puede entender, predecir o controlar con fiabilidad».[47] Poco después, Italia prohibió ChatGPT. Se presentó una denuncia contra los grandes modelos de lenguaje ante la Comisión Federal de Comercio con el objetivo de lograr un control normativo mucho más estricto.[48] Se formularon preguntas sobre el riesgo de la inteligencia artificial en la rueda de prensa de la Casa Blanca. Millones de personas debatieron sobre el impacto de la tecnología, tanto en el trabajo como en casa.

Algo se está gestando. La contención todavía no, pero por primera vez las cuestiones de la ola que viene se están tratando con la urgencia que merecen.

Cada una de las ideas esbozadas hasta ahora representa el comienzo de un dique, una barrera provisional contra la marea que empieza con los aspectos específicos de la propia tecnología y se expande hacia fuera hasta el imperativo de formar un movimiento global masivo para el cambio positivo. Ninguna de ellas funciona por sí sola. Sin embargo, si se combinan medidas de este tipo, se perfila un esquema de contención.

Un buen ejemplo es Kevin Esvelt, biotecnólogo del Instituto de Tecnología de Massachusetts.[49] Pocas personas han estudiado con más detalle las amenazas a la bioseguridad. ¿Esos patógenos diseñados a medida para causar el máximo de víctimas mortales? Esvelt está decidido a utilizar todas las herramientas para impedir que se den dichas amenazas. Su programa es una de las estrategias de contención más holísticas que existen, y se basa en tres pilares: la demora, la detección y la defensa.

Para la demora, Esvelt se hace eco del lenguaje de la tecnología nuclear, y propone un «tratado de prohibición de ensayos pandémicos», un acuerdo internacional para detener la experimentación con los materiales más patógenos. Se prohibiría cualquier experimento que pudiera aumentar seriamente el riesgo de pandemia, incluida la investigación de ganancia de función. El biotecnólogo también aboga por un régimen del todo nuevo de seguros y responsabilidades para cualquiera que trabaje con virus u otros biomateriales con la capacidad de ser dañinos. Esto aumentaría los costes de la responsabilidad de una forma que sería tangible de inmediato, al incluir en el precio de la investigación las consecuencias catastróficas de baja probabilidad, que a día de hoy son una carga de externalidades negativas para todos los demás. Las instituciones que lleven a cabo investigaciones que puedan ser peligrosas no solo tendrían que contratar seguros adicionales, sino que una ley de activación supondría que cualquiera que se demostrara implicado en un riesgo biológico importante o en un suceso catastrófico se convertiría en responsable.

Sin duda, el control del ADN en todos los sintetizadores es necesario y, además, todo el sistema debería estar basado en la nube para poder actualizarse en tiempo real en función de las nuevas amenazas que vayan surgiendo. La detección rápida de un brote es igual de importante en este esquema, sobre todo en el caso de patógenos sutiles con largos periodos de incubación. Piensa en una enfermedad latente durante años: si no eres consciente de lo que está ocurriendo, no puedes contenerla.

Entonces, si sucediera lo peor, entraríamos en la etapa de la defensa. Los países resilientes y preparados son vitales: las pandemias más extremas dificultarían incluso el mantenimiento de los alimentos, la energía, el suministro de agua, la ley y el orden, y la asistencia sanitaria. Disponer de reservas de equipos EPI de última generación a prueba de pandemias listos para todos los trabajadores esenciales será una enorme mejora, así como tener fuertes líneas de suministro de material médico capaz de resistir una conmoción grave. ¿Esas bombillas de baja longitud de onda que pueden destruir los virus? Deben estar sin duda por todas partes, antes de que empiece la pandemia o, como mínimo, estar listas para ser distribuidas.

Si juntamos todos estos elementos, obtenemos un esbozo de lo que nos espera en la ola que viene.

1. Seguridad técnica	Medidas técnicas concretas para paliar los posibles daños y mantener el control.
2. Auditorías	Medios para garantizar la transparencia y la asunción de responsabilidad de la tecnología.
3. Cuellos de botella	Resortes para frenar el desarrollo y ganar tiempo para los reguladores y las tecnologías defensivas.
4. Creadores	Garantizar que los desarrolladores responsables incorporen controles adecuados a la tecnología desde el principio.
5. Empresas	Alinear los incentivos de las organizaciones detrás de la tecnología con su contención.
6. Gobiernos	Apoyar a los gobiernos, permitiéndoles crear tecnología, regularla y aplicar medidas de mitigación.
7. Alianzas	Crear un sistema de cooperación internacional para armonizar leyes y programas.
8. Cultura	Una cultura de intercambio de aprendizajes y fallos para difundir rápidamente los medios de abordarlos.
9. Movimientos	Todo esto necesita la aportación pública a todos los niveles, incluso para presionar a cada componente y hacer que rinda cuentas.

El décimo paso tiene que ver con la coherencia, con garantizar que cada elemento funciona en armonía con los demás, que la contención es un círculo virtuoso de medidas que se refuerzan entre sí y no una cacofonía llena de lagunas de programas rivales. En este sentido, la contención no tiene que ver con esta o aquella sugerencia específica, sino que es un fenómeno que emerge de su interacción colectiva, un subproducto de las sociedades que aprenden a gestionar y a mitigar los riesgos que el *Homo tecnologicus* ha planteado. Una medida por sí sola no va a funcionar, ya sea con patógenos, ya sea con ordenadores cuánticos o inteligencia artificial, pero un plan como este gana fuerza por la cuidadosa acumulación de contramedidas entrelazadas, barrera sobre barrera, desde tratados internacionales hasta el refuerzo de la cadena de suministro de nuevas tecnologías protectoras. Es más, propuestas como la demora, la detección y la defensa no son estados finales. La seguridad en el contexto de la ola que viene no es un lugar al que se llega, sino algo que debe promulgarse con continuidad.

La contención no es un lugar de descanso. Es un camino angosto e interminable.

El economista Daron Acemoğlu y el politólogo James Robinson comparten la opinión de que las democracias liberales son mucho menos seguras de lo que parece.[50] Consideran que el Estado es un «leviatán encadenado» inestable por naturaleza; vasto y poderoso, pero controlado por sociedades civiles y normas persistentes. Con el tiempo, países como Estados Unidos entraron en lo que denominan un «pasillo estrecho» que los mantuvo en este precario equilibrio. A ambos lados de este corredor hay trampas. Por un lado, el poder del Estado rompe el de la sociedad en general y la domina por completo, lo que crea leviatanes despóticos como China. Por el otro, el Estado se desmorona y produce leviatanes ausentes, zombis, donde este no tiene ningún control real sobre la sociedad, como en lugares como Somalia o Líbano. Ambos casos tienen consecuencias terribles para sus poblaciones.

La idea de Acemoğlu y Robinson es que los estados caminan sin cesar por este pasillo. En cualquier momento, podrían caer. Por cada aumento de la capacidad estatal tiene que haber uno correspondiente de la capacidad social para contrarrestarlo. Hay una presión incesante hacia leviatanes despóticos que necesita un peso incesante para detenerse. No existe un destino final, una existencia feliz, segura y continua al final del pasillo, sino un espacio dinámico e inestable en el que élites y ciudadanos se disputan los resultados y en el que, en cualquier momento, los leviatanes encadenados pueden desaparecer o volverse despóticos. La seguridad es cuestión de avanzar y mantener con cuidado el equilibrio.

Creo que esta metáfora es válida para la forma en que abordamos la tecnología, y no solo porque el argumento aquí es que ahora la tecnología hace que ese equilibrio sea mucho más precario. La tecnología segura y contenida no es, como la democracia liberal, un estado final, sino un proceso incesante, una delicada estabilidad que hay que mantener de forma activa, por la que no hay que dejar de luchar y proteger. No hay un momento en el que digamos ¡ajá, hemos resuelto el problema de la proliferación de la tecnología! Se trata más bien de encontrar una vía a través, de garantizar que un número suficiente de personas se comprometa a mantener el interminable equilibrio entre apertura y cierre.

En lugar de un pasillo, que implica una clara dirección de viaje, me imagino la contención como un camino angosto y traicionero, envuelto en la niebla, con un abismo a cada lado, la catástrofe o la distopía a solo un pequeño desliz de distancia; no se puede ver muy lejos y, a medida que se avanza, el camino se retuerce y vira, y aparecen obstáculos inesperados.

Por un lado, la apertura total a toda experimentación y desarrollo es una receta directa para la catástrofe. Si todo el mundo puede jugar con bombas nucleares, en algún momento habrá una guerra nuclear. A pesar de que el código abierto ha sido una bendición para el desarrollo tecnológico y, en general, un gran acicate para el progreso, no es una filosofía apropiada para los potentes modelos de inteligencia artificial u organismos sintéticos, ámbitos en los que debería estar prohibido. No deberían compartirse, y mucho menos desplegarse o desarrollarse, sin el debido proceso riguroso.

La seguridad depende de que las cosas no fallen, de que no caigan en las manos equivocadas, para siempre. Va a ser esencial algún nivel de vigilancia de internet, de los sintetizadores de ADN, de los programas de investigación sobre inteligencia artificial general, entre otros. Es doloroso ponerlo por escrito. Como joven veinteañero, empecé desde una posición maximalista de la privacidad, creyendo que los espacios de comunicación y trabajo completamente libres de supervisión eran derechos fundacionales y partes importantes de una democracia sana. Con los años, sin embargo, a medida que los argu-

315

mentos se volvían evidentes y la tecnología más y más desarrollada, he ido actualizando esa opinión. No es aceptable crear situaciones en las que la amenaza de resultados catastróficos esté siempre presente. La inteligencia, la vida o el puro poder no son juguetes y deben tratarse con el respeto, el cuidado y el control que merecen. Tanto los tecnólogos como la ciudadanía en general deberán aceptar mayores niveles de supervisión y regulación de los que nunca haya habido. Al igual que la mayoría de nosotros no querríamos vivir en sociedades sin leyes ni policía, tampoco querríamos habitar en un mundo de tecnología sin restricciones.

Es necesaria al menos alguna medida antiproliferación. Y sí, no eludamos lo que esto implica, que es la censura real, es posible que mucho más allá de las fronteras nacionales. Habrá momentos en que esto se verá —quizá con razón— como una hegemonía desenfrenada de Estados Unidos, como arrogancia occidental y egoísmo. A decir verdad, no siempre estoy seguro de cuál es el equilibrio adecuado, pero ahora creo con firmeza que la apertura total hará que la humanidad caiga del angosto camino. No obstante, debería quedar claro que, en el otro lado de la balanza, la vigilancia y la clausura totales son inconcebibles, erróneas y desastrosas. Extralimitarse en el control es una vía rápida hacia la distopía. Así pues, también hay que resistirse a ello.

En el marco establecido por Acemoğlu y Robinson, los países siempre están en peligro. Y sin embargo, algunos se las han arreglado para seguir adelante durante siglos, trabajando duro para mantenerse a la cabeza, equilibrados, lo suficientemente constreñido. Todos y cada uno de los aspectos de la contención, todo lo que hemos descrito, tendrá que caminar por esta insoportable cuerda floja. Todas las medidas que se debatan aquí o en el futuro deben considerarse dentro de este espectro: lo bastante avanzadas como para ofrecer una protección significativa, pero sin ir demasiado lejos.

¿Es posible contener la ola que viene?

Si observamos la miríada de caminos hacia delante, todas las direcciones posibles en las que la tecnología llevará la experiencia humana, las capacidades desatadas o la facultad de transformar nuestro mundo, la contención falla en muchas de ellas. De ahora en adelante habrá que avanzar siempre por el angosto camino, y basta un paso en falso para caer por el abismo.

La historia sugiere que este patrón de difusión y progreso está bloqueado. Los inmensos incentivos parecen arraigados. Las tecnologías sorprenden incluso a sus creadores por la velocidad y la potencia de su desarrollo. Cada día parece anunciar un nuevo avance, producto o empresa. La vanguardia se disipa en cuestión de meses. Como consecuencia, los Estados nación encargados de regular esta revolución se tambalean.

Y sin embargo, aunque hay pruebas convincentes de que la contención no es viable, sigo siendo optimista. Las ideas que aquí se presentan nos proporcionan las herramientas y los medios para seguir caminando, paso a paso, por ese sendero, a modo de lámparas, cuerdas y mapas para recorrer la tortuosa ruta hacia delante. El desafío contundente de la contención no es una razón para darle la espalda; es una llamada a la acción, una misión generacional que todos debemos afrontar.

Si nosotros —el «nosotros» de la humanidad— podemos cambiar el contexto con un aluvión de nuevos movimientos, empresas y gobiernos comprometidos, con incentivos revisados, capacidades técnicas, salvaguardias y conocimientos potenciados, entonces crearemos las condiciones para emprender ese camino tambaleante con una chispa de esperanza. Y, a pesar de que la magnitud del reto es enorme, cada sección de este libro profundiza en muchas áreas más pequeñas en las que cualquier individuo puede marcar la diferencia. Será necesario un esfuerzo gigantesco para cambiar en lo fundamental nuestras sociedades, los instintos humanos y los patrones de la historia. No es nada seguro. Parece imposible. Aun así, es imprescindible que sea viable afrontar el gran dilema del siglo XXI.

Todos deberíamos acomodarnos a vivir con contradicciones en esta era de cambios exponenciales y poderes desplegados. Asumir lo peor, planificar en consecuencia y darlo todo. Adherirse con tenacidad al angosto camino. Conseguir un mundo más allá de las élites que esté comprometido y haga presión. Si una cantidad suficiente de personas empieza a construir ese «nosotros» esquivo, esos destellos de esperanza se convertirán en voraces fuegos del cambio.

15

La vida después del Antropoceno

Todo estaba tranquilo. Se cerraban ventanas y contraventanas, se apagaban fuegos y velas, se comía. El bullicio y el zumbido del ajetreado día retrocedían y solo rompían el silencio el ladrido ocasional de un perro, un crujido en la maleza o el suave susurro del viento en los árboles. El mundo exhaló y se durmió.

Llegaron al amparo de esa oscuridad, para no ser reconocidos. Se contaban en docenas, e iban enmascarados, camuflados y armados; estaban furiosos. En el frescor y la quietud de la noche podría haber una oportunidad para la justicia, si tan solo pudieran contener sus impulsos.

Se arrastraron sin decir palabra hacia el enorme edificio de las afueras de la ciudad. La construcción, una presencia cuadrada, segura e imponente en la penumbra, albergaba nuevas tecnologías caras y controvertidas, máquinas que ellos consideraban el enemigo. Si los descubrían, los intrusos lo perderían todo, es posible que incluso la vida. Si embargo, habían hecho un juramento. Era el momento. No había vuelta atrás. Las máquinas, los jefes, no podían ganar.

Fuera se detuvieron, y luego atacaron. Golpearon la puerta cerrada y acabaron derribándola y entrando en tropel. Se pusieron a destrozar las máquinas con martillos y garrotes. El ruido de metal contra metal reverberaba. A medida que los escombros se esparcían por el suelo, empezaron a sonar las alarmas. Las persianas se abrieron de golpe y las linternas de los vigilantes se encendieron a toda prisa. Los saboteadores —luditas— corrieron hacia la salida y se fundieron en la tenue luz de la luna. La quietud no iba a volver.

A principios del siglo xix, Gran Bretaña estaba inmersa en una ola anterior. Las tecnologías basadas en el vapor y la automatización mecánica estaban destrozando las reglas de la producción, del trabajo, del valor, de la riqueza, de las capacidades y del poder. Lo que se conoce como la Primera Revolución Industrial se hallaba en pleno apogeo, e iba cambiando molino a molino el país y el mundo. En 1785, el inventor Edmund Cartwright presentó el telar mecánico, que supuso un nuevo medio mecanizado de tejer. Al principio no tuvo éxito, pero pronto nuevas iteraciones revolucionaron la fabricación textil.

No todo el mundo estaba contento. Un solo niño podía manejar el telar mecánico, que producía tanta tela como tres tejedores tradicionales y medio. La mecanización significó que los salarios de los tejedores se redujeron a más de la mitad en los cuarenta y cinco años posteriores a 1770, incluso cuando el precio de los alimentos básicos se disparó. En el nuevo mundo, los hombres perdieron frente a las mujeres y los niños. El trabajo textil, desde el tejido hasta el teñido, siempre había sido agotador, pero en las fábricas era ruidoso, reglamentado, peligroso y opresivo. A los niños que no rendían se les colgaba del techo o se les obligaba a llevar peso encima. Las muertes eran frecuentes; las horas, un martirio. Para los que estaban en primera línea y pagaban los costes humanos de la industrialización, no se trataba de una nueva y valiente tecnoutopía: era un mundo de molinos diabólicos, servidumbre y desprecios.

Los tejedores y trabajadores textiles tradicionales sentían que las nuevas máquinas y el capital que las respaldaba les estaban quitando sus puestos de trabajo, hundían sus salarios, les robaban la dignidad y acababan con un rico modo de vida. La maquinaria que ahorraba mano de obra era estupenda para los propietarios de las fábricas, pero para los trabajadores altamente cualificados y bien pagados que hasta entonces habían dominado el sector textil, era un desastre.

Inspirados por una figura mítica llamada Ned Ludd, los tejedores de las Midlands inglesas se enfadaron y se organizaron. Se negaban a conformarse con ese panorama, a aceptar que la proliferación fuera la norma y la ola de tecnología que irrumpía a su alrededor fuera una inevitabilidad económica. Así pues, decidieron contraatacar.

En 1807, seis mil tejedores se manifestaron por los recortes salariales, protesta que fue disuelta por dragones armados con sables que mataron a un manifestante. A partir de ese momento, comenzó a formarse una campaña más violenta. En 1811, los saboteadores recibieron un nombre después de que al propietario de un molino de Nottingham le llegaran una serie de cartas del «general Ludd y el Ejército de Rectificadores». Al no recibir respuesta, el 11 de marzo los tejedores que habían perdido su empleo asaltaron los molinos locales y destruyeron sesenta y tres máquinas, lo que intensificó la campaña.

En los meses de incursiones clandestinas que siguieron, se destrozaron cientos de telares. El «ejército de Ned Ludd» volvió a la carga. Todo lo que querían era un salario justo y dignidad. Sus reivindicaciones eran a menudo menores, como aumentos salariales modestos, la introducción escalonada de nueva maquinaria o algún tipo de mecanismo de participación en los beneficios. No parecía mucho pedir.

Las protestas luditas empezaron a amainar, aplastadas por un conjunto draconiano de leyes y contramilicias. En esa época, Inglaterra solo contaba con unos pocos miles de telares automáticos, pero en 1850 había un cuarto de millón. La batalla se había perdido, la tecnología se había difundido, la antigua vida de los tejedores había quedado destruida y el mundo había cambiado. Para los que salen perdiendo, así es como se ve una ola tecnológica incontenida.

Y sin embargo…

A largo plazo, las mismas tecnologías industriales que causaron tanto dolor dieron lugar a una mejora extraordinaria del nivel de vida. Décadas, siglos después, los descendientes de aquellos tejedores vivían en condiciones que los luditas apenas habrían imaginado, habituados a ese mundo precario que damos por sentado. La inmensa mayoría de ellos volvían a casas caldeadas en invierno y tenían la nevera llena de alimentos exóticos. Cuando enfermaban, recibían asistencia sanitaria milagrosa. Vivían mucho más tiempo.

Del mismo modo que nosotros hoy, los luditas estaban en un aprieto. Su dolor y sus trastornos eran reales, pero también lo eran las mejoras en el nivel de vida que beneficiaron a sus hijos y nietos, y de las que hoy disfrutamos sin pensarlo tú y yo. Por aquel entonces, los luditas no supieron contener la tecnología, pero la humanidad se adaptó de todos modos. Hoy, el reto está claro. Debemos reclamar los beneficios de la ola sin dejar que los perjuicios que conlleva nos abrumen. Los luditas perdieron su campaña, y creo que es probable que los que hoy quieren detener la tecnología, una vez más, no tengan éxito.

Entonces, la única vía es hacerlo bien, a la primera. Asegurarse de que la adaptación a la tecnología no se imponga a la gente sin más, como ocurrió en la Revolución Industrial, sino garantizar que la tecnología se ajuste, desde el principio, a las personas, a sus vidas y esperanzas. Las tecnologías adaptadas son tecnologías contenidas. La tarea más urgente no es navegar o detener en vano la ola, sino moldearla.

La ola que viene va a cambiar el mundo. En última instancia, puede que los seres humanos ya no seamos los principales impulsores planetarios, como nos hemos acostumbrado a ser. Vamos a vivir en una época en la que la mayoría de nuestras interacciones diarias no serán con otras personas, sino con sistemas de inteligencia artificial. Esto puede sonar intrigante, horroroso o absurdo, pero es una realidad. Supongo que ya pasas una parte considerable de tus horas de vigilia frente a una pantalla. De hecho, puede que pases más tiempo mirando las pantallas colectivas de tu vida que a cualquier ser humano, cónyuges e hijos incluidos.

Por tanto, no es difícil suponer que pasaremos tiempo hablando y relacionándonos con estas nuevas máquinas. El tipo y la naturaleza de las inteligencias artificiales y biológicas con las que nos encontremos e interactuemos serán radicalmente distintos a los actuales. Serán ellas las que hagan el trabajo por nosotros; buscarán información, montarán presentaciones, escribirán ese programa, encargarán nuestras compras y los regalos de Navidad de cada año, nos aconsejarán sobre la mejor manera de abordar un problema o, quizá, tan solo charlaremos y jugaremos con ellas.

Serán nuestras inteligencias personales, nuestros compañeros y ayudantes, confidentes y colegas, jefes de personal, asistentes y traductores. Organizarán nuestra vida y nos escucharán cuando confesemos nuestros deseos más ardientes y miedos más oscuros. Dirigirán nuestros negocios, nos tratarán las dolencias y librarán nuestras batallas. A lo largo de un día normal surgirán muchos tipos, capacidades y formas de personalidad diferentes. Nuestros mundos mentales y conversacionales incluirán inextricablemente esta nueva y extraña colección de inteligencias. La cultura, la política, la economía; la amistad, el juego, el amor: todo evolucionará a la par.

El mundo del mañana será un lugar donde las fábricas produzcan a nivel local, casi como las granjas de épocas anteriores. Los drones y los robots serán omnipresentes. El genoma humano será algo elástico y, por ende, también lo será la idea misma de lo humano. La esperanza de vida será mucho mayor que la nuestra, y muchos desaparecerán casi por completo en mundos virtuales. Lo que antes parecía un contrato social establecido se deformará y cederá. Aprender a vivir y prosperar en este mundo formará parte de la vida de todos en el siglo XXI.

La reacción ludita es natural, esperable. Pero, como siempre, será inútil. Años atrás, sin embargo, los tecnólogos no pensaban en adaptar su tecnología a fines humanos, del mismo modo que Carl Benz y los primeros barones del petróleo no pensaban en la atmósfera de la Tierra. En lugar de eso, se creaba tecnología, el capital la financiaba y todos los demás se subían al carro, fueran cuales fueran las consecuencias a largo plazo.

Esta vez, la contención debe reescribir esa historia. Puede que todavía no exista un «nosotros» global, pero hay un grupo de personas que están creando esa tecnología ahora mismo. Cargamos con el enorme peso de la responsabilidad de garantizar que la adaptación no vaya en una sola dirección. Que, a diferencia de los telares automáticos, a diferencia del clima, la ola que viene se ajuste a las necesidades humanas y se construya en torno a las preocupaciones humanas. La ola que viene no debe crearse para servir a intereses distantes, siguiendo un plan de lógica tecnológica ciega… o algo peor.

Demasiadas visiones del futuro empiezan con lo que la tecnología puede o podría hacer y parten de ahí, pero es una base del todo equivocada. Los tecnólogos deberían centrarse no solo en las minucias del diseño, sino en ayudar a imaginar y hacer realidad un futuro más rico, social y humano en el sentido más amplio, un complejo tapiz del que la tecnología es solo una hebra. No cabe duda de que es fundamental para el desarrollo del futuro, pero la tecnología no es la clave de lo que está por venir o lo que realmente está en juego. Somos nosotros.

La tecnología debería amplificar lo mejor de cada uno, abrir nuevas vías para la creatividad y la cooperación, trabajar con la aportación humana de nuestra vida y de las relaciones más preciadas.[1] Debería hacernos más felices y más sanos, y ser el complemento definitivo del esfuerzo humano y de la vida bien vivida. Con todo, siempre en nuestros términos, decidida mediante democracia, debatida en público y con beneficios ampliamente distribuidos. En medio de las turbulencias, no deberíamos perder esto de vista; debería ser una visión que hasta el más exaltado de los luditas pudiera aceptar.

Sin embargo, antes de llegar ahí, antes de que podamos hacer realidad el ilimitado potencial de las tecnologías que vienen, la ola y el dilema central que plantea necesitan contención, necesitan un control intensificado, sin precedentes y demasiado humano de toda la tecnosfera. Requerirá una determinación épica durante décadas en todo el espectro del empeño humano. Se trata de un reto monumental cuyo resultado determinará, sin exagerar, la calidad y la naturaleza de la vida cotidiana en este siglo y más allá.

Apenas cabe pensar en los riesgos del fracaso, pero debemos afrontarlos. El premio, sin embargo, es impresionante: nada menos que la prosperidad segura y a largo plazo de nuestra preciada especie.

Es una meta por la que merece la pena luchar.

Agradecimientos

Los libros también son una de las tecnologías más transformadoras de la historia y, como tales, son por naturaleza un trabajo en equipo. Este no es una excepción. Para empezar, ha sido una colaboración épica entre autores que ha durado más de veinte años de amistad y de debate constante.

Crown ha prestado un apoyo increíble a este proyecto desde una fase muy temprana. David Drake ha sido una presencia sabia y enérgica que ha guiado el libro con una brillante visión editorial. Hemos tenido la inmensa suerte de contar con Paul Whitlatch como editor, que una y otra vez ha añadido innumerables mejoras con una paciencia y una perspicacia extraordinarias. Gracias también a Madison Jacobs, Katie Berry y Chris Brand. Stuart Williams, de Bodley Head en Londres, ha sido otra voz editorial inteligente y un apoyo incondicional, y también hemos tenido el privilegio de contar con dos fantásticas agentes, Tina Bennett y Sophie Lambert. Desde el principio del proyecto, Celia Pannetier ha trabajado como nuestra inestimable investigadora y ha sido una parte vital de la recopilación de casos y evidencias, y Sean Lavery, por su parte, se ha encargado de comprobar los hechos de todo el libro.

Un gran número de personas han contribuido a esta obra a lo largo de muchos años. Se han reunido para mantener conversaciones detalladas, leer capítulos, rebatir argumentos, generar ideas y corregir errores. Muchas llamadas, seminarios, entrevistas, modificaciones y sugerencias han ayudado a crear este libro. Cada una de estas personas ha dedicado tiempo y atención a hablar, compartir conocimientos, debatir y enseñarnos. Asimismo, debemos un agradecimiento especial a las muchas personas que leyeron todo el borrador y lo comentaron en detalle: su generosidad y extraordinario nivel de perspicacia fueron de un valor por completo inestimable para llegar al manuscrito final.

Muchísimas gracias a Gregory Allen, Graham Allison (y al profesorado y personal del Belfer Center de Harvard en general), Sahar Amer, Anne Applebaum, Julian Baker, Samantha Barber, Gabriella Blum, Nick Bostrom, Ian Bremmer, Erik Brynjolfsson, Ben Buchanan, Sarah Carter, Rewon Child, George Church, Richard Danzig, Jennifer Doudna, Alexandra Eitel, Maria Eitel, Henry Elkus, Kevin Esvelt, Jeremy Fleming, Jack Goldsmith, Al Gore, Tristan Harris, Zaid Hassan, Jordan Hoffman, Joi Ito, Ayana Elizabeth Johnson, Danny Kahneman, Angela Kane, Melanie Katzman, Henry Kissinger, Kevin Klyman, Heinrich Küttler, Eric Lander, Sean Legassick, Aitor Lewkowycz, Leon Marshall, Jason Matheny, Andrew McAfee, Greg McKelvey, Dimitri Mehlhorn, David Miliband, Martha Minow, Geoff Mulgan, Aza Raskin, Tobias Rees, Jeffrey Sachs, Eric Schmidt, Bruce Schneier, Marilyn Thompson, Mayo Thompson, Thomas Viney, Maria Vogeleauer, Mark Walport, Morwenna White, Scott Young y Jonathan Zittrain.

Agradezco a mis cofundadores de Inflection, Reid Hoffman y Karén Simonyan, que sean unos colaboradores maravillosos. Y a mis cofundadores de DeepMind, Demis Hassabis y Shane Legg, su colaboración durante una década extraordinaria. Michael quiere dar las gracias a sus cofundadores en Canelo, Iain Millar y Nick Barreto, por su apoyo constante, pero sobre todo a su maravillosa esposa, Dani, y a sus hijos, Monty y Dougie.

Notas

La bibliografía de los libros consultados está disponible en el sitio web <the-coming-wave.com/bibliography>.

1. La contención no es viable

1. Por ejemplo, el sintetizador de ADN y ARN de la empresa Kilobaser, que se vende a partir de veinticinco mil dólares. Véase su sitio web: <kilobaser.com/dna-and-rna-synthesizer>.

Primera parte
Homo tecnologicus

2. La proliferación infinita

1. TÜV Nord Group, «A Brief History of the Internal Combustion Engine», abril de 2019, <https://www.tuev-nord.de/explore/en/remembers/a-brief-history-of-the-internal-combustion-engine>.

2. Burton W. Folsom, «Henry Ford and the Triumph of the Auto Industry», Foundation for Economic Education (enero de 1998), <https://fee.org/articles/henry-ford-and-the-triumph-of-the-auto-industry>.

3. «Share of United States Households Using Specific Technologies, 1915 to 2005», Our World in Data, <https://ourworldindata.org/grapher/technology-adoption-by-households-in-the-united-states?country=~Automobile>.

4. «How Many Cars Are There in the World in 2023?», Hedges & Company, junio de 2021, <https://hedgescompany.com/blog/2021/06/

how-many-cars-are-there-in-the-world>; *Industr*, «Internal Combustion Engine—The Road Ahead» (enero de 2019), <https://www.industr.com/en/internal-combustion-engine-the-road-ahead-2357709#>.

5. Existe un ingente debate académico sobre cómo definir la tecnología con precisión. En este libro nos decantamos por una definición cotidiana y de sentido común: la aplicación del conocimiento científico (en el sentido más amplio posible) para producir herramientas o resultados prácticos. Sin embargo, también reconocemos toda la complejidad polifacética del término. La tecnología se remonta a las culturas y las prácticas. No son solo los transistores, las pantallas y los teclados; es el conocimiento explícito y tácito de los programadores, las vidas sociales y las sociedades que las sustentan.

6. Los estudiosos de la tecnología hacen distinciones entre difusión y proliferación que, en su mayor parte, se eluden aquí. Nos referimos a ellas más en su sentido coloquial que formal.

7. Esto también funciona en la otra dirección: la tecnología produce nuevas herramientas y conocimientos que estimulan la ciencia, como cuando la máquina de vapor ayudó a clarificar la necesidad de la ciencia de la termodinámica, o cómo el sofisticado trabajo del vidrio creó los telescopios que transformaron nuestra comprensión del espacio.

8. Robert Ayres, «Technological Transformations and Long Waves. Part I», *Technological Forecasting and Social Change*, 37, n.º 1 (marzo de 2019), pp. 1-37, <https://www.sciencedirect.com/science/article/abs/pii/0040162590900573>.

9. Esta expresión es sorprendentemente nueva para algo que se ha vuelto tan central en la comprensión de la tecnología, y se remonta a un artículo de economía de principios de la década de 1990. Véase Timothy F. Bresnahan y Manuel Trajtenberg, «General Purpose Technologies "Engines of Growth?"», NBER (agosto de 1995), <https://www.nber.org/papers/w4148>.

10. Richard Wrangham, *Catching fire: How Cooking Made Us Human*, Londres, Profile Books, 2010. [Hay trad. cast.: *En llamas. Cómo la cocina nos hizo humanos*, Madrid, Capitán Swing, 2019].

11. Extraído de Richard Lipsey, Kenneth Carlaw y Clifford Bekar, *Economic Transformations: General Purpose Technologies and Long-Term Economic Growth*, Oxford, Oxford University Press, 2005.

12. Técnicamente el lenguaje podría considerarse de nuevo como una prototecnología de uso general o fundacional.

13. Lipsey, Carlaw y Bekar, *Economic Transformations*, *op. cit.*

14. Para un relato contundente de cómo funcionó este proceso, véase Oded Galor, *The Journey of Humanity: The Origins of Wealth and Inequality*, Londres, Bodley Head, 2022. [Hay trad. cast.: *El viaje de la humanidad. El big bang de las civilizaciones: el misterio del crecimiento y la desigualdad*, Barcelona, Destino, 2022].

15. Michael Muthukrishna y Joseph Henrich, «Innovation in the Collective Brain», *Philosophical Transactions of the Royal Society B*, 371, n.° 1690 (2016), <royalsocietypublishing.org/doi/10.1098/rstb.2015.0192>.

16. Galor, *The Journey of Humanity*, *op. cit.*, p. 46.

17. Muthukrishna y Henrich, «Innovation in the Collective Brain», *op. cit.*

18. Lipsey, Carlaw y Bekar, *Economic Transformations*, *op. cit.*

19. El resto llegaron entre 1000 a. C. y 1700.

20. Alvin Toffler, *The Third Wave*, Nueva York, Bantam, 1984. [Hay trad. cast.: *La tercera ola*, Barcelona, Plaza y Janés, 1994]. Véase también el trabajo de Nikolái Kondrátiev sobre las ondas de ciclos largos.

21. Lewis Mumford, *Technics and Civilization*, Chicago, University of Chicago Press, 1934. [Hay trad. cast.: *Técnica y civilización*, Madrid, Alianza, 2006].

22. Carlota Pérez, *Technological Revolutions and Financial Capital: The Dynamics of Bubbles and Golden Ages*, Reino Unido, Edward Elgar, 2002. [Hay trad. cast.: *Revoluciones tecnológicas y capital financiero: la dinámica de las grandes burbujas financieras y las épocas de bonanza*, Buenos Aires, Siglo XXI, 2005].

23. De hecho, un primer indicio de la aceleración de la proliferación podría ser que, en comparación con la difusión milenaria de los molinos de agua, a los pocos años de su invención, el molino de viento se veía por todas partes, desde el norte de Inglaterra hasta Siria. Véase Lynn White Jr, *Medieval Technology and Social Change*, Oxford, Oxford University Press, 1962, p. 87. [Hay trad. cast.: *Tecnología medieval y cambio social*, Barcelona, Paidós, 1973].

24. Elisabeth L. Eisenstein, *The Printing Press as an Agent of Change: Communications and Cultural Transformations in Early-Modern Europe*, Cambridge, Cambridge University Press, 1979. [Hay trad. cast.: *La imprenta como agente de cambio: comunicación y transformaciones culturales en la Europa moderna temprana*, México, Fondo de Cultura Económica, 2010].

25. Eltjo Buringh y Jan Luiten Van Zanden, «Charting the "Rise of the West": Manuscripts and Printed Books in Europe, a Long-Term Perspective from the Sixth through Eighteenth Centuries», *Journal of Economic History*, 69, n.° 2 (junio de 2009), <www.cambridge.org/core/journals/journal-of-economic-history/article/abs/charting-the-rise-of-the-west-

manuscripts-and-printed-books-in-europe-a-longterm-perspective-from-the-sixth-through-eighteenth-centuries/0740F5F9030A706BB7E9FAC-CD5D975D4>.

26. Max Roser y Hannah Ritchie, «Price of Books: Productivity in Book Production», Our World in Data, <ourworldindata.org/books>.

27. Comité polaco miembro del Consejo Mundial de la Energía, «Energy Sector of the World and Poland: Beginnings, Development, Present State», Consejo Mundial de la Energía (diciembre de 2014), <www.worldenergy.org/assets/images/imported/2014/12/Energy_Sector_of_the_world_and_Poland_EN.pdf>.

28. Vaclav Smil, «Energy in the Twentieth Century: Resources, Conversions, Costs, Uses, and Consequences», *Annual Review of Energy and the Environment*, n.º 25 (2000), <www.annualreviews.org/doi/pdf/10.1146/annurev.energy.25.1.21>.

29. William D. Nordhaus, «Do Real Output and Real Wage Measures Capture Reality? The History of Lighting Suggests Not», Fundación Cowles para la investigación en economía de la Universidad de Yale, 1996, <cowles.yale.edu/sites/default/files/files/pub/d10/d1078.pdf>.

30. Galor, *The Journey of Humanity*, *op. cit.*, p. 46.

31. Si se incluyen tanto los teléfonos fijos como los móviles.

32. «Televisions Inflation Calculator», Official Data Foundation, <www.in2013dollars.com/Televisions/price-inflation>.

33. Anuraag Singh *et al.*, «Technological Improvement Rate Predictions for All Technologies: Use of Patent Data and an Extended Domain Description», *Research Policy*, 50, n.º 9 (noviembre de 2021), <www.sciencedirect.com/science/article/pii/S0048733321000950#>. Sin embargo, existen variaciones considerables entre los distintos conjuntos de tecnologías.

34. Por supuesto, las propuestas se remontan más, al menos hasta Babbage y Lovelace en el siglo XIX.

35. George Dyson, *Turing's Cathedral: The Origins of the Digital Universe*, Londres, Allen Lane, 2012. [Hay trad. cast.: *La catedral de Turing: los orígenes del universo digital*, Barcelona, Debate, 2015].

36. Nick Carr, «How Many Computers Does the World Need? Fewer than you think», *The Guardian* (febrero de 2008), <www.theguardian.com/technology/2008/feb/21/computing.supercomputers>.

37. James Meigs, «Inside the Future: How PopMech Predicted the Next 110 Years», *Popular Mechanics* (diciembre de 2012), <www.popu

larmechanics.com/technology/a8562/inside-the-future-how-popmech-predicted-the-next-110-years-14831802/#>.

38. Véase, por ejemplo, Darrin Qualman, «Unimaginable Output: Global Production of Transistors», *Darrin Qualman Blog* (abril de 2017), <www.darrinqualman.com/global-production-transistors/>; Azeem Azhar, *Exponential: How Accelerating Technology Is Leaving Us Behind and What to Do About It*, Londres, Random House Business, 2021, p. 21; y Vaclav Smil, *How the World Really Works: A Scientist's Guide to Our Past, Present and Future*, Londres, Viking, 2022, p. 128. [Hay trad. cast.: *Cómo funciona el mundo. Una guía científica de nuestro pasado, presente y futuro*, Barcelona, Debate, 2023].

39. John B. Smith, «Internet Chronology», <www.cs.unc.edu/~jbs/resources/Internet/internet_chron.html>.

40. Mohammad Hasan, «State of IoT 2022: Number of Connected IoT Devices Growing 18% to 14.4 Billion Globally», IoT Analytics (mayo de 2022), <iot-analytics.com/number-connected-iot-devices/>; Steffen Schenkluhn, «Market Size and Connected Devices: Where's the Future of IoT?», *Bosch ConnectedWorld Blog*, <blog.bosch-si.com/internetofthings/market-size-and-connected-devices-wheres-the-future-of-iot>. Sin embargo, el Informe sobre Movilidad de Ericsson estima que haya hasta veintinueve mil millones: «Ericsson Mobility Report, November 2022», Ericsson, noviembre 2022, <https://www.ericsson.com/4ae28d/assets/local/reports-papers/mobility-report/documents/2022/ericsson-mobility-report-november-2022.pdf>.

41. Azar, *Exponential*, *op. cit.*, p. 219.

42. *Ibid.*, p. 228.

3. El problema de la contención

1. Robert K. Merton, *On Social Structure and Science*, Chicago, University of Chicago Press, 1996. El autor propone el estudio clásico, pero véase también Ulrich Beck, *Risk Society: Toward a New Modernity*, Londres, SAGE, 1992, para cómo la sociedad se ha visto dominada por la gestión de los riesgos que ella misma ha creado. [Hay trad. cast.: *La sociedad del riesgo. Hacia una nueva modernidad*, Barcelona, Paidós, 2006]. Véase también Edward Tenner, *Why Things Bite Back: Technology and the Revenge of Unintended Consequences*, Nueva York, Vintage, 1997, y Charles Perrow, *Normal Accidents: Living with High-Risk Technologies*, Princeton, Princeton University Press, 1984. [Hay

trad. cast.: *Accidentes normales: convivir con las tecnologías de alto riesgo*, Madrid, Modus Laborandi, 2009].

2. George F. Kennan, «The Sources of Soviet Conduct», *Foreign Affairs* (julio de 1947), <www.cvce.eu/content/publication/1999/1/1/a0f03 730-dde8-4f06-a6ed-d740770dc423/publishable_en.pdf>.

3. Esta explicación está tomada de Anton Howes, «Age of Invention: Did the Ottomans Ban Print?», *Age of Invention* (mayo de 2021), <anton-howes.substack.com/p/age-of-invention-did-the-ottomans>.

4. Ejemplos recogidos de Joel Mokyr, *The Lever of Riches: Technological Creativity and Economic Progress*, Oxford, Oxford University Press, 1990. [Hay trad. cast.: *La palanca de la riqueza*, Madrid, Alianza, 1993].

5. Harold Marcuse, «Ch'ien Lung (Qianlong) Letter to George III (1792)», Departamento de Historia de la Universidad de California, Santa Bárbara, <marcuse.faculty.history.ucsb.edu/classes/2c/texts/1792Qianlon-gLetterGeorgeIII.htm>.

6. Para más información sobre este proceso, véase, por ejemplo, Joseph A. Tainter, *The Collapse of Complex Societies*, Cambridge, Cambridge University Press, 1988, o Jared Diamond, *Collapse: How Societies Choose to Fail or Survive*, Londres, Penguin, 2005. [Hay trad. cast.: *Colapso. Por qué unas sociedades perduran y otras desaparecen*, Barcelona, Debate, 2006].

7. Waldemar Kaempffert, «Rutherford Cools Atomic Energy Hope», *The New York Times* (septiembre de 1933), <timesmachine.nytimes.com/timesmachine/1933/09/12/99846601.html>.

8. Alex Wellerstein, «Counting the Dead at Hiroshima and Nagasaki», *Bulletin of the Atomic Scientists* (agosto de 2020), <thebulletin.org/2020/08/counting-the-dead-at-hiroshima-and-nagasaki>.

9. Véase David Lilienthal *et al.*, «A Report on the International Control of Atomic Energy» (marzo de 1946), <fissilematerials.org/library/ach46.pdf>.

10. «Partial Test Ban Treaty», Nuclear Threat Initiative (febrero de 2008), <www.nti.org/education-center/treaties-and-regimes/treaty-ban ning-nuclear-test-atmosphere-outer-space-and-under-water-partial-test-ban-treaty-ptbt/>.

11. «Timeline of the Nuclear Nonproliferation Treaty (NPT)», Arms Control Association (agosto de 2022), <www.armscontrol.org/factsheets/Timeline-of-the-Treaty-on-the-Non-Proliferation-of-Nuclear-Weapons-NPT>.

12. Liam Stack, «Update Complete: U.S. Nuclear Weapons No Longer

Need Floppy Disks», *The New York Times* (octubre de 2019), <www.ny-times.com/2019/10/24/us/nuclear-weapons-floppy-disks.html>.

13. Las explicaciones aquí recogidas proceden en gran medida de Eric Schlosser, *Comand and Control*, Londres, Penguin, 2014, y John Hughes-Wilson, *Eve of Destruction: The Inside Story of Our Dangerous Nuclear World*, Londres, John Blake, 2021.

14. William Burr, «False Warnings of Soviet Missile Attacks Put U.S. Forces on Alert in 1979-1980», National Security Archive (marzo de 2020), <nsarchive.gwu.edu/briefing-book/nuclear-vault/2020-03-16/false-warnings-soviet-missile-attacks-during-1979-80-led-alert-actions-us-stra tegic-forces>.

15. Paul K. Kerr, «Iran-North Korea-Syria Ballistic Missile and Nuclear Cooperation», Congressional Research Service (febrero de 2016), <sgp.fas.org/crs/nuke/R43480.pdf>.

16. Graham Allison, «Nuclear Terrorism: Did we Beat the Odds or Change Them?», *PRISM* (mayo de 2018), <cco.ndu.edu/News/Article/1507316/nuclear-terrorism-did-we-beat-the-odds-or-change-them>.

17. José Goldemberg, «Looking Back: Lessons From the Denuclearization of Brazil and Argentina», Arms Control Association (abril de 2006), <www.armscontrol.org/act/2006-04/looking-back-lessons-denucleariza tion-brazil-argentina>.

18. Richard Stone, «Dirty Bomb Ingredients Go Missing from Chornobyl Monitoring Lab», *Science* (marzo de 2022), <www.science.org/content/article/dirty-bomb-ingredients-go-missing-chornobyl-monitor ing-lab>.

19. Patrick Malone *et al.*, «Plutonium Is Missing, but the Government Says Nothing», Center for Public Integrity (julio de 2018), <publi cinteg rity.org/national-security/plutonium-is-missing-but-the-government-says-nothing>.

20. Zaria Gorvett, «The Lost Nuclear Bombs That No One Can Find», *BBC Future* (agosto de 2022), <www.bbc.com/future/article/20220804-the-lost-nuclear-bombs-that-no-one-can-find>.

21. «Timeline of Syrian Chemical Weapons Activity», Arms Control Association (mayo de 2021), <www.armscontrol.org/factsheets/Timeline-of-Syrian-Chemical-Weapons-Activity>.

22. Paul J. Young, «The Montreal Protocol Protects the Terrestrial Carbon Sink», *Nature* (agosto de 2021), <www.nature.com/articles/s41586-021-03737-3.epdf>.

SEGUNDA PARTE
La próxima ola

4. LA TECNOLOGÍA DE LA INTELIGENCIA

1. Natalie Wolchover, «How Many Different Ways Can a Chess Game Unfold?», *Popular Science* (diciembre de 2010), <www.popsci.com/science/article/2010-12/fyi-how-many-different-ways-can-chess-game-unfold>.

2. «AlphaGo», DeepMind, <www.deepmind.com/research/highligh ted-research/alphago>. Algunos, sin embargo, informan de un número aún mayor; por ejemplo, *Scientific American* cita 10^{360} configuraciones. Véase Christof Koch, «How the Computer Beat the Go Master», *Scientific American* (marzo de 2016), <www.scientificamerican.com/article/how-the-computer-beat-the-go-master>.

3. W. Brian Arthur, *The Nature of Technology: What It Is and How It Evolves*, Londres, Allen Lane, 2009, p. 31.

4. Everett M. Rogers, *Diffusion of Innovations*, Nueva York, Free Press, 1962, o véanse los escritos sobre las revoluciones industriales de expertos como Joel Mokyr.

5. Raymond Kurzweil, *How to Create a Mind: The Secret of Human Thought Revealed*, Nueva York, Viking Penguin, 2012. [Hay trad. cast.: *Cómo crear una mente. El secreto del pensamiento humano*, Berlín, Lola Books, 2015].

6. Véase, por ejemplo, Azalia Mirhoseini *et al.*, «A Graph Placement Methodology for Fast Chip Design», *Nature* (junio de 2021), <www.nature.com/articles/s41586-021-03544-w>, y Lewis Grozinger *et al.*, «Pathways to Cellular Supremacy in Biocomputing», *Nature Communications* (noviembre de 2019), <www.nature.com/articles/s41467-019-13232-z>.

7. Alex Krizhevsky *et al.*, «ImageNet Classification with Deep Convolutional Neural Networks», Neural Information Processing Systems (septiembre de 2012), <proceedings.neurips.cc/paper/2012/file/c399862d3b9d6b76c8436e924a68c45b-Paper.pdf>.

8. Jerry Wei, «AlexNet: The Architecture that Challenged CNNs», *Towards Data Science* (julio de 2019), <towardsdatascience.com/alexnet-the-architecture-that-challenged-cnns-e406d5297951>.

9. Chanan Bos, «Tesla's New HW3 Self-Driving Computer—It's a Beast», CleanTechnica (junio de 2019), <cleantechnica.com/2019/06/15/teslas-new-hw3-self-driving-computer-its-a-beast-cleantechnica-deep-dive>.

10. Jeffrey De Fauw *et al.*, «Clinically Applicable Deep Learning for Diagnosis and Referral in Retinal Disease», *Nature Medicine* (agosto de 2018), <www.nature.com/articles/s41591-018-0107-6>.

11. «Advances in Neural Information Processing Systems», NeurIPS, <papers.nips.cc>.

12. «Research & Development», *Artificial Intelligence Index Report 2021*, Stanford University Human-Centered Artificial Intelligence (marzo 2021), <aiindex.stanford.edu/wp-content/uploads/2021/03/2021-AI-In dex-Report-_Chapter-1.pdf>.

13. Parafraseando a Marc Andreessen.

14. «DeepMind AI Reduces Google Data Centre Cooling Bill by 40%», DeepMind (julio de 2016), <www.deepmind.com/blog/deepmind-ai-reduces-google-data-centre-cooling-bill-by-40>.

15. «Better Language Models and Their Implications», OpenAI (febrero de 2019), <openai.com/blog/better-language-models/>.

16. Para una comparación detallada, véase Martin Ford, *Rule of the Robots: How Artificial Intelligence Will Transform Everything*, Londres, Basic Books, 2021.

17. Amy Watson, «Average Reading Time in the U.S. 2018-2021, by Age Group», Statista (agosto de 2022), <www.statista.com/statistics/412454/average-daily-time-reading-us-by-age>.

18. Microsoft y NVIDIA construyeron un modelo de transformador con 530.000 millones de parámetros, el modelo Megatron-Turing Natural Language Generation (MT-NLG), que era treinta y una veces mayor que sus propios modelos de transformador más potentes de apenas un año antes. Luego llegó Wu Dao, de la Academia de Inteligencia Artificial de Pekín, que supuestamente tenía 1,75 billones de parámetros, diez veces más que GPT-3. Véase, por ejemplo, Tanushree Shenwai, «Microsoft and NVIDIA AI Introduces MT-NLG: The Largest and Most Powerful Monolithic Transformer Language NLP Model», *MarketTech Post* (octubre de 2021), <www.marktechpost.com/2021/10/13/microsoft-and-nvidia-ai-introduces-mt-nlg-the-largest-and-most-powerful-monolithic-transformer-language-nlp-model>.

19. «Alibaba DAMO Academy Creates World›s Largest AI Pre-training Model, with Parameters Far Exceeding Google and Microsoft», *Pandaily* (noviembre de 2021), <pandaily.com/alibaba-damo-academy-creates-worlds-largest-ai-pre-training-model-with-parameters-far-exceeding-google-and-microsoft>.

20. Una fantástica imagen de Alyssa Vance, suponiendo que cada «gota» constituye 0,5 mililitros: <mobile.twitter.com/alyssamvance/status/1542682154483589127>.

21. William Fedus *et al.*, «Switch Transformers: Scaling to Trillion Parameter Models with Simple and Efficient Sparsity», *Journal of Machine Learning Research* (junio de 2022), <arxiv.org/abs/2101.03961>.

22. Alberto Romero, «A New AI Trend: Chinchilla (70B) Greatly Outperforms GPT-3 (175B) and Gopher (280B)», *Towards Data Science* (abril de 2022), <towardsdatascience.com/a-new-ai-trend-chinchilla-70b-greatly-outperforms-gpt-3-175b-and-gopher-280b-408b9b4510>.

23. Para más detalles, véase <github.com/karpathy/nanoGPT>.

24. Susan Zhang *et al.*, «Democratizing Access to Large-Scale Language Models with OPT-175B», Meta AI (mayo de 2022), <ai.facebook.com/blog/democratizing-access-to-large-scale-language-models-with-opt-175b>.

25. Véase, por ejemplo, <twitter.com/miolini/status/1634982361757790209>.

26. Eirini Kalliamvakou, «Research: Quantifying GitHub Copilot's Impact on Developer Productivity and Happiness», GitHub (septiembre de 2022), <github.blog/2022-09-07-research-quantifying-github-copilots-impact-on-developer-productivity-and-happiness>.

27. Matt Welsh, «The End of Programming», *Communications of the ACM* (enero de 2023), <cacm.acm.org/magazines/2023/1/267976-the-end-of-programming/fulltext>.

28. Emily Sheng *et al.*, «The Woman Worked as a Babysitter: On Biases in Language Generation», arXiv (octubre de 2019), <arxiv.org/pdf/1909.01326.pdf>.

29. Nitasha Tiku, «The Google Engineer Who Thinks the Company's AI Has Come to Life», *The Washington Post* (junio de 2022), <www.washingtonpost.com/technology/2022/06/11/google-ai-lamda-blake-lemoine>.

30. Steven Levy, «Blake Lemoine Says Google's LaMDA AI Faces "Bigotry"», *Wired* (junio de 2022), <www.wired.com/story/blake-lemoine-google-lamda-ai-bigotry>.

31. Citado en Moshe Y. Vardi, «Artificial Intelligence: Past and Future», *Communications of the ACM* (enero de 2012), <cacm.acm.org/magazines/2012/1/144824-artificial-intelligence-past-and-future/fulltext>.

32. Joel Klinger *et al.*, «A narrowing of AI research?», *Computers and Society* (enero de 2022), <arxiv.org/abs/2009.10385>.

33. Gary Marcus, «Deep Learning Is Hitting a Wall», *Nautilus* (marzo de 2022), <nautil.us/deep-learning-is-hitting-a-wall-14467>.

34. Véase Melanie Mitchell, *Artificial Intelligence: A Guide for Thinking Humans*, Londres, Pelican Books, 2020, y Steven Strogatz, «Melanie Mitchell Takes AI Research Back to Its Roots», *Quanta Magazine* (abril de 2021), <www.quantamagazine.org/melanie-mitchell-takes-ai-research-back-to-its-roots-20210419>.

35. El Alignment Researh Center ya ha probado GPT-4 precisamente para este tipo de capacidad. La investigación constató que GPT-4 era, por el momento, «ineficaz» a la hora de actuar de forma autónoma. «GPT-4 System Card», Open AI (marzo de 2023), <cdn.openai.com/papers/gpt-4-system-card.pdf>. Pocos días después del lanzamiento, la gente se acercaba de una forma asombrosa; véase, por ejemplo, <mobile.twitter.com/jacksonfall/status/1636107218859745286>. Sin embargo, la versión de la prueba requiere mucha más autonomía de la que se muestra allí.

5. La tecnología de la vida

1. Susan Hockfield, *The Age of Living Machines: How Biology Will Build the Next Technology Revolution*, Nueva York, W. W. Norton, 2019.

2. Stanley N. Cohen *et al.*, «Construction of Biologically Functional Bacterial Plasmids In Vitro», *PNAS* (noviembre de 1973), <www.pnas.org/doi/abs/10.1073/pnas.70.11.3240>.

3. «Human Genome Project», National Human Genome Research Institute (agosto de 2022), <www.genome.gov/about-genomics/educational-resources/fact-sheets/human-genome-project>.

4. «Life 2.0», *The Economist* (agosto de 2006), <https://www.economist.com/special-report/2006/08/31/life-20>.

5. Véase «The Cost of Sequencing a Human Genome», National Human Genome Research Institute (noviembre de 2021), <www.genome.gov/about-genomics/fact-sheets/Sequencing-Human-Genome-cost>; y Elizabeth Pennisi, «A $100 Genome? New DNA Sequencers Could Be a "Game Changer" for Biology, Medicine», *Science* (junio de 2022), <www.science.org/content/article/100-genome-new-dna-sequencers-could-be-game-changer-biology-medicine>.

6. Azhar, *Exponential, op. cit.*, p. 41.

7. Jian-Feng Li *et al.*, «Multiplex and Homologous Recombination-Me-

diated Genome Editing in *Arabidopsis* and *Nicotiana benthamiana* Using Guide RNA and Cas9», *Nature Biotechnology* (agosto de 2013), <www.nature.com/articles/nbt.2654>.

8. Sara Reardon, «Step Aside CRISPR, RNA Editing Is Taking Off», *Nature* (febrero de 2020), <www.nature.com/articles/d41586-020-00272-5>.

9. Chunyi Hu *et al.*, «Craspase Is a CRISPR RNA-Guided, RNA-Activated Protease», *Science* (agosto de 2022), <www.science.org/doi/10.1126/science.add5064>.

10. Michael Le Page, «Three People with Inherited Diseases Successfully Treated with CRISPR», *New Scientist* (junio dc 2020), <www.newscientist.com/article/2246020-three-people-with-inherited-diseases-successfully-treated-with-crispr>; Jie Li *et al.*, «Biofortified Tomatoes Provide a New Route to Vitamin D Sufficiency», *Nature Plants* (mayo de 2022), <www.nature.com/articles/s41477-022-01154-6>.

11. Mohamed Fareh, «Reprogrammed CRISPR-Cas13b Suppresses SARS-CoV-2 Replication and Circumvents Its Mutational Escape Through Mismatch Tolerance», *Nature* (julio de 2021), <www.nature.com/articles/s41467-021-24577-9>; «How CRISPR Is Changing Cancer Research and Treatment», National Cancer Institute (julio de 2020), <www.cancer.gov/news-events/cancer-currents-blog/2020/crispr-cancer-research-treatment>; Zhihao Zhang *et al.*, «Updates on CRISPR-Based Gene Editing in HIV-1/AIDS Therapy», *Virologica Sinica* (febrero de 2022), <www.sciencedirect.com/science/article/pii/S1995820X22000177>; Giulia Maule *et al.*, «Gene Therapy for Cystic Fibrosis: Progress and Challenges of Genome Editing», *International Journal of Molecular Sciences* (junio de 2020), <www.ncbi.nlm.nih.gov/pmc/articles/PMC7313467>.

12. Raj Kumar Joshi, «Engineering Drought Tolerance in Plants Through CRISPR/Cas Genome Editing», *3 Biotech* (septiembre de 2020), <www.ncbi.nlm.nih.gov/pmc/articles/PMC7438458>; Muhammad Rizwan Javed *et al.*, «Current Situation of Biofuel Production and Its Enhancement by CRISPR/Cas9-Mediated Genome Engineering of Microbial Cells», *Microbiological Research* (febrero de 2019), <https://www.sciencedirect.com/science/article/pii/S0944501318308346>.

13. Nessa Carey, *Hacking the Code of Life: How Gene Editing Will Rewrite Our Futures*, Londres, Icon Books, 2019, p. 136. [Hay trad. cast.: *Hackeando el código de la vida. Cómo la edición genética reescribirá nuestro futuro*, Barcelona, Biblioteca Buridán, 2021].

14. Véase, por ejemplo, <kilobaser.com/shop>.

15. Yiren Lu, «The Gene Synthesis Revolution», *The New York Times* (noviembre de 2021), <www.nytimes.com/2021/11/24/magazine/gene-synthesis.html>.

16. «Robotic Labs for High-Speed Genetic Research Are on the Rise», *Economist* (marzo de 2018), <www.economist.com/science-and-techno logy/2018/03/01/robotic-labs-for-high-speed-genetic-research-are-on-the-rise>.

17. Bruce Rogers, «DNA Script Set to Bring World's First DNA Printer to Market», *Forbes* (mayo de 2021), <www.forbes.com/sites/brucerogers/2021/05/17/dna-script-set-to-bring-worlds-first-dna-printer-to-market>.

18. Michael Eisenstein, «Enzymatic DNA Synthesis Enters New Phase», *Nature Biology* (octubre de 2020), <www.nature.com/articles/s41587-020-0695-9>.

19. La biología sintética utiliza no solo la síntesis de ADN, sino la creciente comprensión de cómo se pueden activar y desactivar los genes, junto con la disciplina de la ingeniería metabólica por la que es posible alentar a las células a que produzcan sustancias deseadas.

20. Drew Endy, «Endy:Research», OpenWetWare (agosto de 2017), <openwetware.org/wiki/Endy:Research>.

21. «First Self-Replicating Synthetic Bacterial Cell», JCVI, <www.jcvi.org/research/first-self-replicating-synthetic-bacterial-cell>.

22. Jonathan E. Venetz *et al.*, «Chemical Synthesis Rewriting of a Bacterial Genome to Achieve Design Flexibility and Biological Functionality», *PNAS* (abril de 2019), <www.pnas.org/doi/full/10.1073/pnas.1818259116>.

23. ETH Zurich, «First Bacterial Genome Created Entirely With a Computer», *Science Daily* (abril de 2019), <www.sciencedaily.com/releases/2019/04/190401171343.htm>. Ese año, un equipo de Cambridge también produjo un genoma de *E. coli* totalmente sintético. Julius Fredens, «Total Synthesis of *Escherichia coli* with a Recoded Genome», *Nature* (mayo de 2019), <www.nature.com/articles/s41586-019-1192-5>.

24. Véase el consorcio mundial del Proyecto del Genoma Humano Escrito, Center of Excellence for Engineering Biology, <www.engineering biologycenter.org/gp-write-consortium>.

25. José-Alain Sahel *et al.*, «Partial Recovery of Visual Function In a Blind Patient After Optogenetic Therapy», *Nature Medicine* (mayo de 2021), <www.nature.com/articles/s41591-021-01351-4>.

26. «CureHeart—a Cure for Inherited Heart Muscle Diseases», British Heart Foundation, <www.bhf.org.uk/what-we-do/our-research/cure-heart>; National Cancer Institute, «CAR T-Cell Therapy», National Institutes of Health, <www.cancer.gov/publications/dictionaries/cancer-terms/def/car-t-cell-therapy>.

27. Véase, por ejemplo, Astrid M. Vicente *et al.*, «How Personalised Medicine will Transform Healthcare by 2030: The ICPerMed Vision», *Journal of Translational Medicine* (abril de 2020), <https://translational-medicine. biomedcentral.com/articles/10.1186/s12967-020-02316-w>.

28. Antonio Regalado, «How Scientists Want to Make You Young Again», *MIT Technology Review* (octubre de 2022), <www.technologyre-view.com/2022/10/25/1061644/how-to-be-young-again>.

29. Jae-Hyun Yang *et al.*, «Loss of Epigenetic Information as a Cause of Mammalian Aging», *Cell* (enero de 2023), <www.cell.com/cell/fulltext/ S0092-8674(22)01570-7>.

30. Véase, por ejemplo, David A. Sinclair y Matthew D. LaPlante, *Lifespan: Why We Age—and Why We Don't Have To*, Nueva York, Atria Books, 2019. [Hay trad. cast.: *Alarga tu esperanza de vida. Cómo la ciencia nos ayuda a controlar, frenar y revertir el proceso de envejecimiento*, Barcelona, Grijalbo, 2020].

31. Véase, por ejemplo, la investigación de Harvard sobre la memoria: «Researchers Identify a Neural Circuit and Genetic "Switch" That Maintain Memory Precision», Harvard Stem Cell Institute (marzo de 2018), <hsci.harvard.edu/news/researchers-identify-neural-circuit-and-genetic-switch-maintain-memory-precision>.

32. John Cohen, «New Call to Ban Gene-Edited Babies Divides Biologists», *Science* (marzo de 2019), <www.science.org/content/article/ new-call-ban-gene-edited-babies-divides-biologists>.

33. S. B. Jennifer Kan *et al.*, «Directed Evolution of Cytochrome C for Carbon-Silicon Bond Formation: Bringing Silicon to Life», *Science* (noviembre de 2016), <www.science.org/doi/10.1126/science.aah6219>.

34. James Urquhart, «Reprogrammed Bacterium Turns Carbon Dioxide into Chemicals on Industrial Scale», *Chemistry World* (marzo de 2022), <www.chemistryworld.com/news/reprogrammed-bacterium-turns-carbon-dioxide-into-chemicals-on-industrial-scale/4015307.article>.

35. Elliot Hershberg, «Atoms Are Local», *Century of Bio* (noviembre de 2022), <centuryofbio.substack.com/p/atoms-are-local>.

36. «The Future of DNA Data Storage», Potomac Institute for Policy

Studies (septiembre de 2018), <potomacinstitute.org/images/studies/Future_of_DNA_Data_Storage.pdf>.

37. McKinsey Global Institute, «The Bio Revolution: Innovations Transforming Economies, Societies, and our Lives», McKinsey & Company (mayo de 2020), <www.mckinsey.com/industries/life-sciences/our-insights/the-bio-revolution-innovations-transforming-economies-societies-and-our-lives>.

38. DeepMind, «AlphaFold: A Solution to a 50-Year-Old Grand Challenge in Biology», DeepMind Research (noviembre de 2020), <www.deepmind.com/blog/alphafold-a-solution-to-a-50-year-old-grand-challenge-in-biology>.

39. Mohammed AlQuraishi, «AlphaFold @ CASP13: "What just happened"», *Some Thoughts on a Mysterious Universe* (diciembre de 2018), <moalquraishi.wordpress.com/2018/12/09/alphafold-casp13-what-just-happened>.

40. Tanya Lewis, «One of the Biggest Problems in Biology Has Finally Been Solved», *Scientific American* (octubre de 2022), <www.scientificamerican.com/article/one-of-the-biggest-problems-in-biology-has-finally-been-solved>.

41. Ewen Callaway, «What's Next for AlphaFold and the AI Protein-Folding Revolution», *Nature* (abril de 2022), <www.nature.com/articles/d41586-022-00997-5>.

42. Madhumita Murgia, «DeepMind Research Cracks Structure of Almost Every Known Protein», *Financial Times* (julio de 2022), <www.ft.com/content/6a088953-66d7-48db-b61c-79005a0a351a>; DeepMind, «AlphaFold Reveals the Structure of the Protein Universe», DeepMind Research (julio de 2022), <www.deepmind.com/blog/alphafold-reveals-the-structure-of-the-protein-universe>.

43. Kelly Servick, «In a First, Brain Implant Lets Man with Complete Paralysis Spell Out "I Love My Cool Son"», *Science* (marzo de 2022), <www.science.org/content/article/first-brain-implant-lets-man-complete-paralysis-spell-out-thoughts-i-love-my-cool-son>.

44. Brett J. Kagan *et al.*, «*In vitro* Neurons Learn and Exhibit Sentience When Embodied in a Simulated Game-World», *Neuron* (octubre de 2022), <www.cell.com/neuron/fulltext/S0896-6273(22)00806-6>.

6. LA OLA MÁS AMPLIA

1. Mitchell Clark, «Amazon Announces Its First Fully Autonomous Mobile Warehouse Robot», *Verge* (junio de 2022), <www.theverge.com/2022/6/21/23177756/amazon-warehouse-robots-proteus-autonomous-cart-delivery>.

2. Dave Lee, «Amazon Debuts New Warehouse Robot That Can Do Human Jobs», *Financial Times* (noviembre de 2022), <www.ft.com/content/c8933d73-74a4-43ff-8060-7ff9402eccf1>.

3. James Gaines, «The Past, Present and Future of Robotic Surgery», *Smithsonian Magazine* (septiembre de 2022), <www.smithsonianmag.com/innovation/the-past-present-and-future-of-robotic-surgery-180980763>.

4. «Helper Robots for a Better Everyday», Everyday Robots, <everydayrobots.com>.

5. Chelsea Gohd, «Walmart Has Patented Autonomous Robot Bees», World Economic Forum (marzo de 2018), <www.weforum.org/agenda/2018/03/autonomous-robot-bees-are-being-patented-by-walmart>.

6. *Artificial Intelligence Index Report 2021*, <aiindex.stanford.edu/report>.

7. Sara Sidner *et al.*, «How Robot, Explosives Took Out Dallas Sniper in Unprecedented Way», CNN (julio de 2016), <edition.cnn.com/2016/07/12/us/dallas-police-robot-c4-explosives/index.html>.

8. Elizabeth Gibney, «Hello Quantum World! Google Publishes Landmark Quantum Supremacy Claim», *Nature* (octubre de 2019), <www.nature.com/articles/d41586-019-03213-z>; Frank Arute *et al.*, «Quantum Supremacy Using a Programmable Superconducting Processor», *Nature* (octubre de 2019), <www.nature.com/articles/s41586-019-1666-5>.

9. Neil Savage, «Hands-On with Google's Quantum Computer», *Scientific American* (octubre de 2019), <www.scientificamerican.com/article/hands-on-with-googles-quantum-computer>.

10. Gideon Lichfield, «Inside the Race to Build the Best Quantum Computer on Earth», *MIT Technology Review* (febrero de 2022), <www.technologyreview.com/2020/02/26/916744/quantum-computer-race-ibm-google>.

11. Matthew Sparkes, «IBM Creates Largest Ever Superconducting Quantum Computer», *NewScientist* (noviembre de 2021), <www.newscientist.com/article/2297583-ibm-creates-largest-ever-superconducting-quantum-computer>.

12. En todo caso, para ciertas tareas. Charles Choi, «Quantum Leaps in Quantum Computing?», *Scientific American* (octubre de 2017), <www.scientificamerican.com/article/quantum-leaps-in-quantum-computing>.

13. Ken Washington, «Mass Navigation: How Ford is Exploring the Quantum World with Microsoft to Help Reduce Congestion», Ford Medium (diciembre de 2019), <medium.com/@ford/mass-navigation-how-ford-is-exploring-the-quantum-world-with-microsoft-to-help-reduce-congestion-a9de6db32338>.

14. Camilla Hodgson, «Solar Power Expected to Surpass Coal in 5 Years, IEA Says», *Financial Times* (diciembre de 2022), <www.ft.com/content/98cec49f-6682-4495-b7be-793bf2589c6d>.

15. «Solar PV Module Prices», Our World in Data, <ourworldindata.org/grapher/solar-pv-prices>.

16. Tom Wilson, «Nuclear Fusion: From Science Fiction to "When, Not If"», *Financial Times* (diciembre de 2022), <www.ft.com/content/65e8f125-5985-4aa8-a027-0c9769e764ad>.

17. Eli Dourado, «Nanotechnology's Spring», *Works in Progress* (octubre de 2022), <www.worksinprogress.co/issue/nanotechnologys-spring>.

7. LOS CUATRO RASGOS DE LA OLA QUE VIENE

1. Julian Borger, «The Drone Operators Who Halted Russian Convoy Headed for Kyiv», *The Guardian* (marzo de 2022), <www.theguardian.com/world/2022/mar/28/the-drone-operators-who-halted-the-russian-armoured-vehicles-heading-for-kyiv>.

2. Marcin Wyrwał, «Wojna w Ukrainie. Jak sztuczna inteligencja zabija Rosjan», *Onet* (julio de 2022), <www.onet.pl/informacje/onetwiadomosci/rozwiazali-problem-armii-ukrainy-ich-pomysl-okazal-sie-dla-rosjan-zabojczy/pkzrk0z,79cfc278>.

3. Patrick Tucker, «AI Is Already Learning from Russia's War in Ukraine, DOD Says», *Defense One* (abril de 2022), <www.defenseone.com/technology/2022/04/ai-already-learning-russias-war-ukraine-dod-says/365978>.

4. «Ukraine Support Tracker», Instituto de Kiel para la Economía Mundial (diciembre de 2022), <www.ifw-kiel.de/index.php?id=17142>.

5. Audrey Kurth Cronin, *Power to the People: How Open Technological Innovation Is Arming Tomorrow's Terrorists*, Nueva York, Oxford University Press, 2020, p. 2.

6. Scott Gilbertson, «Review: DJI Phantom 4», *Wired* (abril de 2016), <www.wired.com/2016/04/review-dji-phantom-4>.

7. Cronin, *Power to the People*, p. 320; Derek Hawkins, «A U.S. "Ally" Fired a \$3 Million Patriot Missile at a \$200 Drone. Spoiler: The Missile Won», *The Washington Post* (marzo de 2017), <www.washingtonpost.com/news/morning-mix/wp/2017/03/17/a-u-s-ally-fired-a-3-million-patriot-missile-at-a-200-drone-spoiler-the-missile-won>.

8. Azhar, *Exponential, op. cit.*, p. 249.

9. Véase, por ejemplo, Michaël Bhaskar, *Human Frontiers: The Future of Big Ideas in an Age of Small Thinking*, Cambridge, Massachusetts, MIT Press, 2021; Tyler Cowen, *The Great Stagnation: How America Ate All the Low-Hanging Fruit of Modern History, Got Sick, and Will (Eventually) Feel Better*, Nueva York, Dutton, 2011, y Robert Gordon, *The Rise and Fall of American Growth: The U.S. Standard of Living Since the Civil War*, Princeton, Princeton University Press, 2017, entre muchos otros.

10. César Hidalgo, *Why Information Grows: The Evolution of Order, from Atoms to Economies*, Londres, Allen Lane, 2015. [Hay trad. cast.: *El triunfo de la información. La evolución del orden: de los átomos a las economías*, Barcelona, Debate, 2017].

11. Neil Savage, «Machines Learn to Unearth New Materials», *Nature* (junio de 2021), <www.nature.com/articles/d41586-021-01793-3>.

12. Andrij Vasylenko *et al.*, «Element Selection for Crystalline Inorganic Solid Discovery Guided by Unsupervised Machine Learning of Experimentally Explored Chemistry», *Nature Communications* (septiembre de 2021), <www.nature.com/articles/s41467-021-25343-7>.

13. Matthew Greenwood, «Hypercar Created Using 3D Printing, AI, and Robotics», *Engineering.com* (junio de 2021), <www.engineering.com/story/hypercar-created-using-3d-printing-ai-and-robotics>.

14. Elie Dolgin, «Could Computer Models Be the Key to Better COVID Vaccines?», *Nature* (abril de 2022), <www.nature.com/articles/d41586-022-00924-8>.

15. Anna Nowogrodzki, «The Automatic-Design Tools That Are Changing Synthetic Biology», *Nature* (diciembre de 2018), <https://www.nature.com/articles/d41586-018-07662-w>.

16. Vidar, «Google's Quantum Computer is About 158 Million Times Faster Than the World's Fastest Supercomputer», *Medium* (febrero de 2021), <medium.com/predict/googles-quantum-computer-is-about-158-million-times-faster-than-the-world-s-fastest-supercomputer-36df56747f7f>.

17. Jack W. Scannell *et al.*, «Diagnosing the Decline in Pharmaceutical R&D Efficiency», *Nature Reviews Drug Discovery* (marzo de 2012), <www.nature.com/articles/nrd3681>.

18. Patrick Heuveline, «Global and National Declines in Life Expectancy: An End-of-2021 Assessment», *Population and Development Review*, 48, n.º 1 (marzo de 2022), <onlinelibrary.wiley.com/doi/10.1111/padr.12477>. Sin embargo, estos descensos se deben a mejoras significativas a largo plazo.

19. «Failed Drug Trials», Alzheimer's Research UK, <www.alzheimersresearchuk.org/blog-tag/drug-trials/failed-drug-trials>.

20. Michael S. Ringel *et al.*, «Breaking Eroom's Law», *Nature Reviews Drug Discovery* (abril de 2020), <www.nature.com/articles/d41573-020-00059-3>.

21. Jonathan M. Stokes, «A Deep Learning Approach to Antibiotic Discovery», *Cell* (febrero de 2020), <www.cell.com/cell/fulltext/S0092-8674(20)30102-1>.

22. «Exscientia and Sanofi Establish Strategic Research Collaboration to Develop AI-Driven Pipeline of Precision-Engineered Medicines», Sanofi (enero de 2022), <www.sanofi.com/en/media-room/press-releases/2022/2022-01-07-06-00-00-2362917>.

23. Nathan Benaich e Ian Hogarth, *State of AI Report 2022* (octubre de 2022), <www.stateof.ai>.

24. Fabio Urbina *et al.*, «Dual Use of Artificial-Intelligence-Powered Drug Discovery», *Nature Machine Intelligence* (marzo de 2022), <www.nature.com/articles/s42256-022-00465-9>.

25. K. Thor Jensen, «20 Years Later: How Concerns About Weaponized Consoles Almost Sunk the PS2», *PCMag* (mayo de 2020), <www.pcmag.com/news/20-years-later-how-concerns-about-weaponized-consoles-almost-sunk-the-ps2>; Associated Press, «Sony's High-Tech Playstation2 Will Require Military Export License», *Los Angeles Times* (abril de 2000), <www.latimes.com/archives/la-xpm-2000-apr-17-fi-20482-story.html>.

26. Para más información sobre la expresión «omnicanalidad», véase, por ejemplo, Cronin, *Power to the People*.

27. Scott Reed *et al.*, «A Generalist Agent», DeepMind (noviembre de 2022), <www.deepmind.com/publications/a-generalist-agent>.

28. @GPT-4 *Technical Report*, Open AI (marzo de 2023), <cdn.openai.com/papers/gpt-4.pdf>. Para uno de los primeros experimentos, véase <mobile.twitter.com/michalkosinski/status/1636683810631974912>.

29. Sébastien Bubeck *et al.*, «Sparks of Artificial General Intelligence:

Early experiments with GPT-4», arXiv (marzo de 2023), <arxiv.org/abs/2303.12712>.

30. Alhussein Fawzi *et al.*, «Discovering Novel Algorithms with AlphaTensor», DeepMind (octubre de 2022), <www.deepmind.com/blog/discovering-novel-algorithms-with-alphatensor>.

31. Stuart Russell, *Human Compatible: AI and the Problem of Control*, Londres, Allen Lane, 2019.

32. Manuel Alfonseca *et al.*, «Superintelligence Cannot Be Contained: Lessons from Computability Theory», *Journal of Artificial Intelligence Research*, n.º 70 (enero de 2021), <jair.org/index.php/jair/article/view/12202>; Jaime Sevilla *et al.*, «Response to Superintelligence Cannot Be Contained: Lessons from Computability Theory», Centre for the Study of Existential Risk (febrero de 2021), <www.cser.ac.uk/news/response-superintelligence-contained>.

8. INCENTIVOS IMPARABLES

1. Véase, por ejemplo, Cade Metz, *Genius Makers: The Mavericks Who Brought AI to Google, Facebook, and the World*, Londres, Random House Business, 2021, p. 170.

2. Google, «The Future of Go Summit: 23 May—27 May, Wuzhen, China», Google Events, <events.google.com/alphago2017>.

3. Paul Dickson, «Sputnik's Impact on America», *Nova*, PBS (noviembre de 2007), <www.pbs.org/wgbh/nova/article/sputnik-impact-on-america>.

4. Lo De Wei, «Full Text of Xi Jinping's Speech at China's Party Congress», Bloomberg (octubre de 2022), <www.bloomberg.com/news/articles/2022-10-18/full-text-of-xi-jinping-s-speech-at-china-20th-party-congress-2022>.

5. Véase, por ejemplo, Nigel Inkster, *The Great Decoupling China, America and the Struggle for Technological Supremacy*, Londres, Hurst, 2020.

6. Graham Webster *et al.*, «Full Translation: China's "New Generation Artificial Intelligence Development Plan"», DigiChina, Universidad de Stanford (agosto de 2017), <digichina.stanford.edu/work/full-translation-chinas-new-generation-artificial-intelligence-development-plan-2017>.

7. Benaich y Hogarth, *State of AI, op. cit.*; Neil Savage, «The Race to the Top Among the World's Leaders in Artificial Intelligence», *Nature Index*

(diciembre de 2020), <www.nature.com/articles/d41586-020-03409-8>; «Tsinghua University May Soon Top the World League in Science Research», *The Economist* (noviembre de 2018), <www.cconomist.com/chi na/2018/11/17/tsinghua-university-may-soon-top-the-world-league-in-science-research>.

8. Sarah O'Meara, «Will China Lead the World in AI by 2030?», *Nature* (agosto de 2019), <www.nature.com/articles/d41586-019-02360-7>; Akira Oikawa *et al.*, «China Overtakes US in AI Research», *Nikkei Asia* (agosto de 2021), <asia.nikkei.com/Spotlight/Datawatch/China-overtakes-US-in-AI-research>.

9. Daniel Chou, «Counting AI Research: Exploring AI Research Output in English- and Chinese-Language Sources», Center for Security and Emerging Technology (julio de 2022), <cset.georgetown.edu/publication/counting-ai-research>.

10. Remco Zwetsloot, «China is Fast Outpacing U.S. STEM PhD Growth», Center for Security and Emerging Technology (agosto de 2021), <cset.georgetown.edu/publication/china-is-fast-outpacing-u-s-stem -phd-growth>.

11. Graham Allison *et al.*, «The Great Tech Rivalry: China vs the U.S.», Harvard Kennedy School Belfer Center for Science and International Affairs (diciembre de 2021), <www.belfercenter.org/sites/default/files/Great TechRivalry_ChinavsUS_211207.pdf>.

12. Xinhua, «China Authorizes Around 700,000 Invention Patents in 2021:Report»,XinhuaNet (enero de 2021), <english.news.cn/20220108/ ded0496b77c24a3a8712fb26bba390c3/c.html>; «US Patent Statistics Chart, Calendar Years 1963-2020», Oficina de Patentes y Marcas de Estados Unidos (mayo de 2021), <www.uspto.gov/web/offices/ac/ido/oeip/taf/us_ stat.htm>. No obstante, las cifras correspondientes a Estados Unidos son de 2020. Asimismo, es importante destacar que las patentes de alto valor también están creciendo con rapidez: Consejo de Estado de la República Popular China, «China Sees Growing Number of Invention Patents», Xinhua (enero de 2022), <english.www.gov.cn/statecouncil/ministries/202201/ 12/content_WS61deb7c8c6d09c94e48a3883.html>.

13. Joseph Hincks, «China Now Has More Supercomputers Than Any Other Country», *Time* (noviembre de 2017), <time.com/5022859/chi na-most-supercomputers-world>.

14. Jason Douglas, «China's Factories Accelerate Robotics Push as Workforce Shrinks», *The Wall Street Journal* (septiembre de 2022), <www.

wsj.com/articles/chinas-factories-accelerate-robotics-push-as-work-force-shrinks-11663493405>.

15. Allison *et al.*, *op. cit.*, «The Great Tech Rivalry».

16. Zhang Zhihao, «Beijing-Shanghai Quantum Link a "New Era"», *China Daily USA* (septiembre de 2017), <usa.chinadaily.com.cn/china/2017-09/30/content_32669867.htm>.

17. Amit Katwala, «Why China's Perfectly Placed to Be Quantum Computing's Superpower», *Wired* (noviembre de 2018), <www.wired.co.uk/article/quantum-computing-china-us>.

18. Han-Sen Zhong *et al.*, «Quantum Computational Advantage Using Photons», *Science* (diciembre de 2020), <www.science.org/doi/10.1126/science.abe8770>.

19. Citado en Amit Katwala, *Quantum Computing*, Londres, Random House Business, 2021, p. 88.

20. Allison *et al.*, *op. cit.*, «The Great Tech Rivalry».

21. Katrina Manson, «US Has Already Lost AI Fight to China, Says Ex-Pentagon Software Chief», *Financial Times* (octubre de 2021), <www.ft.com/content/f939db9a-40af-4bd1-b67d-10492535f8e0>.

22. Citado en Inkster, *The Great Decoupling*, *op. cit.*, p. 193.

23. Para un desglose detallado, véase «National AI Policies & Strategies», OECD.AI, <oecd.ai/en/dashboards>.

24. «Putin: Leader in Artificial Intelligence Will Rule World», CNBC (septiembre de 2017), <www.cnbc.com/2017/09/04/putin-leader-in-artificial-intelligence-will-rule-world.html>.

25. Thomas Macaulay, «Macron's Dream of a European Metaverse is Far from a Reality», *Next Web* (septiembre de 2022), <thenextweb.com/news/prospects-for-europes-emerging-metaverse-sector-macron-vestager-meta>.

26. «France 2030», Agence Nationale de la Recherche (febrero de 2023), <anr.fr/en/france-2030/france-2030>.

27. «India to Be a $30 Trillion Economy by 2050: Gautam Adani», *The Economic Times* (abril de 2022), <economictimes.indiatimes.com/news/economy/indicators/india-to-be-a-30-trillion-economy-by-2050-gautam-adani/articleshow/90985771.cms>.

28. Trisha Ray *et al.*, «Priorities for a Technology Foreign Policy for India», Washington International Trade Association (septiembre de 2020), <www.wita.org/atp-research/tech-foreign-policy-india>.

29. Cronin, *Power to the People*, *op. cit.*

30. Neeraj Kashyap, «GitHub's Path to 128M Public Repositories», *Towards Data Science* (marzo de 2020), <towardsdatascience.com/githubs-path-to-128m-public-repositories-f6f656ab56b1>.

31. «About ArXiv», arXiv, <arxiv.org/about>.

32. Public Resource, «The General Index», Internet Archive (octubre de 2021), <archive.org/details/GeneralIndex>.

33. «Research and Development: U.S. Trends and International Comparisons», National Center for Science and Engineering Statistics (abril de 2022), <ncses.nsf.gov/pubs/nsb20225>.

34. Prableen Bajpai, «Which Companies Spend the Most in Research and Development (R&D)?», Nasdaq (junio de 2021), <www.nasdaq.com/articles/which-companies-spend-the-most-in-research-and-development-rd-2021-06-21>.

35. «Huawei Pumps $22 Billion Into R&D to Beat U.S. Sanctions», Bloomberg News (abril de 2022), <www.bloomberg.com/news/articles/2022-04-25/huawei-rivals-apple-meta-with-r-d-spending-to-beat-sanctions>; Jennifer Saba, «Apple Has the Most Growth Fuel in Hand», Reuters (octubre de 2021), <www.reuters.com/breakingviews/apple-has-most-growth-fuel-hand-2021-10-28>.

36. Metz, *Genius Makers*, *op. cit.*, p. 58.

37. Mitchell, *Artificial Intelligence*, *op. cit.*, p. 103.

38. «First in the World: The Making of the Liverpool and Manchester Railway», Science+Industry Museum (diciembre de 2018), <www.scienceandindustrymuseum.org.uk/objects-and-stories/making-the-liverpool-and-manchester-railway>.

39. Esto y la explicación más amplia están extraídos de William Quinn y John D. Turner, *Boom and Bust: A Global History of Financial Bubbles*, Cambridge, Cambridge University Press, 2022.

40. *Ibid.*

41. «The Beauty of Bubbles», *The Economist* (diciembre de 2008), <www.economist.com/christmas-specials/2008/12/18/the-beauty-of-bubbles>.

42. Pérez, *Technological Revolutions and Financial Capital*, *op. cit.*

43. Una extensa literatura económica analiza la microeconomía de la innovación, y muestra lo sensible y rodeado de incentivos económicos que está este proceso. Para un resumen, véase, por ejemplo, Lipsey, Carlaw y Bekar, *Economic Transformations*, *op. cit.*

44. Véase Angus Maddison, *The World Economy: A Millenarian Perspective*,

París, OECD Publications, 2001 [hay trad. cast.: *La economía mundial. Una perspectiva milenaria*, Madrid, Mundi-Prensa, 2002], o más actualizado «GDP Per Capita, 1820 to 2018», Our World in Data, <ourworldindata.org/gra pher/gdp-per-capita-maddison-2020?yScale=log>.

45. Nishant Yonzan *et al.*, «Projecting Global Extreme Poverty up to 2030: How Close Are We to World Bank's 3% Goal?», *World Bank Data Blog* (octubre de 2020), <blogs.worldbank.org/opendata/projecting-global-ex treme-poverty-2030-how-close-are-we-world-banks-3-goal>.

46. Alan Greenspan y Adrian Wooldridge, *Capitalism in America: A History*, Londres, Allen Lane, 2018, p. 15.

47. *Ibid.*, p. 47.

48. Charlie Giattino *et al.*, «Are We Working More Than Ever?», Our World in Data, <ourworldindata.org/working-more-than-ever>.

49. «S&P 500 Data», S&P Dow Jones (julio de 2022), <www.spglobal. com/spdji/en/indices/equity/sp-500/#data>.

50. Solo en 2021 se invirtieron más de seiscientos mil millones de dóla-res de capital riesgo en todo el mundo, sobre todo en empresas tecnológicas y biotecnológicas, diez veces más que una década antes. Véase Gené Teare, «Funding and Unicorn Creation in 2021 Shattered All Records», *Crunchbase News* (enero de 2022), <news.crunchbase.com/business/global-vc-funding-unicorns-2021-monthly-recap>. Mientras tanto, las inversiones de capital privado en tecnología también se dispararon hasta superar los cuatrocientos mil millones de dólares en 2021, la categoría única más importante con diferencia. Véase Laura Cooper *et al.*, «Private Equity Backs Record Volume of Tech Deals», *The Wall Street Journal* (enero de 2022), <www.wsj.com/ar ticles/private-equity-backs-record-volume-of-tech-deals-11641207603>.

51. Véase, por ejemplo, *Artificial Intelligence Index Report 2021*, aunque, sin duda, desde entonces las cifras han crecido en el auge de la inteligencia artificial generativa.

52. «Sizing the Prize—PwC›s Global Artificial Intelligence Study: Exploiting the AI Revolution», PwC (2017), <www.pwc.com/gx/en/ issues/data-and-analytics/publications/artificial-intelligence-study.html>.

53. Jacques Bughin *et al.*, «Notes from the AI Frontier: Modeling the Impact of AI on the World Economy», McKinsey (septiembre de 2018), <www.mckinsey.com/featured-insights/artificial-intelligence/notes-from-the-ai-frontier-modeling-the-impact-of-ai-on-the-world-economy>; Michael Ciu, «The Bio Revolution: Innovations Transforming Economies, Societies and Our Lives», McKinsey Global Institute (mayo de 2020),

<www.mckinsey.com/industries/pharmaceuticals-and-medical-products/
our-insights/the-bio-revolution-innovations-transforming-economies-
societies-and-our-lives>.

54. «How Robots Change the World», Oxford Economics (junio
de 2019), <resources.oxfordeconomics.com/hubfs/How%20Robots%20
Change%20the%20World%20(PDF).pdf>.

55. «The World Economy: Chapter 3, The World Economy in the
Second Half of the Twentieth Century», OCDE (septiembre de 2006),
<read.oecd-ilibrary.org/development/the-world-economy/the-world-
economy-in-the-second-half-of-the-twentieth-century_9789264022621-
5-en#page1>.

56. Philip Trammell *et al.*, «Economic Growth Under Transformative
AI», Global Priorities Institute (octubre de 2020), <globalprioritiesinsti-
tute.org/wp-content/uploads/Philip-Trammell-and-Anton-Korinek_
economic-growth-under-transformative-ai.pdf>. Esto lleva al extraordinario e imposible escenario de un aumento «lo suficientemente rápido para
producir una producción infinita en un periodo finito».

57. Hannah Ritchie *et al.*, «Crop Yields», Our World in Data, <our
worldindata.org/crop-yields>.

58. «Farming Statistics—Final Crop Areas, Yields, Livestock Popu-
lations and Agricultural Workforce at 1 June 2020 United Kingdom», UK
Government Department for Environment Food & Rural Affairs (diciembre de 2020), <assets.publishing.service.gov.uk/government/uploads/
system/uploads/attachment_data/file/946161/structure-jun2020final-uk-
22dec20.pdf>.

59. Ritchie *et al.*, «Crop Yields», *op. cit.*

60. Smil, *How the World Really Works*, *op. cit.*, p. 66.

61. Max Roser *et al.*, «Hunger and Undernourishment», Our World in
Data, <ourworldindata.org/hunger-and-undernourishment>.

62. Smil, *How the World Really Works*, *op. cit.*, p. 36.

63. *Ibid.*, p. 42.

64. *Ibid.*, p. 61.

65. Daniel Quiggin *et al.*, «Climate Change Risk Assessment 2021», Chatham House (septiembre de 2021), <www.chathamhouse.org/2021/09/
climate-change-risk-assessment-2021?7J7ZL,68TH2Q,UNIN9>.

66. Elisabeth Kolbert, *Under a White Sky: The Nature of the Future*, Nueva York, Crown, 2021, p. 155. [Hay trad. cast.: *Bajo un cielo blanco. Cómo los
humanos estamos creando la naturaleza del futuro*, Barcelona, Crítica, 2021].

67. Hongyuan Lu *et al.*, «Machine Learning-Aided Engineering of Hydrolases for PET Depolymerization», *Nature* (abril de 2022), <www.nature.com/articles/s41586-022-04599-z>.

68. «J. Robert Oppenheimer 1904-67», en *Oxford Essential Quotations*, Susan Ratcliffe, ed., Oxford, Oxford University Press, 2016, <www.oxfordreference.com/view/10.1093/acref/9780191826719.001.0001/q-oro-ed4-00007996>.

69. Citado en Dyson, *Turing's Cathedral, op. cit.*

TERCERA PARTE
Estados del fracaso

9. EL GRAN PACTO

1. Está claro que el uso de los términos «Estado nación» y «Estado» es muy complejo y que existe una amplia bibliografía al respecto. Sin embargo, aquí los utilizamos de una forma bastante básica: los Estados nación son los países del mundo, las poblaciones y los gobiernos, con toda la gran diversidad y complejidad que ello implica; los Estados, por su parte, son los gobiernos y los sistemas de gobierno y servicio social dentro de esos estados nación. Irlanda, Israel, la India e Indonesia son naciones y Estados muy diferentes, pero podemos seguir pensando en ellos como un conjunto coherente de entidades más allá de sus muchas diferencias. Los Estados nación siempre han sido «algo así como una ficción», en palabras de Wendy Brown (*Walled States, Waning Sovereignty*, Nueva York, Zone Books, 2010, p. 69. [Hay trad. cast.: *Estados amurallados, soberanía en declive*, Barcelona, Herder, 2015]); ¿cómo puede el pueblo ser soberano si el poder se ejerce sobre él? No obstante, el Estado nación es una ficción increíblemente útil y poderosa.

2. Max Roser *et al.*, «Literacy», Our World in Data, <ourworldindata.org/literacy>.

3. En palabras de William Davies, *Nervous States: How Feeling Took Over the World*, Londres, Jonathan Cape, 2018. [Hay trad. cast.: *Estados nerviosos. Cómo las emociones se han adueñado de la sociedad*, Madrid, Sexto Piso, 2019].

4. Un tercio (35 por ciento) de la población del Reino Unido declaró confiar en su Gobierno nacional, un porcentaje inferior a la media de los países de la OCDE, que es del 41 por ciento. La mitad (49 por ciento) de

la población del Reino Unido afirmó que no confiaba en el Gobierno nacional. «Building Trust to Reinforce Democracy: Key Findings from the 2021 OECD Survey on Drivers of Trust in Public Institutions», OCDE, <www.oecd.org/governance/trust-in-government>.

5. «Public Trust in Government: 1958-2022», Pew Research Center (junio de 2022), <www.pewresearch.org/politics/2022/06/06/public-trust-in-government-1958-2022>.

6. Lee Drutman *et al.*, «Follow the Leader: Exploring American Support for Democracy and Authoritarianism», Democracy Fund Voter Study Group (marzo de 2018), <fsi-live.s3.us-west-1.amazonaws.com/s3fs-pub lic/followtheleader_2018mar13.pdf>.

7. «Bipartisan Dissatisfaction with the Direction of the Country and the Economy», AP NORC (junio de 2022), <apnorc.org/projects/bipar tisan-dissatisfaction-with-the-direction-of-the-country-and-the-econo my>.

8. Véase, por ejemplo, Daniel Drezner, *The Ideas Industry: How Pessimists, Partisans, and Plutocrats Are Transforming the Marketplace of Ideas*, Nueva York, Oxford University Press, 2017, y el barómetro Edelman Trust: «2022 Edelman Trust Barometer», Edelman, <www.edelman.com/ trust/2022-trust-barometer>.

9. Richard Wike *et al.*, «Many Across the Globe Are Dissatisfied With How Democracy Is Working», Pew Research Center (abril de 2019), <www.pewresearch.org/global/2019/04/29/many-across-the-globe-are-dissatisfied-with-how-democracy-is-working>; Dalia Research *et al.*, «Democracy Perception Index 2018», Alliance of Democracies (junio de 2018), <www.allianceofdemocracies.org/wp-content/uploads/2018/06/De mocracy-Perception-Index-2018-1.pdf>.

10. «New Report: The Global Decline in Democracy Has Accelerated», Freedom House (marzo de 2021), <freedomhouse.org/article/new-re port-global-decline-democracy-has-accelerated>.

11. Para estudios más amplios, véase, por ejemplo, Thomas Piketty, *Capital in the Twenty-First Century*, Cambridge, Massachusetts, Harvard University Press, 2014 [hay trad. cast.: *El capital en el siglo XXI*, Madrid, Fondo de Cultura Económica de España, 2014], y Anthony B. Atkinson, *Inequality: What Can Be Done?*, Cambridge, Massachusetts, Harvard University Press, 2015.

12. «Top 1% National Income Share», World Inequality Database, <wid.world/world/#sptinc_p99p100_z/US;FR;DE;CN;ZA;GB;WO/

last/eu/k/p/yearly/s/false/5.6579999999999995/30/curve/false/country>.

13. Richard Mille, «Forbes World's Billionaires List: The Richest in 2023», *Forbes*, <www.forbes.com/billionaires>. Aunque es cierto que el PIB es un flujo, no un valor como la riqueza, la comparación no deja de ser llamativa.

14. Alistair Dieppe, «The Broad-Based Productivity Slowdown, in Seven Charts», *World Bank Blogs: Let's Talk Development* (julio de 2020), <blogs.worldbank.org/developmenttalk/broad-based-productivity-slow-down-seven-charts>.

15. Jessica L. Semega *et al.*, «Income and Poverty in the United States: 2016», Oficina del Censo de Estados Unidos, <www.census.gov/content/dam/Census/library/publications/2017/demo/P60-259.pdf>, recogido en <digitallibrary.un.org/record/1629536?ln=en>.

16. Véase, por ejemplo, Christian Houle *et al.*, «Social Mobility and Political Instability», *Journal of Conflict Resolution* (agosto de 2017), <jour nals.sagepub.com/doi/full/10.1177/0022002717723434>, y Carles Boix, «Economic Roots of Civil Wars and Revolutions in the Contemporary World», *World Politics*, 60, n.º 3 (abril de 2008), pp. 390-437.

17. La desaparición del Estado nación no es una idea novedosa; véase, por ejemplo, Rana Dasgupta, «The Demise of the Nation State», *The Guardian* (abril de 2018), <www.theguardian.com/news/2018/apr/05/demi se-of-the-nation-state-rana-dasgupta>.

18. Philipp Lorenz-Spreen *et al.*, «A Systematic Review of Worldwide Causal and Correlational Evidence on Digital Media and Democracy», *Nature Human Behaviour* (noviembre de 2022), <www.nature.com/arti cles/s41562-022-01460-1>.

19. Langdon Winner, *Autonomous Technology: Technics-out-of-Control as a Theme in Political Thought*, Cambridge, Massachusetts, MIT Press, 1978 (2020). [Hay trad. cast.: *Tecnología autónoma: la técnica incontrolada como objeto del pensamiento político*, Barcelona, GG, 1979]. En palabras de Ursula M. Franklin (*The Real World of Technology*, Toronto, House of Anansi, 1999), las tecnologías son prescriptivas, es decir, su creación o utilización requiere comportamientos, divisiones del trabajo o resultados determinados. Los granjeros que poseen un tractor llevarán a cabo su trabajo y estructurarán sus necesidades de un modo diferente a los que trabajan con un par de bueyes y un arado. La división del trabajo a la que el sistema fabril da lugar produce diferentes tipos de organizaciones sociales de una sociedad de cazadores-recolectores; una cultura de cumplimiento y administración. «Los

patrones definidos en el ejercicio de la tecnología se vuelven parte de la vida de la sociedad», p. 55.

20. Para un brillante análisis sobre el impacto de los relojes mecánicos, véase Mumford, *Technics and Civilization, op. cit.*

21. Benedict Anderson, *Imagined Communities: Reflections on the Origin and Spread of Nationalism*, Londres, Verso, 1983. [Hay trad. cast.: *Comunidades imaginadas. Reflexiones sobre el origen y la difusión del nacionalismo*, Ciudad de México, Fondo de Cultura Económica de México, 1993].

22. El politólogo de Cambridge David Runciman habla de «democracias zombis», que significa algo parecido: «La idea básica es que la población no hace más que ser espectadora de una actuación y que su único papel es dar o negar su aplauso en los momentos que tiene reservados para hacerlo. La política democrática se ha convertido en un elaborado espectáculo». David Runciman, *How Democracy Ends*, Londres, Profile Books, 2019, p. 47. [Hay trad. cast.: *Así termina la democracia*, Barcelona, Paidós, 2019].

10. AMPLIFICADORES DE LA FRAGILIDAD

1. Para más información, véase por ejemplo S. Ghafur *et al.*, «A Retrospective Impact Analysis of the WannaCry Cyberattack on the NHS», *NPJ Digital Medicine* (octubre de 2019), <www.nature.com/articles/s41746-019-0161-6>.

2. Mike Azzara, «What Is WannaCry Ransomware and How Does It Work?», Mimecast (mayo de 2021), <www.mimecast.com/blog/all-you-need-to-know-about-wannacry-ransomware>.

3. Andy Greenberg, «The Untold Story of NotPetya, the Most Devastating Cyberattack in History», *Wired* (agosto de 2022), <www.wired.com/story/notpetya-cyberattack-ukraine-russia-code-crashed-the-world>.

4. James Bamford, «Commentary: Evidence Points to Another Snowden at the NSA», Reuters (agosto de 2016), <www.reuters.com/article/us-intelligence-nsa-commentary-idUSKCN10X01P>.

5. Brad Smith, «The Need for Urgent Collective Action to Keep People Safe Online: Lessons from Last Week's Cyberattack», *Microsoft Blogs: On the Issues* (mayo de 2017), <blogs.microsoft.com/on-the-issues/2017/05/14/need-urgent-collective-action-keep-people-safe-online-lessons-last-weeks-cyberattack>.

6. Definiciones tomadas de Oxford Languages, <languages.oup.com>.

7. Ronen Bergman *et al.*, «The Scientist and the A.I.-Assisted, Remote-Control Killing Machine», *The New York Times* (septiembre de 2021), <www.nytimes.com/2021/09/18/world/middleeast/iran-nuclear-fakh rizadeh-assassination-israel.html>.

8. Azhar, *Exponential, op. cit.*, p. 192.

9. Fortune Business Insights, «Military Drone Market to Hit USD 26.12 Billion by 2028; Rising Military Spending Worldwide to Augment Growth», Global News Wire (julio de 2021), <www.globenewswire.com/ en/news-release/2021/07/22/2267009/0/en/Military-Drone-Market-to-Hit-USD-26-12-Billion-by-2028-Rising-Military-Spending-World-wide-to-Augment-Growth-Fortune-Business-Insights.html>.

10. David Hambling, «Israel Used World's First AI-Guided Combat Drone Swarm in Gaza Attacks», *New Scientist* (junio de 2021), <www.new scientist.com/article/2282656-israel-used-worlds-first-ai-guided-combat-drone-swarm-in-gaza-attacks>.

11. Dan Primack, «Exclusive: Rebellion Defense Raises $150 Million at $1 Billion Valuation», *Axios* (septiembre de 2021), <www.axios.com/2021/ 09/15/rebellion-defense-raises-150-million-billion-valuation>; Ingrid Lunden, «Anduril Is Raising up to $1.2B, Sources Say at a $7B Pre-money Valuation, for Its Defense Tech», *Tech Crunch* (mayo de 2022), <techcrunch.com/ 2022/05/24/filing-anduril-is-raising-up-to-1-2b-sources-say-at-a-7b-pre-money-valuation-for-its-defense-tech>.

12. Bruce Schneier, «The Coming AI Hackers», Harvard Kennedy School Belfer Center (abril de 2021), <www.belfercenter.org/publication/ coming-ai-hackers>.

13. Anton Nkhtin *et al.*, «Human-Level Play in the Game of *Diplomacy* by Combining Language Models with Strategic Reasoning», *Science* (noviembre de 2022), <www.science.org/doi/10.1126/science.ade9097>.

14. Para una versión más desarrollada de este argumento, véase Benjamin Wittes y Gabriella Blum, *The Future of Violence: Robots and Germs, Hackers and Drones*, Nueva York, Basic Books, 2015.

15. Informado por primera vez en Nilesh Cristopher, «We've Just Seen the First Use of Deepfakes in an Indian Election Campaign», *Vice* (febrero de 2020), <www.vice.com/en/article/jgedjb/the-first-use-of-deepfakes-in-indian-election-by-bjp>.

16. Melissa Goldin, «Video of Biden Singing "Baby Shark" Is a Deepfake», Associated Press (octubre de 2022), <apnews.com/article/fact-check-biden-baby-shark-deepfake-412016518873>; «Doctored Nancy Pelosi

Video Highlights Threat of "Deepfake" Tech», CBS News (mayo de 2019), <www.cbsnews.com/news/doctored-nancy-pelosi-video-highlights-threat-of-deepfake-tech-2019-05-25>.

17. TikTok, @deeptomcruise, <www.tiktok.com/@deeptomcruise?lang=en>.

18. Thomas Brewster, «Fraudters Cloned Company Director's Voice in $35 Million Bank Heist, Police Find», *Forbes* (octubre de 2021), <www.forbes.com/sites/thomasbrewster/2021/10/14/huge-bank-fraud-uses-deep-fake-voice-tech-to-steal-millions>.

19. Catherine Stupp, «Fraudsters Used AI to Mimic CEO's Voice in Unusual Cybercrime Case», *The Wall Street Journal* (agosto de 2019), <www.wsj.com/articles/fraudsters-use-ai-to-mimic-ceos-voice-in-unusual-cybercrime-case-11567157402>.

20. El cual es un ultrafalso real. Véase Kelly Jones, «Viral Video of Biden Saying He's Reinstating the Draft Is a Deepfake», *Verify* (marzo de 2023), <www.verifythis.com/article/news/verify/national-verify/viral-video-of-biden-saying-hes-reinstating-the-draft-is-a-deepfake/536-d721f8cb-d26a-4873-b2a8-91dd91288365>.

21. Otro ultrafalso real.

22. Josh Meyer, «Anwar al-Awlaki: The Radical Cleric Inspiring Terror From Beyond the Grave», NBC News (septiembre de 2016), <www.nbcnews.com/news/us-news/anwar-al-awlaki-radical-cleric-inspiring-terror-beyond-grave-n651296>; Alex Hern, «"YouTube Islamist" Anwar al-Awlaki Videos Removed in Extremism Clampdown», *The Guardian* (noviembre de 2017), <www.theguardian.com/technology/2017/nov/13/youtube-islamist-anwar-al-awlaki-videos-removed-google-extremism-clampdown>.

23. Eric Horvitz, «On the Horizon: Interactive and Compositional Deepfakes», ICMI '22: Actas de la Conferencia Internacional sobre Interacción Multimodal de 2022, <arxiv.org/abs/2209.01714>.

24. Senado de Estados Unidos, *Report of the Select Committee on Intelligence Russian Active Measures Campaings and Interference in the 2016 U.S. Election*, 5, *Counterintelligence Threats and Vulnerabilities*, 116.° Congreso, primera sesión, <www.intelligence.senate.gov/sites/default/files/documents/report_volume5.pdf>; Nicholas Fandos *et al.*, «House Intelligence Committee Releases Incendiary Russian Social Media Ads», *The New York Times* (noviembre de 2017), <www.nytimes.com/2017/11/01/us/politics/russia-technology-facebook.html>.

25. Sin embargo, a menudo es Rusia. En 2021, el 58 por ciento de los ciberataques procedieron solo de Rusia. Véase Tom Burt, «Russian Cyberattacks Pose Greater Risk to Governments and Other Insights from Our Annual Report», *Microsoft Blogs: On the Issues* (octubre de 2021), <blogs.microsoft.com/on-the-issues/2021/10/07/digital-defense-report-2021>.

26. Samantha Bradshaw *et al.*, «Industrialized Disinformation: 2020 Global Inventory of Organized Social Media Manipulation», Programa de la Universidad de Oxford sobre Democracia y Tecnología (enero de 2021), <demtech.oii.ox.ac.uk/research/posts/industrialized-disinformation>.

27. Véase, por ejemplo, Krassi Twigg *et al.*, «The Disinformation Tactics Used by China», BBC News (marzo de 2021), <www.bbc.co.uk/news/56364952>; Kenddrick Chan *et al.*, «China's Changing Disinformation and Propaganda Targeting Taiwan», *Diplomat* (septiembre de 2022), <thediplomat.com/2022/09/chinas-changing-disinformation-and-propaganda-targeting-taiwan>; Emerson T. Brooking *et al.*, «Iranian Digital Influence Efforts: Guerrilla Broadcasting for the Twenty-First Century», Atlantic Council (febrero de 2020), <www.atlanticcouncil.org/in-depth-research-reports/report/iranian-digital-influence-efforts-guerrilla-broadcasting-for-the-twenty-first-century>.

28. Virginia Alvino Young, «Nearly Half of the Twitter Accounts Discussing "Reopening America" May Be Bots», Universidad Carnegie Mellon (mayo de 2020), <www.cmu.edu/news/stories/archives/2020/may/twitter-bot-campaign.html>.

29. Véase Nina Schick, *Deep Fakes and the Infocalypse: What You Urgently Need to Know*, Londres, Monoray, 2020, y Ben Buchanan *et al*, «Truth, Lies, and Automation», Center for Security and Emerging Technology (mayo de 2021), <cset.georgetown.edu/publication/truth-lies-and-automation>.

30. William A. Galston, «Is Seeing Still Believing? The Deepfake Challenge to Truth in Politics», Brookings (enero de 2020), <www.brookings.edu/research/is-seeing-still-believing-the-deepfake-challenge-to-truth-in-politics>.

31. Cifra tomada de William MacAskill, *What We Owe the Future: A Million-Year View*, Londres, Oneworld, 2022, p. 112, que cita diversas fuentes, aunque reconoce que ninguna está segura de esta cifra. Véase también H. C. Kung *et al.*, «Influenza in China in 1977: Recurrence of Influenza Virus A Subtype H1N1», *Bulletin of the World Health Organization*, 56, n.° 6 (1978), <www.ncbi.nlm.nih.gov/pmc/articles/PMC2395678/pdf/bullwho00443-0095.pdf>.

32. Joel O. Wertheim, «The Re-Emergence of H1N1 Influenza Virus in 1977: A Cautionary Tale for Estimating Divergence Times Using Biologically Unrealistic Sampling Dates», *PLOS ONE* (junio de 2010), <journals.plos.org/plosone/article?id=10.1371/journal.pone.0011184>.

33. Véase, por ejemplo, Edwin D. Kilbourne, «Influenza Pandemics of the 20th Century», *Emerging Infectious Diseases*, 12, n.º 1 (enero de 2006), <www.ncbi.nlm.nih.gov/pmc/articles/PMC3291411>, o Michelle Rozo *et al.*, «The Reemergent 1977 H1N1 Strain and the Gain-of-Function Debate», *mBio* (agosto de 2015), <www.ncbi.nlm.nih.gov/pmc/articles/PMC4542197>.

34. Véanse, por ejemplo, buenos relatos en Alina Chan y Matt Ridley, *Viral the Search for the Origin of Covid-19*, Londres, Fourth State, 2022, o MacAskill, *What We Owe the Future, op. cit.*

35. Kai Kupferschmidt, «Anthrax Genome Reveals Secrets About a Soviet Bioweapons Accident», *Science* (agosto de 2016), <www.science.org/content/article/anthrax-genome-reveals-secrets-about-soviet-bioweapons-accident>.

36. T. J. D. Knight-Jones *et al.*, «The Economic Impacts of Foot and Mouth Disease—What Are They, How Big Are They, and Where Do They Occur?», *Preventive Veterinary Medicine* (noviembre de 2013), <www.ncbi.nlm.nih.gov/pmc/articles/PMC3989032/#bib0005>. Cabe señalar que los daños fueron mucho menores que los del brote de 2001, que se debió a causas naturales.

37. Maureen Breslin, «Lab Worker Finds Vials Labeled "Smallpox" at Merck Facility», *Hill* (noviembre de 2021), <thehill.com/policy/healthcare/581915-lab-worker-finds-vials-labeled-smallpox-at-merck-facility-near-philadelphia>.

38. Sophie Ochmann *et al.*, «Smallpox», Our World in Data, <ourworldindata.org/smallpox>; Kelsey Piper, «Smallpox Used to Kill Millions of People Every Year. Here's How Humans Beat It», *Vox* (mayo de 2022), <www.vox.com/future-perfect/21493812/smallpox-eradication-vaccines-infectious-disease-covid-19>.

39. Véase, por ejemplo, Kathryn Senio, «Recent Singapore SARS Case a Laboratory Accident», *Lancet Infectious Diseases* (noviembre de 2003), <www.thelancet.com/journals/laninf/article/PIIS1473-3099(03)00815-6/fulltext>; Jane Parry, «Breaches of Safety Regulations Are Probable Cause of Recent SARS Outbreak, WHO Says», *BMJ* (mayo de 2004), <www.bmj.com/content/328/7450/1222.3>; Martin Furmanski, «Laboratory

Escapes and "Self-Fulfilling Prophecy" Epidemics», Arms Control Center (febrero de 2014), <armscontrolcenter.org/wp-content/uploads/2016/02/Escaped-Viruses-final-2-17-14-copy.pdf>.

40. Alexandra Peters, «The Global Proliferation of High-Containment Biological Laboratories: Understanding the Phenomenon and Its Implications», *Revue Scientifique et Technique* (diciembre de 2018), <pubmed.ncbi.nlm.nih.gov/30964462>. El número de laboratorios ha pasado de cincuenta y nueve a sesenta y nueve en los últimos dos años, la mayoría se encuentran en contextos urbanizados y el número de laboratorios que manipulan patógenos mortales supera el centenar. También ha surgido una nueva generación de laboratorios «BSL-3+». Véase Filippa Lentzos *et al.*, «Global BioLabs Report 2023», King's College de Londres (marzo de 2023), <www.kcl.ac.uk/warstudies/assets/global-biolabs-report-2023.pdf>.

41. David Manheim *et al.*, «High-Risk Human-Caused Pathogen Exposure Events From 1975-2016», F1000Research (julio de 2022), <f1000research.com/articles/10-752>.

42. David B. Manheim, «Results of a 2020 Survey on Reporting Requirements and Practices for Biocontainment Laboratory Accidents», *Health Security*, 19, n.º 6 (diciembre de 2021), <www.liebertpub.com/doi/10.1089/hs.2021.0083>.

43. Lynn C. Klotz y Edward J. Sylvester, «The Consequences of a Lab Escape of a Potential Pandemic Pathogen», *Frontiers in Public Health* (agosto de 2014), <www.frontiersin.org/articles/10.3389/fpubh.2014.00116/full>.

44. Gracias en particular a Jason Matheny y Kevin Esvelt por sus conversaciones sobre este tema.

45. Martin Enserink *et al.*, «One of Two Hotly Debated H5N1 Papers Finally Published», *Science* (mayo de 2012), <www.science.org/content/article/one-two-hotly-debated-h5n1-papers-finally-published>.

46. Amber Dance, «The Shifting Sands of "Gain-of-Function" Research», *Nature* (octubre de 2021), <www.nature.com/articles/d41586-021-02903-x>.

47. Chan y Ridley, *Viral, op. cit.*; «Controversial New Research Suggests SARS-CoV-2 Bears Signs of Genetic Engineering», *Economist* (octubre de 2022), <www.economist.com/science-and-technology/2022/10/22/a-new-paper-claims-sars-cov-2-bears-signs-of-genetic-engineering>.

48. Véase, por ejemplo, Max Matza y Nicholas Yong, «FBI Chief Chris-

topher Wray Says China Lab Leak Most Likely», BBC (marzo de 2023), <www.bbc.co.uk/news/world-us-canada-64806903>.

49. Da-Yuan Chen *et al.*, «Role of Spike in the Pathogenic and Antigenic Behavior of SARS-CoV-2 BA. I Omicron», bioRxiv (octubre de 2022), <www.biorxiv.org/content/10.1101/2022.10.13.512134v1>.

50. Kiran Stacey, «US Health Officials Probe Boston University's Covid Virus Research», *Financial Times* (octubre de 2022), <www.ft.com/content/f2e88a9c-104a-4515-8de1-65d72a5903d0>.

51. Shakked Noy y Whitney Zhang, «Experimental Evidence on the Productivity Effects of Generative Artificial Intelligence», MIT Economics (marzo de 2023), <economics.mit.edu/sites/default/files/inline-files/Noy_Zhang_1_0.pdf>.

52. El total probable es, sin embargo, menor, pero todavía considerable. Véase James Manyika *et al.*, «Jobs Lost, Jobs Gained: What the Future of Work Will Mean for Jobs, Skills, and Wages», McKinsey Global Institute (noviembre de 2017), <www.mckinsey.com/featured-insights/future-of-work/jobs-lost-jobs-gained-what-the-future-of-work-will-mean-for-jobs-skills-and-wages>. Redacción exacta: «Estimamos que aproximadamente la mitad de todas las actividades por las que se paga a las personas en la población activa mundial podría automatizarse potencialmente mediante la adaptación de tecnologías que ya se han demostrado». La segunda estadística es de Mark Muro *et al.*, «Automation and Artificial Intelligence: How Machines Are Affecting People and Places», Metropolitan Policy Program, Institución Brookings (enero de 2019), <www.brookings.edu/wp-content/uploads/2019/01/2019.01_BrookingsMetro_Automation-AI_Report_Muro-Maxim-Whiton-FINAL-version.pdf>.

53. Daron Acemoğlu y Pascual Restrepo, «Robots and Jobs: Evidence from US Labor Markets», *Journal of Political Economy*, 128, n.º 6 (junio de 2020), <www.journals.uchicago.edu/doi/abs/10.1086/705716>.

54. *Ibid.*; los algoritmos realizan la gran mayoría de las operaciones de renta variable, Justin Baer *et al.*, «Wall Street Staffing Falls Again», *The Wall Street Journal* (febrero de 2015), <www.wsj.com/articles/wall-street-staffing-falls-for-fourth-consecutive-year-1424366858>; Ljubica Nedelkoska *et al.*, «Automation, Skills Use, and Training», OCDE (marzo de 2018), <www.oecd-ilibrary.org/employment/automation-skills-use-and-training_2e-2f4eea-en>.

55. David H. Autor, «Why Are There Still So Many Jobs? The Histo-

ry and Future of Workplace Automation», *Journal of Economic Perspectives*, 26, n.º 3 (verano de 2015), <www.aeaweb.org/articles?id=10.1257/jep.29.3.3>.

56. Así lo cree Azeem Azhar: «En general, sin embargo, el impacto duradero de la automatización no será la pérdida de puestos de trabajo», Azhar, *Exponential, op. cit.*, p. 141.

57. Para una exposición desarrollada de esas fricciones, véase Daniel Susskind, *A World Without Technology*, Nueva York, Penguin Books, 2021.

58. «U.S. Private Sector Job Quality Index (JQI)», University de Buffalo School of Management (febrero de 2023), <ubwp.buffalo.edu/job-quality-index-jqi>. Véase también Ford, *Rule of the Robots, op. cit.*

59. Autor, «Why Are There Still So Many Jobs?», *op. cit.*

11. EL FUTURO DE LAS NACIONES

1. White, *Medieval Technology and Social Change, op. cit.* Sin embargo, esta explicación no goza de aceptación universal. Para una lectura más escéptica de la famosa tesis de Lynn White, véase, por ejemplo, <web.archive.org/web/20141009082354/http://scholar.chem.nyu.edu/tekpages/texts/strpcont.html>.

2. Brown, *Walled States, Waning Sovereignty, op. cit.*

3. William Dalrymple, *The Anarchy: The Relentless Rise of the East Asia Company*, Londres, Bloomsbury, 2020, p. 233. [Hay trad. cast.: *La anarquía. La Compañía de las Indias Orientales y el expolio de la India*, Madrid, Desperta Ferro, 2021].

4. Richard Danzig me propuso esta idea por primera vez durante una cena y luego publicó un excelente artículo: «Machines, Bureaucracies, and Markets as Artificial Intelligences», Center for Security and Emerging Technology (enero de 2022), <cset.georgetown.edu/wp-content/uploads/Machines-Bureaucracies-and-Markets-as-Artificial-Intelligences.pdf>.

5. «Global 500», *Fortune*, <fortune.com/global500>. En octubre de 2022, las cifras del Banco Mundial sugieren algo menos: World Bank, «GDP (current US$)», World Bank Data, <data.worldbank.org/indicator/NY.GDP.MKTP.CD>.

6. Benaich y Hogarth, *State of AI Report 2022, op. cit.*

7. James Manyika *et al.*, «Superstars: The Dynamics of Firms, Sectors,

and Cities Leading the Global Economy», McKinsey Global Institute (octubre de 2018), <www.mckinsey.com/featured-insights/innovation-and-growth/superstars-the-dynamics-of-firms-sectors-and-cities-leading-the-global-economy>.

8. Colin Rule, «Separating the People from the Problem», *Practice* (julio de 2020), <thepractice.law.harvard.edu/article/separating-the-people-from-the-problem>.

9. Véase, por ejemplo, Jeremy Rifkin, *The Zero Marginal Cost Society: The Internet of Things, the Collaborative Commons, and the Eclipse of Capitalism*, Nueva York, Palgrave, 2014. [Hay trad. cast.: *La sociedad de coste marginal cero. El Internet de las cosas, el procomún colaborativo y el eclipse del capitalismo*, Barcelona, Paidós, 2014].

10. Erik Brynjolfsson llama la «trampa de Turing» a una situación en la que la inteligencia artificial se apodera cada vez más de la economía y encierra a un gran número de personas en un equilibrio en el que no tienen trabajo, riqueza, ni poder significativo. Erik Brynjolfsson, «The Turing Trap: The Promise & Peril of Human-Like Artificial Intelligence», Stanford Digital Economy Lab (enero de 2022), <arxiv.org/pdf/2201.04200.pdf>.

11. Véase, por ejemplo, Joel Kotkin, *The Coming of Neo-Feudalism: A Warning to the Global Middle Class*, Nueva York, Encounter Books, 2020.

12. James C. Scott, *Seeing Like a State: How Certain Schemes to Improve the Human Condition Have Failed*, New Haven, Connecticut, Yale University Press, 1998. [Hay trad. cast.: *Lo que ve el Estado. Cómo ciertos esquemas para mejorar la condición humana han fracasado*, Madrid, Fondo de Cultura Económica, 2022].

13. «How many CCTV Cameras Are There in London?», CCTV.co.uk (noviembre de 2020). <www.cctv.co.uk/how-many-cctv-cameras-are-there-in-london>.

14. Benaich y Hogarth, *State of AI Report 2022, op. cit.*

15. Dave Gershgorn, «China's "Sharp Eyes" Program Aims to Surveil 100% of Public Space», *OneZero* (marzo de 2021), <onezero.medium.com/chinas-sharp-eyes-program-aims-to-surveil-100-of-public-space-ddc22d63e015>.

16. Shu-Ching Jean Chen, «SenseTime: The Faces Behind China's Artificial Intelligence Unicorn», *Forbes* (marzo de 2018), <www.forbes.com/sites/shuchingjeanchen/2018/03/07/the-faces-behind-chinas-omniscient-video-surveillance-technology>.

17. Sofia Gallarate, «Chinese Police Officers Are Wearing Facial Recog-

nition Sunglasses», Fair Planet (julio de 2019), <www.fairplanet.org/sto
ry/chinese-police-officers-are-wearing-facial-recogni%C2%ADtion-sun
glasses>.

18. Esta y las siguientes estadísticas se han extraído de una investigación
del *New York Times*: Isabelle Qian *et al.*, «Four Takeaways From a Times Investigation Into China's Expanding Surveillance State», *The New York Times*
(junio de 2022), <www.nytimes.com/2022/06/21/world/asia/china-sur
veillance-investigation.html>.

19. Ross Andersen, «The Panopticon Is Already Here», *Atlantic* (septiembre de 2020), <www.theatlantic.com/magazine/archive/2020/09/chi-
na-ai-surveillance/614197>.

20. Qian *et al.*, «Four Takeaways From a Times Investigation Into China's Expanding Surveillance State», *op. cit.*

21. «NDAA Section 889», GSA SmartPay, <smartpay.gsa.gov/content/
ndaa-section-889>.

22. Conor Healy, «US Military & Gov't Break Law, Buy Banned
Dahua/Lorex, Congressional Committee Calls for Investigation», IPVM
(diciembre de 2019), <ipvm.com/reports/usg-lorex>.

23. Zack Whittaker, «US Towns Are Buying Chinese Surveillance
Tech Tied to Uighur Abuses», *Tech Crunch* (mayo de 2021), <techcrunch.
com/2021/05/24/united-states-towns-hikvision-dahua-surveillance>.

24. Joshua Brustein, «Warehouse Are Tracking Workers' Every Muscle
Movement», Bloomberg (noviembre de 2019), <www.bloomberg.com/
news/articles/2019-11-05/am-i-being-tracked-at-work-plenty-of-ware-
house-workers-are>.

25. Kate Crawford, *Atlas of AI: Power, Politics, and the Planetary Costs of
Artificial Intelligence*, New Haven, Connecticut, Yale University Press, 2021.
[Hay trad. cast.: *Atlas de la IA. Poder, política y costos planetarios*, Barcelona,
Nuevos Emprendimientos, 2023].

26. Joanna Fantozzi, «Domino's Using AI Cameras to Ensure Pizzas Are Cooked Correctly», *Nation's Restaurants News* (mayo de 2019),
<www.nrn.com/quick-service/domino-s-using-ai-cameras-ensure-piz
zas-are-cooked-correctly>.

27. Considera que una novela actualizada sobre distopías de vigilancia
como *The Every*, de Dave Eggers [hay trad. cast.: *El todo*, Barcelona, Literatura Random House, 2022], no ha avanzado del todo en términos de qué se
vigila exactamente y se presenta, no como ciencia ficción lejana, sino como
una sátira de las empresas tecnológicas contemporáneas.

28. El analista fue el general de brigada (retirado) Assaf Orion, del Instituto de Estudios de Seguridad Nacional de Israel. «The Future of U.S.-Israel Relations Symposium», Council of Foreign Relations (diciembre de 2019), <www.cfr.org/event/future-us-israel-relations-symposium>, citado en Kali Robinson, «What Is Hezbollah?», Council of Foreign Relations (mayo de 2022), <www.cfr.org/backgrounder/what-hezbollah>.

29. Véase, por ejemplo, «Explained: How Hezbollah Built a Drug Empire Via Its "Narcoterrorist Strategy"», *Arab News* (mayo de 2021), <www.arabnews.com/node/1852636/middle-east>.

30. Lina Khatib, «How Hezbollah Holds Sway Over the Lebanese State», Chatham House (junio de 2021), <www.chathamhouse.org/sites/default/files/2021-06/2021-06-30-how-hezbollah-holds-sway-over-the-lebanese-state-khatib.pdf>.

31. Se trataría simplemente de ampliar en gran medida ciertas tendencias existentes por las que, al igual que en la centralización, los agentes privados asumen más funciones que tradicionalmente se consideraban propias del Estado. Véase, por ejemplo, Rodney Bruce Hall y Thomas J. Biersteker, *The Emergence of Private Authority in Global Governance*, Cambridge, Cambridge University Press, 2002.

32. «Renewable Power Generation Costs in 2019», IRENA (junio de 2020), <www.irena.org/publications/2020/Jun/Renewable-Power-Costs-in-2019>.

33. James Dale Davidson y William Rees-Mogg, *The Sovereign Individual: Mastering the Transition to the Information Age*, Nueva York, Touchstone, 1997. [Hay trad. cast.: *El individuo soberano: una guía para dominar la transición hacia la era de la información*, Madrid, Bubok Publishing, 2022].

34. Peter Thiel, «The Education of a Libertarian», *Cato Unbound* (abril de 2009), <www.cato-unbound.org/2009/04/13/peter-thiel/education-libertarian>. Véase Balaji Srinivasan, *The Network State*, 2022, para una visión más reflexiva sobre cómo los constructos tecnológicos podrían sustituir al Estado nación.

12. El dilema

1. Niall Ferguson, *Doom: The Politics of Catastrophe*, Londres, Allen Lane, 2021, p. 131. [Hay trad. cast.: *Desastre. Historia y política de las catástrofes*, Barcelona, Debate, 2020].

2. Las cifras son de *ibid*.

3. Cifras extraídas de una sesión informativa confidencial, pero sabemos que los expertos en bioseguridad lo consideran plausible.

4. Resulta sorprendente que un tercio de los científicos que trabajan en el campo de la inteligencia artificial crean que podrían provocar una catástrofe. Jeremy Hsu, «A Third of Scientists Working on AI Say It Could Cause Global Disaster», *New Scientist* (septiembre de 2022), <www.newscientist.com/article/2338644-a-third-of-scientists-working-on-ai-say-it-could-cause-global-disaster>.

5. Para más información, véase Richard Danzig y Zachary Hosford, «Aum Shinrikyo—Second Edition—English», CNAS (diciembre de 2012), <www.cnas.org/publications/reports/aum-shinrikyo-second-edition-english>, y Philipp C. Bleak, «Revisiting Aum Shinrikyo: New Insights into the Most Extensive Non-State Biological Weapons Program to Date», James Martin Center for Nonproliferation Studies (diciembre de 2011), <www.nti.org/analysis/articles/revisiting-aum-shinrikyo-new-insights-most-extensive-non-state-biological-weapons-program-date-1>.

6. Federation of American Scientists, «The Operation of the Aum», en *Global Proliferation of Weapons of Mass Destruction: A Case Study of the Aum Shinrikyo*, Subcomisión Permanente de Investigaciones sobre Asuntos Gubernamentales del Senado (octubre de 1995), <irp.fas.org/congress/1995_rpt/aum/part04.htm>.

7. Danzig y Hosford, «Aum Shinrikyo», *op. cit.*

8. Véase, por ejemplo, Nick Bostrom, «The Vulnerable World Hypothesis» (septiembre de 2019), <nickbostrom.com/papers/vulnerable.pdf>, para quizá la versión más desarrollada de esta tesis. En un experimento conceptual que responde a la perspectiva de «armas nucleares fáciles», Bostrom imagina un «panóptico de alta tecnología» en el que todo el mundo lleva una «etiqueta de libertad», «colgada del cuello y adornada con cámaras y micrófonos multidireccionales. El vídeo y el audio cifrados se suben de manera continua desde el dispositivo a la nube y se interpretan mecánicamente en tiempo real. Algoritmos de inteligencia artificial clasifican las actividades del usuario, los movimientos de sus manos, los objetos cercanos y otras señales situacionales. Si se detecta una actividad sospechosa, la señal se transmite a una de las varias estaciones de vigilancia de patriotas».

9. Martin Bereaja *et al.*, «AI-tocracy», *Quarterly Journal of Economics* (marzo de 2023), <academic.oup.com/qje/advance-article-abstract/doi/10.1093/qje/qjad012/7076890>.

10. Balaji Srinivasan prevé algo muy parecido a este resultado con Estados Unidos siendo el zombi, y China, el demonio: «A medida que Estados Unidos desciende a la anarquía, el PCCh se remite a su sistema funcional, pero en gran medida no libre, como la única alternativa, y exporta una versión preconfigurada en mano de su estado de vigilancia a otros países como la próxima versión de Belt y Road, como una pieza de "infraestructura" que viene completa con una suscripción SaaS al ojo de inteligencia artificial que todo lo ve de China», Srinivasan, *The Network State, op. cit.*, p. 162.

11. Isis Hazewindus, «The Threat of the Megamachine», *IfThenElse* (noviembre de 2021), <www.ifthenelse.eu/blog/the-threat-of-the-me gamachine>.

12. Michael Shermer, «Why ET Hasn't Called», *Scientific American* (agosto de 2002), <michaelshermer.com/sciam-columns/why-et-hasnt-called>.

13. Ian Morris, *Why the West Rules—For Now: The Patterns of History and What They Revealed About the Future*, Londres, Profile Books, 2010. [Hay trad. cast.: *¿Por qué manda Occidente… por ahora? Las pautas del pasado y lo que revelan sobre nuestro futuro*, Barcelona, Ático de los Libros, 2018]; Tainter, *The Collapse of Complex Societies, op. cit.*; Diamond, *Collapse, op. cit.*

14. Stein Emil Vollset *et al.*, «Fertility, Mortality, Migration, and Population Scenarios for 195 Countries and Territories from 2017 to 2100: A Forecasting Analysis for the Global Burden of Disease Study», *Lancet* (julio de 2020), <www.thelancet.com/article/S0140-6736(20)30677-2/ fulltext>.

15. Peter Zeihan, *The End of the World Is Just the Beginning: Mapping the Collapse of Globalization*, Nueva York, Harper Business, 2022. [Hay trad. cast.: *El fin del mundo es solo el comienzo. Cartografía del colapso de la globalización*, Córdoba, Almuzara, 2023].

16. Xiujian Peng, «Could China's Population Start Falling», *BBC Future* (junio de 2022), <www.bbc.com/future/article/20220531-why-chi nas-population-is-shrinking>.

17. Zeihan, *The End of the World Is Just the Beginning, op. cit.*, p. 203.

18. «Climate-Smart Mining: Minerals for Climate Action», Banco Mundial, <www.worldbank.org/en/topic/extractiveindustries/brief/climate-smart- mining-minerals-for-climate-action>.

19. Galor, *The Journey of Humanity, op. cit.*, p. 130.

20. John von Neumann, «Can We Survive Technology?», en *The Neumann Compendium*, F. Bródy y T. Vámos, eds., River Edge, New Jersey, World Scientific, 1995, <geosci.uchicago.edu/~kite/doc/von_Neumann_1955.pdf>.

CUARTA PARTE
A través de la ola

13. LA CONTENCIÓN DEBE SER VIABLE

1. David Cahn *et al.*, «AI 2022: The Explosion», Coatue Venture, <coatue-external.notion.site/AI-2022-The-Explosion-e76afd140f824f2eb6b049c-5b85a7877>.

2. «2021 GHS Index Country Profile for United States», Índice Mundial de Seguridad Sanitaria, <www.ghsindex.org/country/united-states>.

3. Edouard Mathieu *et al.*, «Coronavirus (COVID-19) Deaths», Our World in Data, <ourworldindata.org/covid-deaths>.

4. Por ejemplo, en comparación con la gripe asiática de 1957, el presupuesto federal estadounidense es mucho mayor, en términos absolutos, por supuesto, pero también en porcentaje del PIB (16,2 por ciento frente a 20,8 por ciento). En 1957 no existía un Departamento de Sanidad específico, y el precursor de los Centros para el Control y la Prevención de Enfermedades era todavía una organización relativamente incipiente, con once años de existencia. Ferguson, *Doom, op. cit.*, p. 234.

5. «Ley de inteligencia artificial», Future of Life Institute, <artificialintelligenceact.eu>.

6. Véase, por ejemplo, «FLI Position Paper on the EU AI Act», Future of Life Institute (agosto de 2021), <futureoflife.org/wp-content/uploads/2021/08/FLI-Position-Paper-on-the-EU-AI-Act.pdf?x72900>, y David Matthews, «EU Artificial Intelligence Act Not "Futureproof", Experts Warn MEPs», Science Business (marzo de 2022), <sciencebusiness.net/news/eu-artificial-intelligence-act-not-futureproof-experts-warn-meps>.

7. Khari Johnson, «The Fight to Define When AI Is High Risk», *Wired* (septiembre de 2021), <www.wired.com/story/fight-to-define-when-ai-is-high-risk>.

8. «Global Road Safety Statistics», Brake, <www.brake.org.uk/get-involved/take-action/mybrake/knowledge-centre/global-road-safety#>.

9. Jennifer Conrad, «China Is About to Regulate AI—and the World is Watching», *Wired* (febrero de 2022), <www.wired.com/story/china-regulate-ai-world-watching>.

10. Christian Smith, «China's Gaming Laws Are Cracking Down Even Further», SVG (marzo de 2022), <www.svg.com/799717/chinas-gaming-laws-are-cracking-down-even-further>.

11. «The National Internet Information Office's Regulations on the Administration of Internet Information Service Algorithm Recommendations (Draft for Comment) Notice of Public Consultation», Administración del Ciberespacio de China (agosto de 2021), <www.cac.gov.cn/2021-08/27/c_1631652502874117.htm>.

12. Véase, por ejemplo, Alex Engler, «The Limited Global Impact of the EU AI Act», Brookings (junio de 2022), <www.brookings.edu/blog/techtank/2022/06/14/the-limited-global-impact-of-the-eu-ai-act>. Un estudio de doscientos cincuenta mil tratados internacionales sugiere que tienden a no alcanzar sus fines. Véase Steven J. Hoffman *et al.*, «International Treaties Have Mostly Failed to Produce Their Intended Effects», *PNAS* (agosto de 2022), <www.pnas.org/doi/10.1073/pnas.2122854119>.

13. Para una elaboración más detallada de este punto, véase George Marshall, *Don't Even Think About It: Why Our Brains Are Wired to Ignore Climate Change*, Nueva York, Bloomsbury, 2014.

14. Rebecca Lindsey, «Climate Change: Atmospheric Carbon Dioxide», Climate.gov (junio de 2022), <www.climate.gov/news-features/understanding-climate/climate-change-atmospheric-carbon-dioxide>.

14. Diez pasos hacia la contención

1. «IAEA Safety Standards», Agencia Internacional de la Energía Atómica, <www.iaea.org/resources/safety-standards/search?facility=All&term_node_tid_depth_2=All&field_publication_series_info_value=&combine=&items_per_page=100>.

2. Toby Ord, *The Precipice: Existential Risk and the Future of Humanity*, Londres, Bloomsbury, 2020, p. 57.

3. Benaich y Hogarth, *State of AI Report 2022, op. cit.*

4. Para una estimación de los investigadores en el ámbito de la inteligencia artificial, véase «What Is Effective Altruism?», <www.effectivealtruism.org/articles/introduction-to-effective-altruism#fn-15>.

5. NASA, «Benefits from Apolo: Giant Leaps in Technology», NASA Facts (julio de 2004), <www.nasa.gov/sites/default/files/80660main_ApolloFS.pdf>.

6. Kevin M. Esvelt, «Delay, Detect, Defend: Preparing for a Future in Which Thousands Can Release New Pandemics», Centro para Políticas

de Seguridad de Génova (noviembre de 2022), <dam.gcsp.ch/files/doc/gcsp-geneva-paper-29-22>.

7. Jan Leike, «Alignment Optimism», *Aligned* (diciembre de 2022), <aligned.substack.com/p/alignment-optimism>.

8. Rusell, *Human Compatible, op. cit.*

9. Deep Ganguli *et al.*, «Red Teaming Language Models to Reduce Harms' Methods, Scaling Behaviors, and Lessons Learned», arXiv (noviembre de 2022), <arxiv.org/pdf/2209.07858.pdf, 22 de noviembre de 2022>.

10. Sam R. Bowman, *et al.*, «Measuring Progress on Scalable Oversight for Large Language Models», arXiv (noviembre de 2022), <arxiv.org/abs/2211.03540>.

11. Security DNA Project, «Securing Global Biotechnology», SecureDNA, <www.securedna.org>.

12. Ben Murphy, «Chokepoints: China's Self-Identified Strategic Technology Import Dependencies», Centro para la Seguridad y la Tecnología Emergente (CSET) (mayo de 2022), <cset.georgetown.edu/publication/chokepoints>.

13. Chris Miller, *Chip War: The Fight for the World's Most Critical Technology*, Nueva York, Scribner, 2022. [Hay trad. cast.: *La guerra de los chips. La gran lucha por el dominio mundial*, Barcelona, Península, 2023].

14. Demetri Sevastopulo y Kathrin Hille, «US Hits China with Sweeping Tech Export Controls», *Financial Times* (octubre de 2022), <www.ft.com/content/6825bee4-52a7-4c86-b1aa-31c100708c3e>.

15. Gregory C. Allen, «Choking Off China's Access to the Future of AI», Centro para Estudios Internacionales y Estratégicos (octubre de 2022), <www.csis.org/analysis/choking-chinas-access-future-ai>.

16. Julie Zhu, «China Readying $143 Billion Package for Its Chip Firms in Face of U.S. Curbs», Reuters (diciembre de 2022), <www.reuters.com/technology/china-plans-over-143-bln-push-boost-domestic-chips-compete-with-us-sources-2022-12-13>.

17. Stephen Nellis y Jane Lee, «Nvidia Tweaks Flagship H100 Chip for Export to China as H800», Reuters (marzo de 2023), <www.reuters.com/technology/nvidia-tweaks-flagship-h100-chip-export-china-h800-2023-03-21>.

18. Además, no solo las máquinas, sino muchos componentes tienen un único fabricante, como los láseres de alta gama de Cymer o los espejos de Zeiss, tan puros que, si tuvieran el tamaño de Alemania, una irregularidad mediría solo unos milímetros de ancho.

19. Véase, por ejemplo, Michael Filler en Twitter (mayo de 2022), <https://twitter.com/michaelfiller/status/1529636984961833984>.

20. «Where Is the Greatest Risk to Our Mineral Resource Supplies?», USGS (febrero de 2020), <www.usgs.gov/news/national-news-release/new-methodology-identifies-mineral-commodities-whose-supply-disruption?qt-news_science_products=1#qt-news_science_products>.

21. Zeihan, *The End of the World Is Just the Beginning, op. cit.*, p. 314.

22. Lee Vinsel, «You're Doing It Wrong: Notes on Criticism and Technology Hype», Medium (febrero de 2021), <sts-news.medium.com/youre-doing-it-wrong-notes-on-criticism-and-technology-hype-18b08b4307e5>.

23. Stanford University Human-Centered Artificial Intelligence, *Artificial Intelligence Index Report 2021*.

24. Por ejemplo, Shannon Vallor, «Mobilising the Intellectual Resources of the Arts and Humanities», Ada Lovelace Institute (junio de 2021), <www.adalovelaceinstitute.org/blog/mobilising-intellectual-resources-arts-humanities>.

25. <twitter.com/KayColesJames/status/1108365238779498497>.

26. «B Corps "Go Beyond" Business as Usual», B Lab (marzo de 2023), <www.bcorporation.net/en-us/news/press/b-corps-go-beyond-business-as-usual-for-b-corp-month-2023>.

27. «U.S. Research and Development Funding and Performance: Fact Sheet», Congressional Research Service (septiembre de 2022), <sgp.fas.org/crs/misc/R44307.pdf>.

28. Véase, por ejemplo, Mariana Mazzucato, *The Entrepreneurial State: Debunking Public vs. Private Sector Myths*, Londres, Anthem Press, 2013. [Hay trad. cast.: *El Estado emprendedor. La oposición público-privado y sus mitos*, Barcelona, Taurus, 2023].

29. El jefe de ciberseguridad del Tesoro del Reino Unido está en una décima parte de los equivalentes del sector privado. Véase <mobile.twitter.com/Jontafkasi/status/1641193954778697728>.

30. Estos puntos están bien expuestos en Jess Whittlestone *et al.*, «Why and How Governments Should Monitor AI Development», arXiv (agosto de 2021), <arxiv.org/pdf/2108.12427.pdf>.

31. «Legislation Related to Artificial Intelligence», National Conference of State Legislatures (agosto de 2022), <www.ncsl.org/research/telecommunications-and-information-technology/2020-legislation-related-to-artificial-intelligence.aspx>.

32. OCDE, «National AI Policies & Strategies», Observatorio de Políticas de Inteligencia Artificial de la OCDE, <oecd.ai/en/dashboards/overview>.

33. «Fact Sheet: Biden-Harris Administration Announces Key Actions to Advance Tech Accountability and Protect the Rights of the American Public», Casa Blanca (octubre de 2022), <www.whitehouse.gov/ostp/news-updates/2022/10/04/fact-sheet-biden-harris-administration-announces-key-actions-to-advance-tech-accountability-and-protect-the-rights-of-the-american-public>.

34. Daron Acemoğlu et al., «Taxes, Automation, and the Future of Labor», MIT Work of the Future, <mitsloan.mit.edu/shared/ods/docu ments?PublicationDocumentID=7929>.

35. Arnaud Costinot e Ivan Werning, «Robots, Trade, and Luddism: A Sufficient Statistic Approach to Optimal Technology Regulation», Review of Economic Studies (noviembre de 2022), <academic.oup.com/restud/advance-article/doi/10.1093/restud/rdac076/679867>.

36. Daron Acemoğlu et al., «Does the US Tax Code Favor Automation?», Brookings Papers on Economic Activity (primavera de 2020), <www.brookings.edu/wp-content/uploads/2020/12/Acemoglu-FINAL-WEB.pdf>.

37. Sam Altman, «Moore's Law for Everything», Sam Altman (marzo de 2021), <moores.samaltman.com>.

38. «The Convention on Certain Conventional Weapons», Naciones Unidas, <www.un.org/disarmament/the-convention-on-certain-conventional-weapons>.

39. Françoise Baylis et al., «Human Germline and Heritable Genome Editing: The Global Policy Landscape», CRISPR Journal (octubre de 2020), <www.liebertpub.com/doi/10.1089/crispr.2020.0082>.

40. Peter Dizikes, «Study: Commercial Air Travel Is Safer Than Ever», MIT News (enero de 2020), <news.mit.edu/2020/study-commercial-flights-safer-ever-0124>.

41. «AI Principles», Future of Life Institute (agosto de 2017), <futureoflife.org/open-letter/ai-principles>.

42. Joseph Rotblat, «A Hippocratic Oath for Scientists», Science (noviembre de 1999), <www.science.org/doi/10.1126/science.286.5444.1475>.

43. Véanse, por ejemplo, las propuestas de Rich Sutton, «Creating Human-Level AI: How and When?», Universidad de Alberta, Canadá, <futureoflife.org/data/PDF/rich_sutton.pdf?x72900>; Azeem Azhar: «So-

mos nosotros los que decidimos lo que queremos de las herramientas que construimos», Azhar, *Exponential, op. cit.*, p. 253, o Kai-Fu Lee: «No seremos espectadores pasivos en la historia de la inteligencia artificial; somos sus autores», Kai-Fu Lee y Qiufan Cheng, *AI 2041: Ten Visions of Our Future*, Londres, W. H. Allen, 2021, p. 437.

44. Patrick O'Shea *et al.*, «Communicating About the Social Implications of AI: A FrameWorks Strategic Brief», Frameworks Institute (octubre de 2021), <www.frameworksinstitute.org/publication/communicating-about-the-social-implications-of-ai-a-frameworks-strategic-brief>.

45. Stefan Schubert *et al.*, «The Psychology of Existential Risk: Moral Judgments About Human Extinction», *Nature Scientific Reports* (octubre de 2019), <www.nature.com/articles/s41598-019-50145-9>.

46. Aviv Ovadya, «Towards Platform Democracy», Belfer Center (octubre de 2021), <www.belfercenter.org/publication/towards-platform-democracy-policymaking-beyond-corporate-ceos-and-partisan-pressure>.

47. «Pause Giant AI Experiments: An Open Letter», Future of Life Institute (marzo de 2023), <futureoflife.org/open-letter/pause-giant-ai-experiments>.

48. Adi Robertson, «FTC Should Stop OpenAI from Launching New GPT Models, Says AI Policy Group», *Verge* (marzo de 2023), <www.theverge.com/2023/3/30/23662101/ftc-openai-investigation-request-caidp-gpt-text-generation-bias>.

49. Esvelt, «Delay, Detect, Defend». Para otro ejemplo de enfoque holístico de la estrategia de contención, véase Allison Duettmann, «Defend Against Physical Threats: Multipolar Active Shields», Foresight Institute (febrero de 2022), <foresightinstitute.substack.com/p/defend-physical>.

50. Daron Acemoğlu y James Robinson, *The Narrow Corridor: How Nations Struggle for Liberty*, Londres, Viking, 2019. [Hay trad. cast.: *El pasillo estrecho. Estados, sociedades y cómo alcanzar la libertad*, Barcelona, Deusto, 2019].

15. LA VIDA DESPUÉS DEL ANTROPOCENO

1. Véanse, por ejemplo, argumentos como el de Divya Siddarth *et al.*, «How AI Fails Us», Edmond and Lily Safra Center for Ethics (diciembre de 2021), <ethics.harvard.edu/how-ai-fails-us>.

Índice alfabético